程序设计基础

李 军 编著

西安电子科技大学出版社

内 容 简 介

本书主要介绍 C 语言环境下进行程序设计的基本思想、方法和技巧。本书共 12 章，内容包括程序设计概论、C 语言概述、算术运算程序设计、逻辑运算与流程控制、常用基础算法与程序设计、模块化程序设计技术、批量数据处理程序设计、文本信息处理程序设计、结构数据类型、在磁盘上存取数据、位运算、编写大型程序等。

本书内容丰富、取材新颖、叙述通俗易懂，可作为计算机及其他理工科各专业的程序设计课程教材，也可作为编程爱好者的参考书。

图书在版编目(CIP)数据

程序设计基础/李军编著. —西安：西安电子科技大学出版社，2014.1(2024.3 重印)
ISBN 978-7-5606-3233-9

Ⅰ.① 程…　Ⅱ.① 李…　Ⅲ.①C 语言—程序设计—高等学校—教材
Ⅳ.① TP312

中国版本图书馆 CIP 数据核字(2013)第 249027 号

策　　划　毛红兵
责任编辑　王　瑛　毛红兵
出版发行　西安电子科技大学出版社（西安市太白南路 2 号）
电　　话　(029)88202421　88201467　邮　　编　710071
网　　址　www.xduph.com　　　　　电子邮箱　xdupfxb001@163.com
经　　销　新华书店
印刷单位　西安日报社印务中心
版　　次　2024 年 3 月第 1 版第 5 次印刷
开　　本　787 毫米×1092 毫米　1/16　印张 20.5
字　　数　485 千字
定　　价　53.00 元
ISBN 978 – 7 – 5606 – 3233 – 9 / TP
XDUP 3525001 – 5

＊＊＊ 如有印装问题可调换 ＊＊＊

前　言

　　"程序设计基础"是一门理论与实践相结合的普通理工科大学生计算机入门课程，在计算机学科的教学中具有十分重要的作用。本课程能够培养学生运用程序设计语言求解问题的基本能力，让学生了解高级程序设计语言的结构，掌握计算机问题求解的基本思想以及基本的程序设计过程和技巧，熟悉并适应计算机问题求解模式，即从描述问题、建立模型、设计算法到编写程序、测试程序、分析结果的一系列过程，培养学生将问题抽象化，设计与选择解决方案，以及用程序设计语言实现方案并进行测试和评价的能力。

　　目前，国内关于程序设计基础的教材较多，按照教材内容的组织方式概括为两种，或以语言知识为主线，或以程序设计为主线。以语言知识为主线的教材内容组织大多是以某个具体的程序设计语言(如 C 语言)知识及其自身体系为脉络展开的，对语言语法知识的介绍较为细致，对程序设计思想方法的介绍较少，而且教材中所配程序是为了验证和解释语言的语法，学生使用这类教材后普遍反映掌握语法规则容易，编程应用困难。以程序设计为主线的教材，以算法为导向，重点介绍程序设计的思想与方法，对程序设计语言知识的介绍比较粗略，这类教材起点高，初学者使用起来比较困难。

　　本书在展示 C 语言强大程序设计功能的同时讲授了程序设计的基本思想、方法和技巧。本书的特点如下：

　　1. C 语言知识介绍方面的特点

　　(1) 从易到难，循序渐进。C 语言的各个主题顺序是根据初学者的学习需求来安排的，用了比较多的篇幅从应用的角度讲解 C 语言的基础知识。第 2～4 章重点介绍 C 语言程序的基本结构、变量、指针、表达式、程序的基本流程控制结构，通过这 3 章内容的介绍，读者能够很快上手，并有能力编写一些处理简单数据结构问题的程序；第 6 章介绍函数的概念，以便读者掌握模块化程序设计的工具；第 7～10 章介绍复杂数据结构、用文件进行数据的存取等知识，以便读者掌握处理复杂数据的方法；第 11 章介绍位运算的相关知识。

　　(2) 突出重点，详略得当。C 语言的语法比较庞杂，有些语句可以相互代替，有的语法应用较少。本书重点介绍基本的、常用的、不可或缺的 C 语言知识，而对一些非重点的 C 语言要素进行淡化处理。如本书带"*"号的章节可作为自学内容。

　　(3) 分散难点，化难为易。指针既是 C 语言的重点，又是一个应用难点，它与变量、函数参数、数组、数组下标和字符串等概念密切相关，增加了 C 语言学习的难度。本书没有设置专门的章节介绍指针，而是伴随着变量、函数、数组等概念从不同角度来分散介绍指针，分解指针知识的教学难度，以便读者能够逐步掌握关于指针的知识，增加应用指针的机会。

　　2. 程序设计方面的特点

　　本书在程序设计思想、方法和技巧等方面采用直接介绍与隐含融入相结合的方式。

　　(1) 第 1 章直接介绍了程序设计方法的一些基础知识，讨论了问题求解与软件开发之间的联系，为读者进行程序设计做了必要的铺垫；第 5 章以常用算法为纽带，实现逻辑思维与程序设计方法的有效融合，针对迭代策略、穷举策略，以不同的有趣实例对算法进行综合应用，让读者体验程序设计的实现过程，既反映问题难度及求解规模上的变化，又彰显知识和求解方法的多样性。

(2) 将程序设计方法的讲解融入到例题与案例中。书中的例题不是对事先编写好的程序进行解释，而是对例题采用启发式的解决方式启发读者根据问题的描述对问题进行分析，从中找出解决问题的方法，进而设计算法，编写程序代码。

(3) 融入了过程抽象与数据抽象的概念。本书在第 6～9 章中融入了过程抽象与数据抽象的概念及方法，第 12 章对过程抽象与数据抽象进行了总结。

3. 其他方面的特点

(1) 几乎每章都有一个案例，均可用该章所学的 C 语言知识及软件开发方法来解决。案例采用逐步扩展、加入条件的方式，从描述问题、建立模型、设计算法、编写程序等方面进行介绍，贴近实际，不断地激发读者对知识的探索欲望。

(2) 几乎每章都有一节自学内容。自学内容主要讨论常见的编程错误与查找错误的方法，介绍程序测试和调试的简单方法与技巧。

(3) 例题尽可能地采用完整的程序或函数，很少使用不完整的程序片段。

(4) 程序编写规范，风格良好。几乎所有的程序都有紧扣主题、意义明确的注释，用来说明程序或者程序段的功能和变量在程序中的含义与作用，以便引导读者阅读程序，使读者养成良好的编程习惯。

本书第 1 章、第 4～9 章、第 11 章由李军编写，第 2 章由曹记东编写，第 3 章由林勇编写，第 10 章由魏佳编写，第 12 章由郭天印编写。全书由李军策划并最终统稿。李建忠教授审阅了本书，并提出了许多宝贵意见，在此表示衷心的感谢。

编者力图在书中充分反映程序设计思想方法与 C 语言知识，使得二者并重，为初学者提供具有一定特色的教材，但由于编者水平有限，书中难免存在不妥之处，欢迎广大读者多提宝贵意见。

编　者

2013 年 10 月

目　　录

第 1 章 程序设计概论

程序是在解决问题时依据时间或空间顺序安排的工作步骤。例如，对会议议题的安排顺序称为会议程序，将基础建设、主体、屋面、装修、设备安装等施工步骤称为建筑施工程序。不同的领域都有该领域内的工作程序，在不同的工作中常常要进行工作步骤的编排，这种工作步骤的编排过程被称为程序设计。

自从电子计算机诞生以来，计算机科学得到了迅猛的发展，用计算机解决问题的应用领域越来越广泛，解决问题的规模越来越大。用计算机解决问题，需要事先确定问题的求解步骤，并将这些步骤用计算机指令或者计算机语言描述出来，其描述结果称为计算机程序；用计算机语言对所要解决问题中的数据以及处理问题的方法和步骤进行描述的过程称为程序设计。将设计好的程序交给计算机，计算机会按照程序中规定好的具体操作步骤对数据进行处理，直至得出最终结果，从而给出问题的答案。

程序设计要解决的核心任务包括：对给定问题进行有效的描述并给出问题的求解方法(计算机科学中称为**算法**)，正确地组织数据(计算机科学中称为**数据结构**)，运用程序设计语言进行编码、调试和测试等。

作为全书的导引，本章简要介绍程序设计要解决的这些核心问题的基本概念，以便读者在后续各章的学习中能够深入理解相关内容。

1.1 问题求解的思维过程

计算机求解问题的过程实际上是计算机模拟人类解决问题的过程，这一过程涉及人的一般思维活动、人对数据的组织及处理过程。因此，在介绍如何运用计算机求解问题之前，有必要了解人类是如何解决问题的，重点要了解解决问题的思维过程。

人们在认识客观世界时，其思维方式总是遵循着从特殊到一般的变化，从形象到抽象的跃升。例如，儿童能够计算出 $3 + 5 = 8$，是基于头脑中的 3 个苹果和 5 个苹果，或者 3 个糖果和 5 个糖果等实物形象地相加而得出结论的。这个过程是从一个个的特例经过抽象得出一般规律的思维创造，通常人们是经过这种思维方式直接得到规律的。这种思维方式对程序设计具有深远意义，它给出的是一类问题的通用解决办法。

又如，从 N(N 为任意整数)个数中找出最大数。这种找数的方法是经过了一个从特殊到一般的过程。首先来看特殊情况，假设有如下排放的 5 个正整数：

8, 12, 15, 5, 13

这是一组数量较少、数值确定的数。凭借已有的数学知识和概念，能够轻松地得出答案。即便是将这组数中的数据个数扩至 10 个，例如：

8，12，15，5，13，25，18，17，20，19

人们也能轻松地得出正确答案。但是要说出这个答案是如何得出的，或者说出同类问题是如何解决的，就不是一件简单的事情了。

为了回答如何获得这类问题的求解规律，我们假定仍然有 5 个数，它们分别是

a_1，a_2，a_3，a_4，a_5

这种表示形式是一个比上面的一组具体数值稍复杂的问题，但是，它却给出了求解这类问题的抽象表示。找出它的解决方法将会给出同类问题的一般求解方法，任何一组有 5 个具体数值的排列都是它的一个特例，因此可以用相同的方法加以解决。下面分三个阶段来获得这类问题的通用解法。

第一阶段：特例阶段。

假设 a_1、a_2、a_3、a_4、a_5 的值分别是 8、5、15、12、13 等，a 表示在问题求解过程中找到的最大数，则求解最大数的步骤如下：

第一步 检查第一个数 a_1（$a_1 = 8$），由于它是遇到的第一个数，是目前为止最大的数，因此令 $a = a_1$。

第二步 检查第二个数 a_2（$a_2 = 5$），由于 $a_2 < a$，所以 a（$a = 8$）仍为最大数，不必改变 a 的值。

第三步 检查第三个数 a_3（$a_3 = 15$），由于 $a_3 \geqslant a$，也就是说目前 a（$a = 8$）已不再是这组数中的最大数了，所以用 a_3 的值替换 a 的值，令 $a = a_3$。

第四步 检查第四个数 a_4（$a_4 = 12$），由于 $a_4 < a$，所以 a（$a = 15$）仍为最大数，不必改变 a 的值。

第五步 检查第五个数 a_5（$a_5 = 13$），由于 $a_5 < a$，即 a（$a = 15$）仍为最大数，不必改变 a 的值。

经过上述五步得出了最大数为 15 的结论。第一步把最大数 a 设为 a_1，第二步至第五步依次将 a_i（$i = 2, 3, 4, 5$）与 a 比较，如果 $a_i \geqslant a$，则令 $a = a_i$。若再给出一组数值，仿照上述五步进行测试，看看能否得到正确答案？

第二阶段：细化处理。

为了能使上述方法求解同类问题中的任何问题，有两点需要注意。首先，第一阶段中第一步的动作和其他步骤的动作不一样，没有进行比较；其次，第二步至第五步的功能一样，但是描述语言却不一样。所以，需要对上述方法进行改进，使其描述具有一致性和精确性。我们称这一阶段为细化阶段。

在开始时，由于最大数 a 还没有初始化，所以用 a_1 的值初始化 a 的值，这便形成了第一步这个特殊步骤；后四步可用一种较为一致的语言"如果当前的数值大于最大数，那么就将当前数作为最大数"来描述。这样第一阶段中的五步就可以描述如下：

第一步 令最大数 a 等于 a_1。
第二步 如果 $a_2 > a$，则令最大数 a 等于 a_2。
第三步 如果 $a_3 > a$，则令最大数 a 等于 a_3。
第四步 如果 $a_4 > a$，则令最大数 a 等于 a_4。
第五步 如果 $a_5 > a$，则令最大数 a 等于 a_5。

上述五步便给出了从任意 5 个数中找出最大数的一般方法。现在需要将此问题泛化，假使要从 N(N 为任意整数)个数中找出最大数，按照本阶段的五步描述那样，一步步地罗列出 N 个步骤，从理论上来说是可以的，但是，当 N 的值特别大时，一步步地罗列是不现实的，所以需要将上面的问题泛化，形成一个具有广泛指导意义的方法。

第三阶段：泛化处理。

从第二阶段的后四步可以看出，每一步的处理方式都是相同的，若将第二步重复 4 次，也能解决问题。由此可以推广到对于 N 个数，除第一步外其余 N−1 步用同样的描述方法重复进行 N − 1 次，即可解决问题。所以，可以将这个问题的处理方法泛化如下：

第一步　将最大数 a 置为 a_1。
第二步　重复下述方法 N − 1 次：
　　　　　如果 $a_i > a$，则将最大数 a 置为 a_i(其中 i = 2, 3, ⋯, N − 1)。

经过泛化处理后，就给出了解决从 N 个数中找出最大数问题的一种通用方法，并且能够很容易地将其转换成计算机程序。

在解决上述查找最大数问题的求解过程中有两个问题需要注意：第一个是数值的排列与存放问题；第二个是求解步骤问题。它们在程序设计中代表了同一事物既相互区别又相互联系的两个不同的侧面，即数据结构与算法设计问题。下面就这两个问题进行简要介绍。

1.2　算　法　基　础

1.1 节描述了在查找最大数问题时采用的一种通用的方法和步骤，通常将这种通用的方法和步骤称为**算法**。从本质上说，算法体现了人类解决某类问题时的思维过程，描述了人类解决同类问题所依据的规则。如果找到了解决某类问题的算法，人类在解决同类问题的具体实例时就可以根据算法对所给定问题进行相应的处理，最终得出答案。

1.2.1　算法的概念及其特征

算法是对特定问题的求解步骤的一种描述，能够对符合规范的输入在有限的时间内获得所要求的输出。在计算机程序设计中，算法的输入和输出都被编码成数字，因此算法对信息的处理实际上表现为对数据的某些运算。也可以说，算法描述了一个运算序列或数据处理过程。它强调问题求解的步骤和思想，而不是答案。例如，1.1 节中描述从 N(N 为任意整数)个数中找出最大数的三个阶段中的步骤和方法均为算法，只不过第三阶段进行泛化处理后形成的算法对同类问题具有普遍的适用性。

由上述对算法概念的描述可以看出算法具有如下五个特征：

(1) **有穷性**。算法必须在有限步之后结束，每步必须在有限的时间内完成。一个需要无限时间才能解决问题的方法等于没有解决问题。

(2) **确定性**。算法的每一步必须有确切的含义，进而整个算法的功能才能是确定的。一个没有确切含义的操作步骤，会给算法带来不确定性。没有确定性的算法无法解决问题。

(3) **可行性**。算法的所有操作都能够用已知的方法来实现。如果算法中含有不可实现的操作，则它无法求解问题。

(4) **输入**。一个算法必须要有输入，以刻画算法的初始状态。只有两种情况下算法没有输入：一是算法本身已经设置了初始条件；二是这个算法不能解决问题。对没有输入的算法一定要严格考察，判断其属于哪种情况。

(5) **输出**。一个算法必须要有一个或多个输出，以刻画算法进行问题求解的结果。一个没有输出的算法是没有意义的。

算法与程序既有联系又有区别，满足算法五个特征的程序肯定是算法，但程序并非全部满足算法的五个特征。例如，计算机的操作系统可以不停地运行，它总是逗留在一个永不终止的循环中，等待有新的作业输入，操作系统中这段循环程序就不满足算法的有穷性特征。

1.2.2　算法的基本结构

作为对特定问题求解步骤的描述，算法是由许多具体的操作构成的，虽然操作的内容千变万化，但是一些操作之间具有内在联系，这些联系控制着各操作步骤的执行顺序，使得按照书写顺序排列的操作步骤不一定在操作顺序上相邻。算法中各步骤的执行顺序问题称为算法的流程控制问题。算法的基本结构分为顺序结构、选择结构和循环结构三种。

1. 顺序结构

顺序结构就是算法中一组操作步骤的执行顺序是按照书写顺序依次进行的，并且每一步骤只执行一次。

2. 选择结构

选择结构也称为分支结构。选择结构往往由若干组操作组成，根据某个条件的成立与否，选择其中的一组执行，这样每组操作就形成了一个分支。选择结构中每次只有一个分支被执行，其余分支不会被执行。分支结构中的每个分支也可以是算法的三种基本结构中的任意一种，也就是说每个分支中除了有顺序结构外，还可以有进一步的分支结构，也可以有循环结构。

3. 循环结构

循环结构是指算法中的一组操作在一定条件下被反复多次执行。被反复执行的部分称为循环体。循环结构也需要判断条件，当条件满足时，算法进入循环体执行；当条件不满足时，循环结束，执行循环结构之后的其他步骤。循环结构中循环条件的设定非常重要，设置不当，循环永不结束，即出现死循环。与分支结构类似，循环体可以是算法的三种基本结构中的任意一种。当循环体只执行一次时，可以将循环结构简化成顺序结构。

另外，还有一种称为递归的结构，具体内容详见第6章。

1.2.3　算法的描述方法

在构思和设计了一个算法之后，必须清楚、准确地将所设计的求解步骤记录下来，即描述算法。算法与它的描述之间是有差别的，这就好像一个理论与刊载这个理论的书之间的差别一样，理论本质上是一种思想性的东西，而书则是这个理论的某种语言文字的载体，一本书可以翻译成另外的语言文字，如英文、俄文等，以不同的版面格式再版，这只不过是改变了理论的表达形式，而它的思想内容并未改变。

算法可以用不同的方法来描述。人类的自然语言(如中文、英文、俄文)是一种最直接的表示法，便于人们阅读。例如，1.1 节中查找最大数的算法就是用中文进行描述的。但是用自然语言描述算法不够严谨，因为有时用同样的文字描述一句话，不同的人会有不同的理解。也就是说，用自然语言描述算法容易引起歧义，会降低算法的确定性。算法也可用程序设计语言来描述，程序设计语言严谨、规范，不容易引起歧义，但是不便于人们阅读，并且掌握它还需要进行专业训练。因而，在计算机科学领域中，通常采用流程图和伪代码来描述算法。

1．流程图

流程图法是采用规格化的图形符号结合自然语言以及数学表达式进行算法描述的。其特点是简明、直观，便于理解，与程序设计语言无关，同时又很容易细化成具体的程序。流程图中一些常见的图框及流程线如图 1-1 所示。

图 1-1 流程图中常见的图框及流程线

起止框：表示程序的开始或结束。作为起始框时，它没有入口，只有一个出口；作为终止框时，它没有出口，只有一个入口。

数据框：表示数据的输入或输出。它有一个入口和一个出口。

处理框：表示数据运算及其处理的图框。它有一个入口和一个出口。

判断框：对给定的条件进行判断，根据条件成立与否决定如何执行程序的后续操作。它有一个入口和两个出口(根据判断条件成立与否选择其中一个)。

流程线：表示操作流程的去向，一般用带箭头的线段或者折线来表示。

注释框：是为了对算法的某些地方作必要说明而引进的，以帮助程序设计人员阅读算法或使程序设计人员更好地理解流程图的作用。它是流程图中的可选元素，并非必备元素。

图 1-2 所示为 1.1 节中查找最大数的算法流程图。

图 1-2 查找最大数的算法流程图

2．伪代码

伪代码法是在程序设计语言的基础上，简化并放宽其严格的语法规则，保留其主要的逻辑表达结构，并结合自然语言和一些数学的表达方式，形成的类似于程序设计语言的一种描述方式。采用这种方式描述的算法很容易细化为具体的程序。最具影响力的伪代码是类 Pascal 语言和类 C 语言描述法，它们看上去与 Pascal 语言或者 C 语言程序非常接近。伪代码比流程图更接近程序。

　　计算机科学领域对伪代码没有形成共识，只是要求以懂得程序设计语言知识的人都能很好地理解为原则，因而伪代码法没有一个统一的标准。本书中的程序设计是采用 C 语言来完成的，因此，本书中的伪代码采用的是 C 语言的流程控制语句、赋值语句并结合自然语言与数学语言的一种综合描述方法。下面将本书中用到的伪代码的一些具体事项做一约定。

　　(1) 条件选择结构采用 if-else 描述，循环结构采用 for、while、do-while 描述。

　　(2) 表达式赋值采用 C 语言的赋值号"="，如多重赋值"a=b=c=e"是将表达式 e 的值赋给 a、b、c 三个变量。

　　(3) 比较运算采用以下符号："<"表示小于，"≤"表示小于等于，">"表示大于，"≥"表示大于等于，"=="表示等于，"≠"表示不等于。

　　(4) 逻辑运算采用以下符号："AND"表示与运算，"OR"表示或运算，"NOT"表示否定。

　　(5) 有些无法形式化的描述用文字来表述。

　　下面是 1.1 节中查找最大数算法按照上述约定的伪代码表示。

```
给 a₁,a₂,a₃,a₄,a₅ 赋值
a=a₁;i=2;
while(i≤5)
{
    if(aᵢ≥a) a=aᵢ;
    i 的值增加 1;
}
输出最大数 a;
```

　　无论采用何种方法来描述一个算法，一定要详略得当。一个算法要描述到什么样的细致程度，取决于交流算法的对象。如果是和一个计算机专家交流算法，只要能表达"找出五个数中最大数"这样的一个笼统而抽象的概念即可达到目的；如果是和一个初学者交流或者为了在计算机上执行算法，那么就要给出"找出五个数中最大数"的算法细节。

1.3　数据结构基础

　　数据是对客观事物的符号表示，在计算机科学中是指所有能输入到计算机中并被计算、加工和处理的对象。数据的类型既可以是数值类型的，也可以是非数值类型的；可以是单一类型的，也可以是复合类型的。数值类型可以是整数、实数等类型；非数值类型包括字符类型、文本型、图像类型、音频以及视频类型等。

　　数据元素是数据的基本单位，例如，在进行一个圆的计算时，半径、周长、面积等都是简单的数据对象，每个对象只需要一个数据元素，即实数来表示。在计算机程序中有些数据元素比较复杂，它具有底层结构，即每个元素由一个或多个数据项构成。**数据项**是具有独立含义的最小单位的数据。虽然有些数据元素具有底层结构，但是使用时将它看作一个整体结构。例如，复数是由实部与虚部两个数据项构成的一个整体结构。

在进行程序设计时，经常会处理一批具有相同性质的数据元素，这种由一个或多个数据元素组成的复杂数据通常被称为**数据对象**。数据对象是一个具有底层结构的实体，常常被作为一个整体来引用。例如，一个 $n \times n$ 的实数矩阵就是一个数据对象，这个数据对象由 n^2 个实数类型的数据元素构成；再如，一个 $n \times n$ 的复数型矩阵也是一个数据对象，这个数据对象由 n^2 个复数类型的数据元素组成，而每个复数类型的数据元素又能分成实部和虚部两个数据项。

在任何情况下，描述事物对象的数据元素之间彼此不会是孤立的，它们之间总是存在着这样或那样的关系，这种元素之间的关系称为数据对象的**数据结构**。按照数据元素间关系的不同特征，通常有下列四种基本数据结构，如图 1-3 所示。

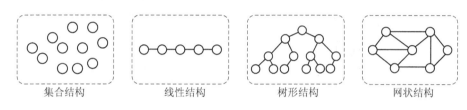

图 1-3　四种基本数据结构

(1) **集合结构**：构成数据对象的数据元素之间除了属于"同一集合"之外再没有其他关系。集合是元素关系极为松散的一种结构。

(2) **线性结构**：构成数据对象的数据元素之间存在一对一的关系。例如，数列、矩阵、表格等都是线性结构。

(3) **树形结构**：构成数据对象的数据元素之间存在一对多的关系。例如，家族的谱系图、一个单位的组织结构等都是树形结构。

(4) **网状结构**：构成数据对象的数据元素之间存在多对多的关系，这种结构也称为图结构。例如，一个国家的城市与城市之间的道路交通网络、一个人的社会交往关系等都属于网状结构。

按照上述介绍，我们可以看出，一个数据对象的结构具有两个要素：一个是数据元素的集合；另一个就是数据元素之间的关系。集合结构是一种松散的结构，可以人为地给其数据元素之间加上一种关系，这样即可用其他三种结构来表示这种结构。通常最简单的做法是采用线性结构来描述集合结构。因此，数据结构可以粗略地分为**线性结构**与**非线性结构**。

上述介绍的数据结构是对数据对象的一种逻辑描述，描述的是数据元素之间的逻辑关系，因此也称为**逻辑结构**。数据的逻辑结构是从实际问题中抽象出来的数学模型，并非数据在计算机中的实际表示。数据在计算机中的表示与存储称为数据的**存储结构**，也称**物理结构**。存储结构既要表示数据元素，又要表示元素之间的关系。由于数据的逻辑结构有线性和非线性之分，而计算机的存储空间又都是线性的，要在线性的存储空间中表示数据的多种逻辑结构，就必须进行一系列的处理，这样既能保证数据在逻辑上的正确性，又能保证在计算机设备中的可实现性。

在计算机中存储与表示数据的逻辑结构有两种方式：顺序存储方式和链式存储方式。用这两种存储方式表示的数据的逻辑结构分别称为**顺序存储结构**和**链式存储结构**。

顺序存储结构是把逻辑上相邻的数据元素存储在物理位置相邻的存储单元中。顺序存储结构采用物理存储空间中位置自然相邻的关系来表示数据元素的逻辑关系，如图 1-4 所示。顺序存储结构通常借助于程序设计语言中的数组来实现。

图 1-4　数据的顺序存储结构

链式存储结构对逻辑上相邻的元素并不要求其物理位置相邻，数据元素间的逻辑关系通过附设一个指针来指示，用指针指出与该数据元素有关的其他数据元素存放在何处。由于链式存储结构需要用指针来指示数据元素之间的关系，同顺序存储结构相比，它需要额外的存储空间来存储指针。链式存储结构通常借助于程序设计语言中的指针类型来实现，如图 1-5 所示。链式存储结构既能表示线性结构又能表示非线性结构。

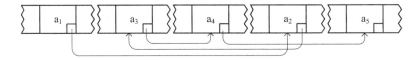

图 1-5　数据的链式存储结构

以上介绍的是最基本的数据结构，另外还有索引存储法以及散列法等。数据结构用来反映一个数据对象的内部结构，亦即一个数据对象由哪些元素构成，以什么方式构成。逻辑结构反映数据元素之间的逻辑关系，而物理结构反映数据元素在计算机内部的安排形式，这些都是程序设计需要解决的核心问题。

算法与数据结构是紧密相连的，在进行算法设计时必须确定相应的数据结构，数据结构选择得是否恰当，直接影响算法的效率。

1.4　程序设计语言概述

使用计算机解题，就是按照算法对数据进行处理，解决问题的算法必须以计算机能够读懂的形式表示出来，这就需要用计算机语言将算法描述出来。计算机语言(Computer Language)是指人与计算机之间通信的语言。计算机语言是人与计算机之间传递信息的媒介。计算机系统的最大特征是将指令通过一种语言传达给机器。为了使电子计算机能够进行各种工作，就需要有一套用以编写计算机程序的字符和语法规则，这些字符和语法规则组成了计算机语言的各种语句。本节主要介绍程序设计语言的发展历史、程序设计范型、过程型程序设计语言的语法元素及其基本功能。

1.4.1　程序设计语言的发展历史

1. 面向机器的程序设计语言

现代计算机系统包括硬件系统和软件系统。硬件系统是由运算器、控制器、存储器、输入/输出设备组成的。其中，运算器和控制器统称为中央处理器(CPU)，是计算机的核心。软件系统包括计算机运行所需的各种程序及其相关文档资料。

现代计算机程序是编码为数字的指令序列，程序员将要解决问题的方法、步骤编写成由数字 0 和 1 组成的一条条指令，输入到计算机中，计算机执行这些指令，便可完成预定的任务。编码为数字的指令与计算机硬件的各个组成部分密切相关，这样的编码系统被称为**机器语言**。机器语言是第一代程序设计语言。由于机器语言代码是一堆庞大的数字，它的语义对人来说晦涩难懂，因此，用机器语言编写程序是一项冗长、乏味且艰巨的事情，而且容易出错。

为了改善程序的可阅读性，简化程序设计过程，20 世纪 40 年代，研究人员开发了可以用英语单词或者单词的缩写形式来表示机器指令的**助记符**系统，助记符能够方便人们弄清机器指令的含义。假如，在某种机器语言系统中用 load 表示将数据从存储器传输到**寄存器**(CPU 内部的元件，拥有非常高的读写速度)，用 store 表示将数据从寄存器传输到存储器，用 move 表示在寄存器之间传输数据，用 add 表示加法运算，用 sub 表示减法运算，而计算机的寄存器用 r1、r2 等来表示。

例如，把寄存器 r5 中的数据送入寄存器 r6，用机器语言可表示为

```
4056
```

而用助记符系统可以表示为

```
move   r5, r6
```

又如，下面的机器语言程序段是将存储单元 6C 和 6D 的内容相加，结果放入存储单元 6E 中。事实上它实现了一个简单的算术运算问题。

```
156C
166D
5056
306E
C000
```

上述算术运算用相应的助记符系统时，表示如下：

```
load r5, first          /*将存储单元 first 中的数据放入寄存器 r5 中*/
load r6, second         /*将存储单元 second 中的数据放入寄存器 r6 中*/
add r0, r5, r6          /*将 r5 与 r6 中的值相加，结果放入寄存器 r0 中*/
store r0, third         /*将寄存器 r0 中的数据放入存储单元 third 中*/
end                     /*结束*/
```

上述程序段中采用了英语单词 first、second 与 third 来为存储单元 6C、6D 以及 6E 进行命名。这些描述性的名字被称为**标识符**。

用助记符系统书写的程序，计算机无法直接识别和执行。为了将助记符程序转换为机器语言程序，研究人员开发了汇编程序(汇编器)，用汇编器将助记符程序翻译成用数字表示的机器指令序列，一条汇编指令基本上对应一条机器指令。这种翻译程序之所以被称为汇编程序是因为它们的任务是将指令助记符和存储单元的标识符汇编成实际的机器指令。因此，将表示程序的助记符语言称为**汇编语言**。

汇编语言与人类的自然语言之间的鸿沟有了大幅缩小，它的出现代表了人类在研究程序设计技术方面迈出了巨大的一步。汇编语言是第二代程序设计语言，它的出现是程序设

计技术的一次革命。

虽然用汇编语言编写程序比用机器语言编写程序有许多优点，但是它是与机器相关的，程序中的指令助记符依旧与特定的计算机硬件属性相关，命名数据的标识符仍然和特定的存储单元紧密关联，这样迫使程序员在编程时要耗费许多精力考虑硬件的细节问题，而不能把主要精力放在问题求解过程中。另外，用汇编语言设计的程序是专机专用，即用一种机型的汇编语言编写的程序不能简单地移植到其他类型的计算机上，换一种机型就必须重写这些程序以符合新计算机的硬件配置和指令系统。因此，运用汇编语言和机器语言进行程序设计的模式被称为**面向机器的程序设计**。

2. 高级程序设计语言

面向机器的程序设计类似于人们用砂石、水泥、砖瓦、钢材、木材等原材料直接建造房屋。实际上，一栋房屋最终就是用这些原材料建造起来的。如果在进行房屋设计时利用像柱子、房梁、屋顶、墙壁、门窗等比较大的构件来思考，那么设计过程就要容易许多，一旦设计完成，这些构件就可以用相应的原材料来制造，房屋用这些构件来搭建。

程序设计就像房屋设计与建造一样，在设计时采用一些**语句**(相当于建筑中的构件)，一旦设计完成，这些语句可以翻译成相应机器语言里可用的**指令**(相当于原材料)序列。按照这一思想，从 1950 年代开始，计算机科学家们研发出了比汇编语言更加适合于进行程序设计的**第三代程序设计语言**，通常称为**高级程序设计语言**。例如，实现两数求和的高级语言程序代码如下：

```
first=3;              /*将数值 3 存入到变量 first 中*/
second=2;             /*将数值 2 存入到变量 second 中*/
third=first+second;   /*将 first 与 second 中的值相加后存入到变量 third 中*/
```

上述程序给出了一个高级活动，采用了英语单词来命名和表示数据，用数学中的运算符来表示运算。

高级程序设计语言所使用的语句，如 third=first+second，不仅代表了机器指令序列，而且采用了接近人类自然语言的数据命名方式以及接近数学表达式的运算式。另外，语句不涉及任何特定的计算机硬件与指令系统，使得高级语言程序表现出了**机器无关性**，从理论上来说可以在任何计算机上运行。

高级程序设计语言的诞生是程序设计技术的又一次革命，一条语句可以表达一个高级活动，没有涉及具体的计算机该如何实现这个活动，使得程序员绕开了复杂的计算机硬件问题，将精力集中到问题的求解方法与过程上来。因此，这种运用高级语言进行程序设计的方法被称为**面向过程的程序设计**。由于高级语言的机器无关性，用高级语言设计的程序能够比较容易地从一种类型的计算机移植到另一种类型的计算机。

为了能在计算机上执行高级语言程序，需要一组被称为**编译程序**的程序，将由语句组成的程序翻译成特定的机器语言的指令序列。编译程序类似于汇编程序，不同之处是，它会将一条语句翻译成若干条机器指令，以便这些机器指令能够实现相应的语句所请求的活动。

早期最为著名的例子是 FORTRAN(公式翻译器)和 COBOL(面向商业的通用语言)，前者适合于科学计算和工程应用程序的开发，后者适合于商业应用程序的开发。本书所涉及的语言是 C 语言，它是当今最为流行的高级程序设计语言之一，用它几乎可以开发所有的应用程序以及系统程序，它出现于 20 世纪 70 年代初期，至今经久不衰。

3. 跨平台软件设计

与机器无关性的目标只是高级目标实现的开始，它使得计算机科学家们产生了建立程序设计环境的梦想，这种环境将使人们可以用抽象的概念与计算机进行交流，而不必将这些概念翻译为与机器兼容的形式。其次，计算机科学家们还想象计算机可以实现许多算法过程，而不仅仅是执行算法，这促进了计算机语言品种的不断扩大。

一个典型的应用程序必须依赖操作系统来实现它的许多任务，也需要管理程序的服务来实现与用户的交流，或者利用文件系统在大容量存储器上检索数据。在不同的计算机操作系统中，这些服务的请求形式是不同的。另外，由于网络和互联网上存在各种各样的计算机和操作系统，于是，对跨网络传输和执行的程序来说，必须独立于操作系统，独立于计算机。跨平台程序设计的概念及设计平台应运而生。这些平台是独立于机器、超越机器的程序设计平台，它既独立于操作系统的设计，也独立于计算机硬件的设计，在计算机网络上是处处可以执行的。当今流行的 Java 虚拟机技术就是一个典型的例子。

1.4.2　程序设计范型

程序设计语言按代划分的方法是建立在一种线性等级基础上的，一个语言的等级取决于该语言在多大程度上摆脱计算机的硬件及其指令系统，在多大程度上以接近人的思考方式来求解问题。然而高级程序设计语言并不是完全按照这种线性方式来发展的，而是沿着不同的路线发展。不同的发展路线得到了不同的程序设计范型。较为典型的程序设计范型有过程型、说明型、函数型、面向对象型等。

1. 过程型

过程型也称为命令型。程序开发过程是设计一个命令序列(或语句序列)，按照这个命令序列对数据进行处理，以得到所希望的结果。过程型所要求的程序设计方法是先找到解决问题的算法，然后用命令序列来表达这个算法。另外，过程型的程序设计支持模块化的程序结构，即允许事先将一组具有独立功能的语句编写成子程序，然后在需要的时候调用子程序。过程型的程序设计语言有 FORTRAN、COBOL、ALGOL、BASIC、C、Pascal 等。

2. 说明型

说明型程序设计要求程序员描述要解决的问题，而不是找到解决问题的算法。在这样的程序设计环境里，程序员的任务是开发精确描述问题的语句，解决问题的算法已经嵌入到语言的内部。这种范型的程序设计语言是为了某种特定的应用而开发的。说明型的程序设计语言最为典型的是用于解决人工智能问题的 PROLOG 语言。

3. 函数型

函数型把程序设计看作是预先定义好的一个个"黑匣子"的套接过程。每个"黑匣子"接受输入并产生输出，"黑匣子"相互套接以产生所需的输入与输出关系。数学家们将这种"黑匣子"称为函数。一个函数型程序设计语言事先定义了一系列的初等函数，程序员必须利用这些初等函数来构造更为复杂的函数以解决问题。程序员把程序设计看成是寻找一种套接初等函数的方法，以便能得到一个所需要的结果。函数型的程序设计语言以 Lisp 语言最为典型。

4. 面向对象型

面向对象型是软件开发过程的另一种模式。对象是指由数据及对数据的一组操作共同构成的一个整体。这时，数据单元是一个活动的对象。而传统的过程型把数据看成是被动的，而且数据与处理数据的操作是分离的。例如，要处理一个客户名单，按照传统的过程型，这个名单只是一个数据集合，任何存取这个名单的程序都必须包含实现所要求操作的算法，于是这个名单被一个控制程序操作，而没有操作自身的功能。而按照面向对象型，这个名单被构造成了一个对象，该对象由这个名单以及一组操作名单的过程(程序中的一段子程序)构成。这些过程可以包括给名单中添加新的客户、删除客户、判断名单是否为空、将名单排序等。这些对列表的操作是利用对象自身提供的过程来完成的。面向对象型的程序设计语言有 Smalltalk、C++、C#、Java 等。

1.4.3 过程型程序设计语言的语法元素

过程型程序设计语言的语法元素主要有字符集、标识符、操作符、间隔符、定界符等。

1. 字符集与标识符

字符集决定了程序设计语言中可以使用的符号。只有字符集中的符号，才能在程序设计语言中使用。在计算机科学中字符集包括标准的字符集和非标准的字符集。程序设计语言通常选择一个标准字符集作为自己的字符集。常用的标准字符集为 ASCII(American Standard Code for Information Interchange，美国信息互换标准代码)集。ASCII 集见附录 A。

由于计算机中的数据都存储在一个唯一的地址单元中，如果不给存储数据的地址单元命名，人们就不得不使用存储单元的地址编号来操纵这些数据。如果直接使用地址来操纵数据，这便回到了机器语言的编程时代。所以，过程型程序设计语言都有一个共同特性——**标识符**。标识符是用来给程序中的数据和命令等进行命名的符号串，通常由英文字母和阿拉伯数字组成。不同的程序设计语言，对标识符的命名规则不同，但是大多数程序设计语言都要求以字母开头，也有一些程序设计语言允许以一些特殊字符开头，如 C 语言允许以下划线"_"开头。有的程序设计语言允许用连字符"-"或下划线"_"来改善标识符的可读性。下列符号串都是标识符的例子：

abc，main，for，x86，TEMP，Sum，double，m_bstr，_dstr，Temp_Air

许多程序设计语言系统都预先定义了一些标识符，这些标识符在程序设计语言系统中具有特定的语义，一般用来表示数据类型、运算符号、语句名称、函数名称等。这类标识符通常被称为**保留字**或**关键字**。系统不允许程序员将这些特殊标识符用来给数据或其他对象命名。

2. 操作符

操作符是用来进行运算的符号。每个操作符表示一种运算或操作。能作为操作符的符号必须来自于相应语言允许的字符集中。程序设计语言中的操作符大致可以分为以下几个类型：

1) 赋值符

赋值符的作用是将符号右边表达式的值传输到左边变量中去。不同的程序设计语言采用不同的字符作为赋值符。例如，C、C++、C# 以及 Java 等语言使用"="作为赋值符，而 Ada、Pascal 等语言则用":="作为赋值符。

2) 算术运算符

算术运算符是表示算术运算的符号。大多数程序设计语言采用与数学中的算术运算符号比较接近的符号来表示程序设计中的算术运算符。例如，用"+"、"–"、"*"、"/"分别表示加、减、乘、除四个运算符号[1]。有的程序设计语言用英文字母的缩写形式来表示算术运算符。例如，Pascal 语言用"DIV"表示整除求商运算，用"MOD"表示整除取余运算。

3) 关系运算符

关系运算符是表示比较操作的符号。不同的程序设计语言采用的符号形式是不同的。例如：C 语言用"=="、"!="、">"、">="、"<"、"<="分别表示"等于"、"不等于"、"大于"、"大于等于"、"小于"、"小于等于"等；而 Pascal 语言却用"="、"<>"、">"、">="、"<"、"<="分别表示"等于"、"不等于"、"大于"、"大于等于"、"小于"、"小于等于"等比较操作。

4) 逻辑运算符

逻辑运算符是表示逻辑运算的符号，通常用来表示"与"、"或"、"非"等运算。有的程序设计语言采用英文单词作为操作符，如"AND"、"OR"、"NOT"等；有的程序设计语言采用一些特殊的符号来表示，如 C 语言用"&&"、"‖"、"!"分别表示"与"、"或"、"非"三种运算。

5) 位运算符

位运算符是表示位运算的符号。在数据按照二进制位进行的运算中，有按位进行的与、或、非运算，也有移位运算。不同的程序设计语言都有自己的一套位运算符。

有的语言还有一些特殊的运算。例如，C 语言拥有比较多的特殊运算，如自增运算、自减运算、复合赋值运算、条件运算等，这些运算都有相应的运算符。

3. 间隔符与定界符

间隔符在程序中起着分隔程序中各种语法实体的作用。分号、空格、逗号等在大多数程序设计语言中被用作标识符和参数等语法成分之间的间隔符。分号在大多数程序设计语言中被用作语句之间的间隔符。空格用于由多个单词构成的命令中单词之间的间隔符。逗号用来在程序的声明部分间隔多个变量。

用于表示语法单位开始和结束的符号称为**定界符**。大多数程序设计语言用一对双撇号"""表示字符串的开始与结束，用圆括号"("和")"表示表达式的开始和结束或者用来确定表达式的优先级，用花括号"{"和"}"表示一个语句块或者函数的开始和结束。有的语言用 Begin 和 End 表示语句块的开始和结束，Pascal 语言就是一个典型的例子。

1.4.4　过程型程序设计语言的基本功能

程序设计的基本任务是组织数据，描述并给出问题的求解方法。那么，程序设计语言

---

[1] 由于"×"、"÷"两个符号不是 ASCII 集中的符号，无法从键盘输入，所以大多数程序设计语言用"*"代替"×"，用"/"代替"÷"。

必须提供实现这些任务的基本功能。过程型程序设计语言提供了说明语句、命令语句和注释来实现数据组织、数据处理以及程序功能说明等。**说明语句**定义了程序中要用到的标识符，用来指明数据元素的名称；**命令语句**用来描述算法里的步骤，即数据处理的步骤；**注释**是计算机不执行的语言要素，用来对程序的功能或者变量、语句在程序中的作用进行说明，从而提高程序的可读性。

1. 数据的组织与表示功能

1) 变量与数据类型

数据组织与表示的基本形式是变量，变量的实质就是命了名的存储单元。随着程序的执行，只要改变了存储在该单元中的值，那么与该名字相关的值就改变了。程序里的变量必须在它被使用前用说明语句来建立。说明语句必须描述数据在存储单元中的存放类型。

数据类型主要描述数据在哪个集合上取值，数据在存储单元中的编码方式以及程序可以对该数据实施哪些操作。例如：**整数类型**描述数据由整数集合中的数据组成，它是以二进制补码的格式存入到计算机的存储单元中的，对该类型的数据可实施整数的算术运算以及比较运算；**实数类型**描述数据由实数集中的数据构成，它是以二进制浮点数的格式存入到计算机的存储单元中的，对该类型的数据可以实施加、减、乘、除等实数的算术运算以及比较运算。

假设在程序中利用变量 weight 来指示存储器中的一个区域并用该区域来存储货物的重量，数据是整数类型，则在 C、C++、Java 和 C# 里会用如下的说明语句：

```
int weight;
```

其含义是"名字 weight 的变量将会在后面的程序中用到，它指出了一个存储区域，并且该存储区域中的数据是按照二进制补码格式来存储的一个整数。"

按照数据组织形式的不同可以将数据分为基本类型、构造类型、用户自定义类型以及其他类型。不同语言支持的数据类型不尽相同，但是它们大都支持整数类型、实数类型、字符类型、布尔类型等基本类型，数组、结构体等构造类型以及指针类型。本书以 C 语言为例，从第 2 章开始陆续讨论各种数据类型的细节。

2) 常量

有时需要在程序中使用固定的预先确定的值，这种值被称为**常量**。例如，一个管理某机场附近空域交通情况的程序可能要频繁使用该机场的海拔值，若海拔为 450 米，这时该海拔值相对这个机场就是一个常量，在编程时可以直接将 450 这个值写入到计算公式中。这种直接出现在表达式中的值被称为**直接常量**。例如：

```
EffectiveAlt=Altimeter+450;
```

中出现的 450 是直接常量，而 EffectiveAlt(实际海拔)和 Altimeter(飞机离地面的高度)都是变量。

使用直接常量是一个不好的编程习惯，因为它可能掩盖了该量在程序中的真正含义。如果不加以说明，很难知道上述语句中的直接常量 450 代表什么。另外，若同一含义的直接常量多次出现在程序中，当需要对程序进行修改时，直接常量会使程序的修改工作复杂化。例如，将机场管理程序移植到另一个机场时，必须对程序中有关机场海拔的所有直接常量都加以修改。假设有一处没有被新值所替代，就有可能造成灾难性的后果。为了解决这个问题，一些程序设计语言允许用符号代表直接常量，称这样的常量为**符号常量**。例如，C、C++ 用宏定义命令：

> #define AirportAlt 450

定义 AirportAlt 代表 450 这个直接常量，这样，在后续程序中所有出现 AirportAlt 的地方都代表 450。那么语句：

> EffectiveAlt=Altimeter+450;

就可以重写为

> EffectiveAlt=Altimeter+ AirportAlt;

此时，AirportAlt 较好地表示了它在程序中的含义。而且，当程序需要移植到另一个海拔为 500 米的机场应用时，只需要将宏定义语句修改为

> #define AirportAlt 500

这样在新的程序中所有出现 AirportAlt 的地方均代表 500 米的海拔值。

3) 数据结构

除了数据类型以外，程序的变量通常与数据结构相联系。一种常用的数据结构就是**同构类型**的数组，它是由一组相同数据类型的元素组成的，用于存储数列、字符串、矩阵、二维列表等。程序中为了能够建立这样的一组数，大多数程序设计语言都要求用说明语句来规定一个数组的名字以及每一维的大小。例如，C 语言用说明语句：

> int matrix[3][4];

其含义是"一组名称为 matrix 的数据元素将在后面的程序中使用，这组数据中的每一个元素都是整数类型的，它在程序中能够表示一个 3 行 4 列的二维列表"。

一旦一个同构类型的数据对象定义好后，就可以通过它的名字在程序的其他地方被引用，而且可以借助其下标的序号来访问它的每个成员。**下标**是整数值，用于规定成员在二维表中的行列位置。下标的范围在不同的程序设计语言中可能不一样，有的从 0 开始，有的从 1 开始，C 语言及其衍生语言(C++、C#、Java)均规定从 0 开始。

与所有元素均为相同类型的同构类型相对应的另一种结构称为**异构类型**，异构的数据对象中不同的元素可以具有不同的数据类型。例如，表示一个人身体特征的数据对象可以有姓名、性别、年龄、身高、体重等数据项，姓名和性别可以用字符串，年龄可以用整数，身高与体重可以用实数来分别表示。这种异构数据对象在使用前由程序员先自定义一个异构数据类型，在该类型中说明各个成员的名称与类型，然后再用该异构数据类型说明一个异构数据对象。例如，在 C 与 C++ 语言中用

```
struct Person
{char name[10];
 char sex[5];
 int age;
 float height,weight;
};
```

描述一个自定义的数据类型 Person，然后再用这个 Person 说明一个异构数据对象，即

struct Person Jack；

这里的 Person 是一个数据类型，数据类型的成员由花括号中的数据项说明，Jack 则是用 Person 说明的一个异构数据类型的对象，Person 之前的 struct 则是这种数据结构要求的一种固定标识符号。

异构数据对象的内部成员的访问通常是在对象的名字之后跟一个圆点和成员的名字，例如要访问 Jack 的年龄 age，可由 Jack.age 来完成。

许多高级语言对异构数据对象都有不同的称谓。例如：在 C 及 C++语言中像 struct Person 的类型称为结构类型，而由 struct Person 说明的 Jack 则称为结构体； Pascal 语言中称其为记录。关于 C 语言的这一结构，我们将在第 9 章进行详细的讨论。

2．数据的处理功能

1）赋值与表达式

程序设计语言最为核心的功能就是描述与执行算法，并按照算法对数据进行处理，这些都得依靠命令语句。最为基本的命令语句是**赋值语句**，它的作用是将一个值赋给一个变量。大多数程序设计语言的赋值语句采用的语法形式是在一个变量后跟一个表示赋值的运算符，赋值符后再跟一个表达式，即

<变量>　<赋值符>　<表达式>

例如，在 C、C++、C#和 Java 语言里，语句：

z=2*(x+y);

表示把变量 x 与 y 之和的 2 倍存储在变量 z 中。它在 Pascal 语言中的等价形式为

z:=2*(x+y);

赋值语句的许多功能都来自于赋值符右边的表达式。**表达式**是一种真正执行各种运算的语法形式。表达式按照运算的种类可以分为算术表达式、关系表达式、逻辑表达式、字符串表达式等。

有关运算与表达式的一些细节问题将从第 2 章起陆续讨论。

2）控制功能

控制功能一般是由改变程序执行顺序的命令语句来担任的，程序员运用这些语句来构造程序中的逻辑流程，决定哪些语句在什么条件下能够被执行，哪些语句在什么条件下能够被反复执行。不同程序设计语言提供的控制语句虽然不尽相同，但是所有可计算问题都能用顺序、选择、循环三种结构来描述。

在 C、C++、C#和 Java 语言中具有选择功能的最基本的语句是 if-else，循环控制功能则由 for、while、do-while 三种语句来担任。而 Pascal 语言中具有选择功能的最基本的语句是 if-then-else，循环控制功能则由 for-do、while-do、repeat-until 三种语句来担任。它们的差别在于表示控制功能的外部语法表现形式不同，但其实质都是相同的。

3）子程序功能

子程序是程序设计语言实现程序模块化表示的一种技术。利用这种技术可以将一个程序分解成一个个功能独立的子程序，每个子程序中包含一组特定的指令，这组指令共同完

成一个特殊使命。子程序可以作为划分程序单元的抽象工具，它将一组指令抽象为一个功能实体。当程序执行中需要一个子程序的功能时，流程就转移到这个子程序，在这个过程完成后，流程又返回原来的程序单元继续执行。例如，当一个求解代数问题的程序单元 A 需要进行对数运算时，计算机将控制权交给进行对数运算的子程序 B，子程序 B 完成对数运算后将控制权交回给程序单元 A，接着执行 A 还没有执行完的语句。这种从一个模块进入到另一个模块的过程称为**子程序调用**。

从多方面来说，子程序就是一个小型的程序，它由描述它所要用的变量和常量的说明语句以及描述求解问题步骤的命令语句组成。每个子程序都有相似的框架结构，即子程序的名称、参数传递形式、子程序的实体部分以及其处理结果的传递形式等。子程序能够一次编写，多次调用，起程序复用的作用。子程序在程序设计中既起流程控制的作用，又是对程序进行模块化组织管理的一种手段。

不同程序设计语言对子程序的描述形式不尽相同，但是都支持有返回值的子程序和无返回值的子程序的功能。Pascal 语言将无返回值的子程序称为**过程**，有返回值的子程序称为**函数**，而 C 语言统称其为**函数**。C 语言中的函数将在第 2 章和第 6 章分别介绍。

3. 输入/输出功能

许多程序在运行时都需要将外界的数据输入到计算机中，并将计算结果从计算机输出，这些操作非常复杂，尤其是对大型文件进行操作时更是如此。每个程序设计语言都必须提供输入/输出功能。不同的程序设计语言提供这种功能的方式不同。有的程序设计语言(例如 Pascal)提供了一组输入/输出语句，而有的程序设计语言则使用预先定义好的函数来完成。C 语言就是通过预先定义好的一组函数来提供输入/输出功能的。本书第 2 章会介绍和应用 C 语言的部分与键盘和显示器有关的输入/输出函数。

4. 程序注释

程序设计语言不像人类的自然语言那样丰富多彩，程序设计人员的意图以及一些有关设计过程中的重要信息不大容易从代码中直接反映出来，所以，程序设计人员一般都会在程序中加入有关程序功能、设计时间、作者以及设计方法的一些简要说明，以防忘记，或者方便与同行交流。

注释是程序设计人员之间进行交流的重要手段。正确的注释有助于程序设计人员对程序的理解，也能帮助程序设计人员回忆一些放置很久的程序设计细节。通常在一个程序的开始处，或者一个子程序的前面利用**段注释**的形式放置一个**序言性**的注解，简要描述程序或子程序的功能、主要算法、接口特点、重要数据以及开发简史等。**行注释**一般用来注释当前行或者其后数行代码的作用。

1.5　程序设计的一般过程

用计算机求解一个复杂的实际问题，直接编写程序是不切合实际的，必须从对实际问题的描述入手，经过分析、确定数据结构、设计解决方案和算法后才能开始编写程序。程序编写完成后还需要对程序进行测试、修改等一系列的步骤，这样才能得到符合实际要求的程序。下面就程序设计过程中所涉及的这些环节进行讨论。

1．描述问题

问题求解的第一步就是要完全理解问题，并对问题进行描述，弄清楚要解决什么问题，要达到什么目的，问题已经具备了哪些已知条件，还有哪些条件不具备，需要进一步去挖掘。因而，必须对问题做出认真、翔实的描述。在对问题进行描述时要去除不重要的信息，找到最根本的东西，弄清楚问题的一般情况和一些特殊情况。

2．建立模型

问题的求解就是对一系列数据的处理，所以在对问题有了清楚的了解后，就应该将问题用数学语言描述出来，形成一个抽象的、具有一般性的问题，从而给出问题的模型。模型阐述了问题所涉及的各种概念、已知条件、求解过程、求解结果，以及已知条件与结果之间的关联信息等。

建立模型阶段要给出问题中数据的表示方法，并描述数据的类型、取值范围等。确定问题求解的方法，也就是给出用笔进行解题时的分析方法与解题方法。正确的模型是进行算法设计的基础，模型和算法相结合才会得到问题的解决方案。

3．设计算法

模型建立后，需要对该模型进行算法描述，即设计算法。设计算法就是设计一套解决问题的详细步骤，并要检查、验证算法能否按预期的那样解决问题。编写算法通常是解决问题过程中最难的部分。在开始的时候不要试图解决问题的每一个细节，而应该使用先粗略后细致(逐步求精或者自顶向下)的方法来求解。

算法的初步描述可以采用自然语言，然后逐步转化成流程图或者伪代码。算法的描述要简单明了，能够突出程序的设计思想。

设计算法是计算机科学的核心问题之一。本书从第 2 章开始会逐步介绍一些最基本、最常用的算法策略，以配合程序设计语言知识的讲解。

4．编写程序

根据程序的应用目标，选择一种适宜的程序设计语言，将用自然语言、流程图或者伪代码表示的算法转化成计算机语言表示的程序代码，这个过程称为编写程序阶段。

为了使程序容易测试与维护，所选的计算机语言应有理想的模块化机制，以及可读性好的控制结构和数据结构。编写的源程序代码要符合算法的要求，要逻辑清晰、易读易懂，有良好的程序风格。

如何编写程序代码也是本书讨论的重点，从第 2 章起，会逐步深入讨论这个问题。

5．测试程序

程序必须经过严格的、科学的测试才能最大限度地保证程序的正确性。同时只有经过测试才能对程序的稳定性、安全性等做出评估。

测试就是检查所设计的程序是否能按预期进行工作。用不同数据组合进行多次测试，测试时不但要测试程序的一般情况，还要对一些边界条件进行测试，从而保证程序在算法描述的所有情况下都能正常工作。测试程序时，程序设计人员一定要抱着"鸡蛋里挑骨头"的态度，竭力找出程序中的错误。测试的最终目标是能够更多地发现程序中潜藏的错误，最终设计出高质量的程序。

本节只是简要叙述了程序设计的一般过程,如何从问题描述入手构造解决问题的算法,如何快速合理地设计出结构和风格良好的程序,这将涉及多方面的理论与技术,属于计算机科学的一个重要分支——程序设计方法学的内容。

本书中的案例研究均按照上述五个步骤进行程序设计,对于一些规模不大且为了配合语言知识和算法知识学习的例题采用精简方式进行程序设计,只要构造出算法就可以进行程序设计。严格按照本节提出的程序设计的一般过程进行程序设计,会使读者在程序设计生涯的初期阶段收到事半功倍的效果。

1.6 程序的构建与运行

前几节简要讲述了如何在程序设计过程中将实际问题转换成数学模型并按照模型进行算法设计和数据组织,最后依据算法编写程序代码等方面的知识。这些都是程序设计过程中构思性的内容,属于程序设计人员的思想活动过程。那么,真正面对一台计算机,开始实施程序设计,还需要哪些环境?需要经过哪些步骤呢?本节主要围绕着程序的编辑、编译和链接来展开对程序设计实施环节的介绍。

1. 将程序写到计算机中

在计算机上进行程序设计的过程,就是将程序输入到计算机,并进行修改、调试的过程。在这一过程中,需要一种叫做编辑器的软件来进行程序文本的书写与编辑工作。

从程序的形式上来看,程序都是纯文本性的内容,可以用任何计算机上通行的文本处理工具来编辑,例如 Windows 自带的记事本、写字板,还有 Word 等,这些都是很好的文本编辑软件。但是,随着语言系统而发行的编辑软件功能更强,可以用不同的颜色和字体来区分程序的语法成分(例如保留字、注释等),提供排版的自动缩进功能,而且有的程序设计语言的编辑器还提供模板功能,方便程序设计人员的程序输入、修改、排版以及阅读,使得程序的格式更规范、视觉效果更清晰。

2. 将程序翻译成机器指令

由于计算机只能识别机器语言,用高级语言编写的程序与机器语言程序之间有着很大的差距,要想使高级语言程序能被计算机接受并执行,就需要将高级语言程序翻译或解释成机器语言指令。这就像用中文表示的信息要想让一个不懂汉语而懂英语的人读懂,并按要求去行事,就必须先将这些信息翻译成英文一样。为此,人们通常将高级语言程序称为**源程序**,翻译后生成的机器语言程序称为**目标程序**。所有高级语言都提供了这样的翻译软件,但是不同语言的翻译方式不同,有的是编译方式,有的是**解释**方式,近年来还出现了混合翻译方式。

1) 编译方式

编译是使用编译器将高级语言源程序全文翻译成机器语言程序的过程,编译后的目标程序已经具有机器语言的特征。编译过程是在编译器控制下的一个自动化过程。编译器是由一个或一组专门设计的软件组成的。

编译器就是一个翻译转换的软件,对这个软件来说,源程序是它的输入,目标程序就是它的输出。通常编译器的翻译工作需要经过五个阶段，分别是词法分析、语法分析、中间代码生成、代码优化以及目标代码生成。编译器的主要工作是进行源程序分析，即进行词法分析和语法分析，分析过程中如果发现有语法错误，将会逐一给出提示。这些提示信息包括出错位置以及可能的错误类型等。程序设计人员可以根据提示对程序中的错误逐一进行修改，然后，重新进行编译，直至能够生成正确的目标程序。

编译器的工作原理和工作细节问题属于"编译原理"课程的知识范畴，在此不做深入研究(有兴趣的读者可以查阅相关书籍)，我们只需要知道它的功能及大概的工作过程就能进行程序设计工作了。

大多数高级语言采用编译技术对源程序进行编译，例如 FORTRAN、Pascal、C、C++等语言。

2) 解释方式

解释是用称做解释器的软件将程序逐行解释(翻译)成目标程序代码，每解释一行，解释器就将其立即提交给计算机执行，是一种边翻译边执行的方式。

在解释方式下，如果在翻译和执行中有任何错误，就会在出错的地方终止程序的运行，并显示出错误提示。程序设计人员根据错误提示修改程序，然后再从头开始翻译和执行。解释方式是一种效率较低的方式，所以，只有 BASIC 等少数语言采用。翻译方式的优点是灵活、方便，所以一些编译型语言的**调试工具**采用了解释方式，方便了程序设计人员对程序的跟踪调试。例如，C、Pascal 等语言提供的单步调试工具采用的就是解释方式。

运用编译方式对程序进行翻译后，就不再需要编译器了。它能够做到一次编译多次运行。但是，在解释方式下，程序的运行始终离不开解释器。

3) 混合翻译方式

Java 语言的诞生，一种混合翻译方式被引入进来。Java 语言的目的是能够向任何计算机移植，为了获得可移植性，源程序到目标程序的翻译工作分成了两步来进行：先编译后解释。首先使用编译器将 Java 源程序全文翻译成 Java 字节码(二进制代码)，然后利用 Java 虚拟机对 Java 字节码进行解释执行。

实际上，Java 源程序被编译器翻译后得到的字节码已经接近机器语言中的代码，但是，它不是任何特定计算机的机器代码，只是一种称为 Java 虚拟机的虚拟机代码。而 Java 虚拟机相当于解释方式下的解释器。虚拟机是建立在硬件和操作系统之上的。不同的计算机硬件和操作系统有不同的 Java 虚拟机。虚拟机屏蔽掉了不同计算机的硬件和操作系统的差异，保证了 Java 语言源程序可以在任何计算机上运行。

混合翻译方式的优点是源程序的可移植性好，可以跨平台运行；缺点是它的效率还是比单纯的编译模式低，但是随着计算机硬件性能的提高，这种差异正在逐步缩小。

3. 对程序进行装配

对于编译型的语言，源程序经编译器翻译后生成的目标程序虽然已经是机器代码了，但是还不能在计算机上运行，需要用**链接器**将在不同的源程序文件中编译的目标代码装配到一个文件中，生成**可执行程序**文件。只有可执行程序才能在计算机上独立运行。程序的装配工作在程序设计中的术语叫做**链接**。

由此可见，目标程序与可执行程序的共同特点是都由机器代码组成，但是它们之间还有严格的区别。高级程序设计语言允许将一个程序按其功能划分成若干个模块，每个模块可以单独在一个源文件中进行编写、编译。一个完整的源程序可以由若干个模块文件组成。当用编译器对源程序进行编译后，每个源程序文件生成一个目标模块文件。一个程序有多少个源程序文件，它就有多少个目标模块文件。因而，目标程序不一定就是一个完整、独立的程序。这就好像一部外国文学名著，被按照章节翻译成中文后的文稿是由许多部分组成的，此时还不能称其为书，需要进一步在印刷厂按照章节、页码顺序进行整理、装订后才能成书。链接程序就是将各个不同的目标模块文件按照程序的逻辑进行汇集组装，最后得到可执行程序。

另外，运用高级程序设计语言进行程序设计时，无论程序大小如何，都或多或少地引用了一些语言系统预先定义好的标准函数或者操作系统的资源。这些函数或资源的目标程序并不包含在编译器翻译后的目标模块文件中，而是在语言系统或者操作系统提供的一个特定模块中，因此，也需要将它们同时汇集到可执行程序中来。所以，链接器也肩负了将程序中用到的标准库函数或者系统资源的目标代码汇集到可执行程序中来的使命。

根据本节的介绍，我们可以清楚地归纳出，一个程序需要经过编辑、编译、链接后才能在计算机系统中独立运行。早期的程序设计语言对上述三个步骤都有相应的独立程序来负责每一步的实施，三个步骤是明显地分开进行的。随着程序开发环境的不断发展，目前绝大多数程序设计语言采用了集成化开发环境，集编辑、编译、调试、链接以及运行在一个界面下，由菜单选择来完成，大大地提高了程序开发、调试和修改的效率。不同语言提供的集成开发环境各有特色，有的语言系统将编译和链接集成在一个步骤中完成，有的语言还是分开实施。无论程序设计语言的集成开发环境的差异有多大，它们都要完成程序的编辑、编译、调试以及链接功能。

习　题　1

1. 什么是程序？什么是程序设计？
2. 简述程序设计语言的发展历史，并说明各种语言的特点。
3. 解释下列名词：
(1) 数据对象、数据结构；
(2) 逻辑结构、物理结构；
(3) 源程序、目标程序。
4. 什么是算法？算法具有哪些基本特征？
5. 简述算法和程序的区别与联系。
6. 算法有哪几种基本结构？试述每种基本结构的特点。
7. 程序设计语言的语法元素有哪些？它们的作用分别是什么？
8. 程序设计语言的基本功能有哪些？分别举例说明其作用。
9. 简述程序设计的一般过程。
10. 如何在计算机上运行程序？需要经过哪些过程和步骤？

第2章 C语言概述

第1章讨论了程序设计要解决的核心任务是算法设计、数据组织、运用程序设计语言进行编码等。从原理上讲，任何一种过程型程序设计语言都包含计算机处理问题的几个基本功能要素，都能用于某一问题的求解编程，或者说一个问题可以采用不同的程序设计语言来编程。但是每一种程序设计语言都有各自的功能特点，因而被人们习惯地用于一些特定的领域。C语言被广泛地用于系统软件和应用软件的开发领域，成为一种流行的程序设计语言，也是教科书中数据结构与算法普遍采用的描述语言。本书的程序设计都是以C语言为例来进行编写的，所以本章先对C语言的基本内容做一简要介绍，为后面进行程序设计打好基础。

本章的目标是尽快使读者从宏观上了解C语言的基本语法元素及其功能，从而得出一个关于C语言知识的简要体系，而不是C语言的语法规则细节。为了达到这个目的，本章讨论仅限于C语言的程序结构、字符集与标识符、变量及其数据类型、语句以及输入/输出等初步知识。

2.1 C语言程序的基本结构

人们在用汉语或者英语写文章、书信等时，内容安排都要有一定的结构，文字排列都要遵循一定的格式。C程序也有它特有的结构和格式，在用C语言进行程序设计之前，应对C程序的基本结构有一个初步的了解，同时认识C语言的一些特性。下面通过同一问题的两种不同求解程序来介绍一个C程序的结构。

2.1.1 结构单一的C程序

例2-1 计算圆的面积与周长的程序。

```
/* 功    能：计算圆的面积与周长*/
/* 时    间：2010 年 12 月 3 日*/
#include "stdio.h"          /*将 stdio.h 包含到本程序中来*/
#define PI 3.14159          /*将 PI 定义为 3.14159 */
void main(void)             /*主函数名称及其类型*/
{
    double Radius;          /* Radius 为存放圆半径的变量*/
    double Area;            /* Area 为存放圆的面积的变量*/
```

```
double Circum;                      /* Circum 为存放圆的周长的变量*/
scanf("%lf ",&Radius);              /*输入圆的半径*/
Area=PI*Radius*Radius;             /*计算圆的面积*/
Circum=2*PI*Radius;                /*计算圆的周长*/
printf("Area=%f Circum=%f \n",Area, Circum);  /*输出圆的面积与周长*/
}
```

上述程序是一个计算圆的面积与周长的程序，虽然是一个结构单一的小程序，但是它几乎具备了一个程序的所有语法元素，下面从三个方面对其进行分析。

1. 程序的说明与注释

例 2-1 所示程序中以 " /* " 开始、" */ " 结束的内容都是程序的说明部分，即注释。通常在 C 程序中(或者一个函数前面)放置一个注释性的语句，用来对程序的有关部分做必要的说明。

注释的作用是程序员所做的备忘录或程序的有关说明语句，便于程序员之间进行交流，是让人读的，是程序运行时不编译执行的语法元素。为了提高程序的可读性，编程时给程序加上注释是一个良好的编程习惯。

注释可以单独占据一行或多行，也可以出现在一个语句的后面。

2. 编译预处理指令

程序中以"#"开头的是预编译命令，在对一个源程序编译前用于向编译器的预处理程序[1]发出相关指令。

"#include"指令指示编译预处理程序去访问某个库文件，将程序中需要用到的库文件中的内容插入到程序中来。C 语言系统为程序员提供了许多事先编好的函数以及符号常量，这些函数和常量都放在一个称为库的文件中，每个库都有标准的头文件，其文件名以 ".h" 结尾。在 stdio.h 头文件中，C 语言预先声明了有关输入/输出函数以及用户需要的其他内容，其中包含了例 2-1 所示程序中用到的输入函数 scanf()和输出函数 printf()。因此，例 2-1 中的程序要用 "#include "stdio.h"" 将 stdio.h 头文件中的内容插入到程序中。

#define 指令是宏定义指令。C 语言允许程序员在编写程序时将一些直接常量用符号来代替，这样的符号称为**宏常量**。在程序编译时，由编译预处理程序根据#define 中定义的宏常量与直接常量的对应关系，将程序中所有的宏常量替换成直接常量。例如，例 2-1 中的"#define PI 3.14159"就是用宏常量 PI 表示 3.14159，在对程序进行编译预处理时会将程序中所有 PI 都替换成 3.14159。C 语言中常量的概念将在 2.3.2 节进行介绍。

3. 主函数

例 2-1 所示程序的第 5～14 行是该程序的实体部分，称为主函数。其中第 5 行为**函数头**，第 6～14 行为**函数体**。主函数是以 main()为标识的，函数体由一对花括号{}括起来。

函数头 main 前面的 void 表示该函数是一个空值函数，即表示该函数不产生返回值；main 是这个函数的名称；main 后一对括号中的内容是该函数所带的参数，此函数的参数为void，也是空值，表示这个主函数不带参数。

---

[1] 预处理程序：由 C 语言编译器提供，在 C 源程序编译时用来预先进行相关处理。

在函数体中，第 7～9 行是函数的**声明部分**，定义了程序中要用到的三个 double(双精度实数)型局部变量 Radius、Area、Circum，分别用来存储半径、面积、周长。

第 10～13 行是程序的**可执行语句部分**。第 10 行是一个格式化的输入函数，在执行时会等待用户从键盘为变量 Radius 输入一个值；第 11 行与第 12 行分别计算圆的面积与周长，并把计算结果赋给变量 Area 与 Circum；第 13 行是一个格式化的输出函数，用来输出圆的面积与周长。

统观上述程序，无论是说明语句还是可执行语句，它们都是以"；"结束的。"；"是 C 语言中的语句间隔符。

通过分析例 2-1 中的程序，我们可以得出结构简单的 C 程序的框架结构如下：

```
编译预处理部分
void main()
{
    变量的声明部分;
    可执行语句部分;
}
```

2.1.2　结构相对完整的 C 程序

例 2-2　另一个计算圆的面积与周长的程序。

```
#include "stdio.h"                      /*将 stdio.h 包含到本程序中来*/
#define PI 3.14159                      /*将 PI 定义为 3.14159*/
double CircleArea(double r);            /*向前声明 CircleArea()函数*/
double CircleCircum(double r);          /*向前声明 CircleCircum()函数*/
void main()                            /*主函数名称及其类型*/
{
    double Radius;                      /*Radius 为存放圆半径的变量*/
    double Area;                        /*Area 为存放圆的面积的变量*/
    double Circum;                      /*Circum 为存放圆的周长的变量*/
    scanf("%lf",&Radius);               /*输入圆的半径*/
    Area=CircleArea(Radius);            /*计算圆的面积*/
    Circum= CircleCircum(Radius);       /*计算圆的周长*/
    printf("Area=%f Circum=%f \n",Area, Circum);   /*输出圆的面积与周长*/
}                                      /*主函数结束*/
/*下列函数 CircleArea()用来计算圆的面积*/
double CircleArea(double r)             /*r 表示圆的半径*/
{
    double s;                           /*s 存放圆的面积*/
    s=PI*r*r;                           /*计算圆的面积，并将计算结果存入 s 中*/
    return s;                           /*将面积 s 的值作为函数的计算结果*/
```

```
    }    /* CircleArea()结束*/
/*下列函数 CircleCircum()用来计算圆的周长*/
double CircleCircum(double r)              /*r 表示圆的半径*/
{
        double s;                          /*s 存放圆的周长*/
        s=2*PI*r;                          /*计算圆的周长，并将计算结果存入 s 中*/
        return s;                          /*将周长 s 的值作为函数的计算结果*/
    }    /* CircleCircum()结束*/
```

　　本例中程序的功能与例 2-1 中程序的功能完全相同，都是计算圆面积与周长的程序，是对例 2-1 中的程序进行了结构改造而得来的。这个程序由三个函数构成，即 main()函数、CircleArea()函数与 CircleCircum()函数。程序的第 5~14 行为 main()函数的书写区域，与例 2-1 中的 main()函数相比，除了第 11、12 行不同以外，其他的语句行均相同。第 11 行的"Area=CircleArea(Radius)"语句是调用函数 CircleArea()来计算圆的面积，并将计算结果赋给变量 Area。第 12 行的"Circum=CircleCircum(Radius)"语句是调用函数 CircleCircum()来计算圆的周长，并将计算结果赋给变量 Circum。

　　程序的第 16~21 行为 CircleArea()函数的书写区域，是真正实施圆面积计算的部分。该函数的函数头为 double CircleArea(double r)，其中 double 为函数计算结果的值类型，也叫函数返回值的类型。CircleArea 为函数名，函数名后一对圆括号中的内容是函数参数，此参数是一个 double 型的变量 r。第 17~20 行为 CircleArea()函数的**函数体**，函数体位于一对花括号中。第 18 行是一个局部变量声明语句，声明了一个用于存储计算结果的变量 s。第 19 行是用于圆面积计算的语句，将计算结果存储到变量 s 中。第 20 行结束本函数的执行，并将计算结果返回给调用它的 main()函数。整个 CircleArea()函数的结构与 main()函数的结构比较相似。

　　程序的第 23~28 行为 CircleCircum()函数的书写区域，是真正实施圆周长计算的部分。此函数的结构与 CircleArea()函数的结构完全相同，也与 main()函数的结构比较相似。

　　本程序中的第 3、4 行是对被调函数 CircleArea()与 CircleCircum()向前进行的声明。由于 CircleArea()与 CircleCircum()是在 main()中调用，而它们的定义却在 main()之后，为了使编译系统能够识别它们，必须在调用之前对其进行声明，告诉编译系统程序中存在这样一个函数，这种声明称为**函数的向前声明**。

　　这个程序在运行时，先执行 main()函数中的语句，当执行到 Area=CircleArea(Radius)语句时暂停 main()函数中其他语句的执行，转而去执行 CircleArea()函数中的语句，完成圆面积的计算任务。当 CircleArea()函数中的语句全部执行完后，带着计算结果返回到 main()函数，继续执行 main()函数中没有执行的语句。Circum=CircleCircum(Radius)的执行方式与 Area=CircleArea(Radius)是相似的。当 main()函数中所有的语句都执行完后，整个程序才算执行完毕。

　　通过对这个程序的分析可以看出，一个程序除了有一个 main()函数以外，还可以有其他函数，这些函数具有与 main()函数十分相似的框架结构。

```
类型　函数名(参数列表)
{
```

```
变量的声明部分；
可执行语句部分；
}
```

2.1.3　对 C 程序的一般认识

通过对例 2-1 和例 2-2 的考察，我们可以对 C 程序得出一个一般的认识，下面从结构和功能两方面加以概括。

1. 从结构上看 C 程序的构成

一个 C 程序由多个函数构成，函数是基本的 C 程序单位。每个函数都有相似的结构，即每个函数都有函数头以及函数体两大部分。函数头由函数返回值的类型、函数名以及函数参数列表组成；函数体由声明语句以及执行语句两大部分组成。

一个程序必须有一个主函数 main()，程序先从 main()函数开始执行，最后结束于 main()函数。一个程序可以包含若干个函数，main()函数在执行的过程中展开了一系列的函数调用，由函数调用关系形成了一个完整的功能体系。从这个角度来说，程序设计就是一个个函数调用关系的设计。例 2-2 就是一个最简单的例证。

一个程序需要调用标准库函数，在程序的开头部分必须用宏定义指令#include 将相关的信息包含到本程序中来；对于后定义的函数必须在调用的函数之前进行向前声明，如例 2-2 中的 CircleArea()。

2. 从功能上看 C 程序的构成

一个程序就是对特定数据进行存储、处理，并将处理结果传输给用户的过程，所以，从功能上看，一个程序应该包含提供原始数据、进行数据存储、实施数据处理并对处理结果进行输出的功能。在例 2-1 及例 2-2 中都突出了这些功能，如"double Radius;"、"double Area;"和"double s;"就是为了存储数据而进行的变量定义工作，"scanf("%lf",&Radius);"是提供原始数据的语句，"s=PI*r*r;"是对数据进行加工处理的语句，"printf("Area=%f Circum=%f\n",Area,Circum);"是将处理结果输送给用户的语句。

2.2　C 语言的语法元素

我们知道汉语、英语等语言都有自己的符号系统，可以运用符号系统中的符号来进行构词，运用词汇集中的词汇来构成语句等。程序设计语言与人类的自然语言一样也有自己的符号系统，运用该符号系统可对命令、变量、运算符号等进行命名。

2.2.1　字符集

C 程序中用到的字符都是 ASCII 的一个子集，ASCII 中总共有 128 个基本符号，它的十进制编码范围是 0 到 127，通常将这些编码称做 ASCII 值。ASCII 值从 32 到 126 的符号是可显示与打印的符号，并且能够直接从键盘输入到计算机中，它们都能作为 C 语言的元素符号，并在 ASCII 表中被分成了四个部分：

(1) ASCII 值从 48 到 57 的符号是阿拉伯数字符号 0 到 9。

(2) ASCII 值从 65 到 90 的符号为大写英文字母 A 到 Z。

(3) ASCII 值从 97 到 122 的符号为小写英文字母 a 到 z。

(4) 其余的符号为空格、下划线符、标点符号、连字符、括号、运算符号等。

例 2-1 与例 2-2 中用到的所有字符都在上述四个部分中。这些字符用来构成语法元素，如数据类型、变量以及语句，在编译时能够被编译器检查并翻译成目标程序。注释中的字符不能算做语法元素中的字符，因为它不会被编译器检查并生成目标代码，它可以不是 ASCII 集中的字符，例如，它可以是汉字、希腊字符、俄文等非 ASCII 集中的符号。

2.2.2　标识符

在程序设计中常常要用到数据类型、变量、常量、函数、语句等事物对象，用 ASCII 集中的符号给这些事物对象起的名字称为**标识符**。例 2-1 与例 2-2 中用到了许多标识符，例如 main、printf、scanf、double、Radius、s、Circum、Area 和 PI 等，这些名称都由多个字母组成，其中既有大写也有小写。标识符的命名是有一定的规则和原则的，下面讨论这些规则和原则。

1．能够做标识符的字符

在 ASCII 集中只有下列符号才能作为标识符。

(1) 26 个大写或小写的英文字母(A~Z, a~z)。C 语言是大小写敏感的语言，同一个字母的大写与小写被视为两个不同的字符(有的语言不区分大小写)。

(2) 10 个阿拉伯数字(0、1、2、3、4、5、6、7、8、9)。

(3) 下划线字符 "_" (这个字符在主键盘区与减号同处一个键，输入时要同时按 Shift 键和减号键)。

2．命名规则

标识符的命名规则如下：

(1) 开头的第一个字符必须是字母或者下划线 "_"。

(2) 从第二个字符开始可以是字母、数字、下划线三类字符中的任意一个。

3．命名原则

标识符的命名原则如下：

(1) 开头第一个字符如无特殊需求尽量用字母表示。

(2) 标识符的命名要遵循见名知义的原则。按照这个原则以及命名规则，标识符用英语单词、汉语拼音表示较为妥当。例如，一个用来存放工资的变量命名用英文单词 salary 就做到了见名知义。

(3) 当需要用两个以上的单词表示一个标识符时，单词之间用 "_" 连接，或每个单词的第一个字母采用大写，这样有利于人们阅读程序，并体现出了程序员良好的程序设计风格。

根据上述规则和原则，下列标识符均符合规则，且风格良好：

_total，circle_area，CollegeStudent，student2，s1，s2，POWER

4．标识符中的保留字

保留字就是 C 语言系统已经预先命名并使用了的标识符，这些标识符是预留给 C 语言系统用来表示数据类型、语句名称以及变量的各种属性名称的，不允许程序员再使用这些标识符给自己程序中的变量、函数等进行命名。C 语言的全部保留字有 auto、break、case、char、const、continue、default、do、double、else、enum、extern、float、for、goto、if、int、long、register、return、short、signed、sizeof、static、struct、switch、typedef、union、unsigned、void、volatile、while。

C 的保留字全部都是由小写字母构成的，例如 for 是保留字，而 FOR 或者 For 不是保留字。

有了标识符的命名规则和原则后，就可以运用这些规则和原则为自己编写的程序中的变量、函数以及自定义数据类型来命名了。

2.2.3 定界符与间隔符

1. 定界符

定界符包括以下几类：

(1) "{"和"}"是函数以及复合语句的起止范围定界符，表明复合语句以及函数的实体部分从"{"处开始，到"}"结束。例 2-1 与例 2-2 中的三个函数的实体就是用此作为定界符的。

(2) "("和")"表示表达式的开始和结束，或者用来确定表达式中某个局部的优先级。在代数中，算术表达式有多层次的优先级时使用花括号、方括号以及圆括号来逐层区分。C 语言中只用单一的圆括号来嵌套实现，例如((a+b)*d-c)*d。

(3) 两个单撇号" ' "用来表示字符常数，例如 'A'、'b' 等。

(4) 两个双撇号" " "用来表示字符串的起始与终结，例如 "China"、"computer" 等。

2. 间隔符

间隔符包括以下几类：

(1) 分号";"表示语句之间的分隔，所以 C 语言要求每条语句都必须以";"结束。另外，";"也是 for 循环语句控制体中的三个部分之间的间隔符。

(2) 逗号","可作为声明语句中各变量之间的间隔符，函数的参数之间的间隔符，同时也是逗号表达式中的各部分之间的间隔符。

(3) 空格也是 C 语言中的一个间隔符，主要用于由多个英语单词组成的指令中单词之间的间隔，或用于变量与运算符之间的间隔。

2.3 数据类型与数据结构

程序设计的主要任务是对数据进行处理，这些数据都存放在计算机内存单元中，存储单元的值在程序运行过程中是可以更改的，因而，将用于存储数据的存储单元称为变量。存储在变量中的数据总是属于某种数据类型。

2.3.1 数据类型

数据类型是一个值的集合以及定义在这个集合上的一组操作。C 语言的数据类型非常丰富，它包括基本类型(整数类型、浮点类型)、构造类型(数组类型、结构类型、共用类型)、空类型、指针类型等。图 2-1 给出了 C 语言允许的数据类型及其保留字，在程序设计时，程序员可以直接利用这些保留字在程序中定义变量。

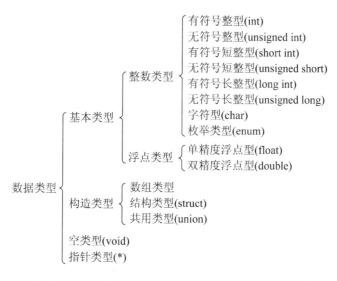

图 2-1　C 语言允许的数据类型及其保留字

　　基本类型分为整数类型和浮点类型(实数类型)两大类，主要用来表示具有单一值的数据。这里重点介绍基本类型中的 int、double、char 三种在程序设计时应用频度极高的类型，第 7 章至第 9 章介绍构造类型。

1. int 类型

　　int 类型在 C 语言中代表了整数类型，采用二进制补码的形式来表示。由于存储单元位数的限制，int 类型并不能表示出数学概念中的全部整数，只能是整数的一个子集。不同版本的编译系统规定的整数的位数不同，Turbo C 2.0 系统用 16 个二进制位来存储一个整数，而 MS Visual C++ 用 32 个二进制位来存储一个整数。在程序中，可以将一个整数存储在一个 int 类型的变量中。对 int 类型的数据可以执行加、减、乘、整除、取余等算数运算，也可以对两个整数进行大小比较。

2. double 类型

　　double 类型用来表示实数，采用二进制浮点形式来表示，如 3.14159、1.414、0.00005、−15.0 等。Turbo C 2.0 系统用 32 个二进制位来存储一个 double 型实数，而 MS Visual C++ 用 64 个二进制位来存储一个 double 型实数。在程序中，可以将一个实数存储在一个 double 类型的变量中。对 double 类型的数据可以执行加、减、乘、除等实数集上的算数运算，也可以对两个实数进行大小比较。

　　由于存储单元位数的限制，double 类型并没有包含全部的实数，所以只能是实数的一个子集，某些非常大或者非常小的实数不能包含在这个集合中，另外，一些实数也因为这个原因无法精确表示。不过 C 语言可表示的实数已经足够大，完全能够满足科学计算精度的大多数要求。

3. char 类型

char 类型的数据就是 ASCII 中规定的符号，用来表示字母、数码或特定符号。该类型的值在计算机中采用 8 位二进制无符号形式来存储，其编码范围为 0～127 之间的无符号整数。

char 类型的变量中存储的不是字符的形状，而是字符在 ASCII 表中的编码值。例如，字母 'A' 在变量中是作为数值 65 被存储的，数字 '0' 在变量中是作为数值 48 被存储的。因而 char 类型在 C 语言中是作为无符号整数类型的一种特殊情况来看待的，是整数类型中长度最小的一种类型。对 char 类型的数据可以进行加、减一个整数的运算，计算的结果是另一个字符。例如，字母 A 和数值 3 相加('A'+3)，得到的结果是大写字母 D，因为 A 的 ASCII 值为 65，'A'+3 就是 65+3，其结果 68 为 D 的 ASCII 值。可以对 char 类型的数据进行大小比较，大小顺序由 ASCII 编码顺序决定，如 'B'<'C'。

2.3.2　变量与常量

1. 变量

C 语言要求程序中所有要用到的变量必须先声明后使用，凡是未经事先声明的标识符，系统不会把它当做变量。变量的声明由声明语句来完成。变量声明的主要作用是确定变量的名称及类型，为变量在计算机的存储器中申请相应的存储单元并确定存储单元在存储器中的位置(地址)。因而，变量的实质就是存储某种类型数据的存储单元。例如：

```
double Radius;
int count;
char ch;
```

分别声明了三个变量：一个 double 型变量 Radius，Radius 在计算机的存储器中将会占用 8 个字节的存储空间；一个 int 型变量 count，count 在存储器中将会占用 4 个字节的存储空间；一个 char 型变量 ch，ch 在存储器中将会占用 1 个字节的存储空间。

变量声明的完整语法格式如下：

```
[storage_class]    data_type_name    variable_name_list;
```

一个完整的变量定义一般由存储类别 storage_class、数据类型名称 data_type_name、变量名列表 variable_name_list 三部分构成，其中数据类型名称、变量名列表这两部分是必不可少的。

数据类型名称表示要定义的变量的类型，均为图 2-1 中的类型标识符。确定变量的数据类型就是确定变量在计算机中占用的存储单元的数量、数据在存储单元中的存放格式、变量的取值范围以及能够参与运算的种类。

变量名列表为所要定义的变量名称列表。一个变量声明语句可以定义多个同类型的变量，在列表中各变量之间用 "," 隔开，各变量的命名均遵循标识符命名规则和原则。

存储类别是变量的属性，通常为 auto、const、static、extern 以及 register 等。它是一个可选项，当存储类别省略不写时，默认为 auto 属性。存储类别涉及许多知识，在此不便对其作深入讨论，后续章节会陆续介绍。

下面再给出一组变量声明的例子：

```
int count, number;
char flag, tag;
double length, width,
       height, weight;
```

上述语句声明了三种类型的变量：用 int 类型声明了 count、number 两个整数变量；用 char 类型声明了 flag、tag 两个字符型变量；用 double 声明了 length、width、height、weight 四个双精度实数类型变量。由这组声明可以看出：

(1) 在省略存储类别的情况下，声明变量的数据类型(double、int、char 等)在语句的开头被指定。

(2) 用一个数据类型声明多个变量时，列表中的变量与变量之间要用逗号分开。

(3) 一条语句可以跨多行，多个语句也可以放在一行内，但每个语句必须以分号结束。

(4) 每个变量只能属于一个数据类型。

变量是程序设计过程中用到的比较复杂的数据对象，它的数据组织形式有简单结构和复杂结构之分，这里仅介绍变量的基本概念及其一般声明方法。后续各章会结合具体数据处理的要求来逐步深入讨论变量的性质及其使用方法。

2. 常量

C 语言中有两种形式的常量，即直接常量与符号常量。直接常量就是直接写进程序中的量；符号常量是用具有一定含义的符号来代替直接常量。在 C 语言中称符号常量为**宏常量**。例 2-1 的语句

```
Circum=2*PI*Radius;
```

中，2 就是直接常量，PI 是宏常量。

在程序中写进直接常量不是一个好的编程习惯，提倡在编程时采用宏常量来表示直接常量。C 语言中提供了一个宏定义指令"#define"，用来定义符号常量。在例 2-1 中用"#define PI 3.14159"将 PI 定义为宏常量，用它代表圆周率 3.14159。 当编译该程序时，编译预处理程序会将下面两行代码：

```
Area=PI*Radius*Radius;
Circum=2*PI*Radius;
```

在编译前替换成：

```
Area=3.14159*Radius*Radius;
Circum=2*3.14159*Radius;
```

虽然提倡在程序中使用宏常量来代替直接常量，但是只有在程序中使用频次较高的值才值得用宏指令#define 为其指派一个宏常量。

许多情况下直接常量也是必不可少的。直接常量在程序中出现时的类型是根据其书写形式来决定的。

1) 整型常量

整型常量在书写时可以按八进制、十进制以及十六进制三种进制形式书写，同时也可以区分长短以及有无符号，在直接常量的后面加上 L 或 l 表示该数为长整数，加上 U 或 u

表示该数为无符号整数。

(1) **十进制整数**：由基本数码 0~9 组成的数，如 110、465 等。若将这两个数指派为长整数，则可以写为 110L、465L；若指派为无符号整数，则可以写为 110U、465U。

(2) **八进制整数**：由基本数码 0~7 组成，且以 0 开头的数，如 037、010、–011、012L、–023L、026U 等。

(3) **十六进制整数**：由基本数码 0~9 以及字母 A~F 组成(字母按顺序代表 10~15 之间的数且不区分大小写)，且以 0X 或 0x 开头的数，如 0xB800、0x331、0x109a、–0x101 等。

2) 实型常量

实型也称为浮点型，在 C 语言中只采用十进制形式来表示，有小数形式与指数形式两种写法。

(1) **小数形式**：由基本数码 0~9 以及小数点组成的数。如果有后缀 f 或 F，则表示该数为浮点数。例如，0.0、25.0、0.618、300.0、–257.8200、28F、–36f 等均为合法数据，其中 28F、–36f 表示这两个数是按照实数来对待的。

(2) **指数形式**：由基本数码 0~9、小数点、阶码标志 e 或 E 以及阶码组成的数，阶码只能为整数。例如，2.10E5 表示 2.1×10^5，3.7E-2 表示 3.7×10^{-2}，0.5E8 表示 0.5×10^8，–2.8E–3 表示 -2.8×10^{-3} 等。

3) 字符常量

字符常量是用一对单撇号括起来的字符，例如：

'a'、'B'、'2'、'*'、'%'、'+'、'$'、' '

其中，最后一个字符为空格符号。如果在表示时不用单撇号括起来，编译系统无法区分一个字符到底是 char 型的数据还是一个单字符的标识符。

C 语言还提供了一些具有特殊意义的转义字符，它们也是字符常量。转义字符是由反斜杠和一个字符构成的，通常当做一个整体来看待，在使用时要放在一对单撇号中。表 2-1 给出了 C 语言中的部分转义字符。

表 2-1 转 义 字 符 表

转义符	名称	含义	转义符	名称	含义
\n	回车换行	将 n 转义为回车换行符	\f	换页符	将 f 转义为换页符
\t	水平制表	将 t 转义为制表符	\'	单撇号	将 ' 转义为单撇号
\b	退格	将 b 转义为退格符号	\"	双撇号	将 " 转义为双撇号
\r	回车不换行	将 r 转义为回车符	\\	反斜杠	将 \ 转义为反斜杠

C 语言中每个符号都有其原本的定义及用途，如果要改变它的用途就必须对其进行转义处理，例如，单撇号 " ' " 与双撇号 " " " 是被定义为字符或者字符串数据的定界符，它们在 C 语言中就不再具有自然语言中单引号与双引号的用途，如果想让它们实现自然语言中的功能就必须对其进行转义。由表 2-1 可以看出，反斜杠 " \ " 符号在 C 语言中被用做了转义字符的前缀，因此要在字符数据中实现反斜杠的原本意义就必须用两个连续的反斜杠。

4) 字符串常量

字符串常量是一个由字符组成的序列，在书写时要用双撇号括起来。例如：

"This is a computer."

就是字符串常量的一个典型写法。

字符串中可以出现任意转义字符，转义字符被当做一个字符来对待。如果要在字符串常量中使用反斜杠、单撇号或双撇号，这些符号一定要以转义字符的形式来书写。例如，要将 He said "This is a computer." 当做一个字符串常量写进程序中时，它的正确写法是：

"He said \"This is a computer.\""

其中外层的一对双撇号是 C 语言中的字符串定界符，内层的双撇号才是自然语言中的引号，要想让内层的双撇号当做引号就必须将其转义，因此要在内层的两个双撇号之前各加一个反斜杠。

2.4　运算与表达式

1. C 语言的运算类型

C 语言的运算范围非常广泛，许多功能成分都可以归结为运算，每种运算至少有一个运算符。C 语言的运算可以归纳为 13 种类型：算术运算(+、-、*、/、%)、关系运算(==、!=、>、>=、<、<=)、逻辑运算(!、&&、||)、位运算(~、&、|、^、<<、>>)、赋值运算(= (一组复合赋值运算))、条件运算(? :)、逗号运算(,)、指针运算(* 和 &)、求字节数运算(sizeof)、强制类型转换运算、成员运算(. 或 ->)、下标运算([ ])和函数运算。

2. 表达式

表达式就是用运算符按照一定的规则将运算对象连接起来的式子，其中的运算对象包括变量、常量以及函数等。在 C 语言中，几乎每种运算都有相应的表达式，算术运算有相应的算术表达式，关系运算有关系表达式，逻辑运算有相应的逻辑表达式。这里仅讨论赋值运算及其表达式，其他运算及其表达式将在后续各章中结合程序设计的需要展开讨论。

C 语言将赋值当做一种运算来看待，所以赋值符号也就是一种运算符号。C 语言采用"="作为赋值符号。用赋值符号将一个变量和一个表达式连接起来的式子称为赋值表达式。在赋值表达式中，赋值符号左边必须连接一个变量，右边可以是常量、变量与表达式。赋值表达式的一般格式如下：

<variable> =< expression >

其作用是将"="右边 expression(表达式)的计算结果传送到左边 variable(变量)中。例如例 2-1 中的

Area=PI*Radius*Radius
Circum=2*PI*Radius

是两个典型的赋值表达式。又如，

a=5
z=x+y
v=l*w*h

是三个赋值表达式。

注意，赋值符号"="在字面形式上与数学含义上的等号是同一个符号，但是它的功能与数学符号中的等号不一样，数学含义上的等号在 C 语言中采用"=="来表示。

2.5 可执行语句

C 语句可以简单地分为两类，一类是 2.3 节讨论过的变量的声明语句，另一类是可执行语句。无论哪种语句，语句的结束符号均为"；"号。可执行语句的作用是向计算机系统发出指令，对数据进行加工处理，或者执行一些其他的相关操作。可执行语句按照复杂程度分为简单语句与复合语句。

1. 简单语句

在 C 语言中比较简单的语句是赋值语句与函数语句。赋值语句是在赋值表达式之后加上分号形成的语句。赋值语句是将一个值或者计算结果存储到一个变量中去的指令，用于执行程序中的大多数运算。例如，两个赋值语句：

```
a=5;
v=x+y+2.0;
```

第一条语句是将数值 5 存储到变量 a 中，第二条语句是将表达式 x+y+2.0 的计算结果存储到变量 v 中。

函数语句就是函数单独使用时的语句，例如：

```
scanf("%lf", &Radius);
printf("Area=%f Circum=%f \n", Area, Circum);
```

2. 复合语句

在进行程序设计时用一对花括号将一组功能上具有关联关系的简单语句括起来，构成一个功能模块，这个模块称为复合语句。

复合语句常常放在流程控制语句中，用来连续执行一组语句，这组语句完成一个独立的操作功能。例如：

```
{
    sum = sum + i;
    i = i + 1;
}
```

在上述的两个赋值语句中，sum 和 i 同时出现在赋值运算符号的两侧，由此可见，赋值表达式不是数学上的代数等式，这是赋值表达式的特殊之处。关于赋值表达式的这种功能，将在下一章作深入讨论。

控制语句是 C 语言实现程序流程控制的语句，主要有选择语句、循环语句。选择与循环语句属于语句级别的流程控制，选择语句中的每个分支以及循环语句中的循环体仍然是语句，这些语句既可以是简单语句也可以是复合语句和控制语句。

选择语句有 if-else 与 switch 两种语句，它们能够根据某个给定条件的成立与否在两个或多个备选的语句块中选择其中的一个语句块执行。

循环语句有 for、while 以及 do-while 三种语句，它们根据条件决定是否重复执行嵌套在其内部的语句块，这种语句块被称为循环体。

还有与流程有关的 break、continue 等辅助语句，它们不能单独使用，必须与选择语句和循环语句配套使用。break 能与选择语句中的 switch 语句以及所有的循环语句配套，continue 语句只能与循环语句配套。

流程控制是程序设计中的一个重要内容，流程控制语句将在第 4 章中作深入讨论。

2.6 函　　数

函数是子程序概念在 C 语言中的一种特殊称谓，既在程序中起着流程控制的作用，又是对程序进行模块化组织与管理的重要手段。每个函数都是为了在程序中实现某个独立功能而编写的，例如例 2-2 中的 CircleArea() 函数就是为了实现计算圆面积的功能而编写的。在 C 程序中函数必须先定义，后调用。函数的一般定义形式如下：

```
函数的类型  函数名(参数列表)
{
        声明语句部分；
        执行语句部分；
}
```

结合例 2-2 中的 CircleArea() 函数以及函数的一般定义形式，从功能上可以看出，函数就是一个微缩版的程序，函数的参数机制是实现向函数输入数据的装置，局部变量是函数中的数据存储装置，函数中的可执行语句是函数对数据实施加工处理的装置，函数值的返回机制就是向函数之外输出数据的装置。

C 语言中函数可按其来源和函数参数及返回值进行分类。

1. 按函数的来源分类

函数按其来源的不同可分为标准函数和自定义函数两种。由 C 语言系统提供的函数称为标准函数，由程序员自己编写的函数称为自定义函数。

标准函数大多都是在进行程序设计时用户必须用到的函数。例如，在程序设计中都要用 scanf() 与 printf() 两个函数进行输入、输出；在进行数值计算时必须用到一些基本的数学函数，如三角函数、对数函数、指数函数等。这些函数的编写涉及计算机的许多硬件细节或者普通用户难以掌握的算法，为了降低用户的编程难度、提高编程效率，C 语言系统的制造商将这些函数事先编写好，随着 C 编译系统一起发行，用户在使用时按照系统约定的一种标准调用方式直接调用。

自定义函数是程序员根据 C 语言的函数编写规则编写的函数。这些函数一般是根据用户所要解决问题领域的一些特殊算法来编写的，它有特殊的用途。在 C 语言程序设计中，大量的工作就是设计自定义函数及其相互间的调用关系。

2. 按函数参数及返回值分类

函数在进行相互调用时互相传递数据是不可避免的，根据函数是否需要接受其他函数传来的数据可将函数分为**有参函数**与**无参函数**两种类型；根据函数在执行完后是否将它的处理结果传递给调用它的函数可将函数分为**有返回值函数**与**无返回值函数**。例如：

> double sin(double x)　　/*正弦函数*/
> double log(double x)　　/*以 e 为底 x 的对数*/

属于既有参数又有返回值的函数。而

> int getchar()　　　　　/*从标准输入设备读取一个字符*/

则是无参函数，即该函数在调用时不需要从调用它的函数中得到数据。又如：

> void rewind(FILE *fp)　/*指针 fp 所指文件的读写位置指针复位函数*/

是一个无返回值的函数。

　　函数是否有返回值，决定了函数在程序中被调用的方式。有返回值的函数一般是为了完成一个计算，并将计算结果输出给调用它的函数而编写的。这种函数在程序中被调用的方式比较灵活，既可以在一个表达式中出现(以便它的值进一步参与表达式的运算)，也可以作为一个独立的语句出现。无返回值的函数一般是为了指挥计算机完成一系列的动作而编写的，它只能作为独立的语句出现在程序中。

　　函数是实现模块化程序设计的技术保证，这里仅简单介绍函数的概念，用户如何编写自定义函数有一系列理论与规则，本书从第 6 章开始会结合程序设计的其他内容陆续讨论函数的编写及其应用。

2.7　输入/输出操作与函数

　　如果希望在程序运行过程中通过键盘或者其他方式为程序中的变量赋值，并将程序的运算结果通过显示器、打印机等输出设备展示给用户，就要启用 C 语言的输入/输出操作功能。C 语言的输入/输出功能是由输入/输出函数来完成的。C 系统提供了一个标准输入/输出函数库来帮助程序员实现数据的输入与输出。在需要使用输入/输出函数时可以通过编译预处理指令 #include 将标准输入/输出库的头文件包含到程序中。例如：

> #include "stdio.h"

　　C 系统在它的标准输入/输出库中提供了各种类型的输入/输出函数，然而，这个输入/输出库文件是被 C 系统隐藏起来的，程序员不能直接使用。stdio.h 只是描述标准输入/输出库的一个接口文件，它为用户程序提供了输入/输出库中相关函数的信息，在程序编译运行时会根据这些信息将程序中所需的输入/输出函数包含到用户程序中来。通常称 stdio.h 为标准输入/输出库的头文件。

　　C 语言的标准输入/输出库中的有关输入/输出的函数非常多，无法一一介绍，这里只讨论格式化输入/输出函数与字符输入/输出函数两类。

2.7.1　格式化输入/输出函数

1. printf()函数

printf()函数的作用是在显示器上输出若干个任意类型的数据，每个数据都按照指定的格式输出。C 语言中称 printf()函数为格式化输出函数。printf()的参数列表由格式串[1]和输出项列表两部分组成。例如，函数语句：

    printf("Area=%f Circum=%f \n", Area, Circum);

中，"Area=%f Circum=%f \n" 为格式串，"Area，Circum" 为输出项列表。格式串与输出项列表之间用逗号来分隔。输出项列表中各输出项之间也用逗号来分隔。充当输出项的可以是变量、常量，也可以是一个表达式，此处用变量 Area、Circum。

若在例 2-1 所示程序运行时，将变量 Radius 赋值为 1，则 printf("Area=%f Circum=%f \n",Area, Circum) 函数的执行结果为

    Area=3.141590   Circum=6.283180

这个结果是格式串"Area=%f Circum=%f \n"产生的结果，其中 3.141590 是用输出项 Area 的值替换了格式串中的第一个占位控制符号%f 的结果，6.283180 是用输出项 Circum 的值替换了格式串中的第二个占位控制符号%f 的结果。

格式串是 printf()的参数列表中的第一个参数，用一对双撇号 " " " " 括起来，它由两类符号组成：第一类是能够直接照搬到屏幕上的符号，如 "Area=" 与 "Circum="；第二类为输出项的格式占位控制符以及转义字符，如 "%f" 和 "\n"。

1) 输出格式占位控制符

在格式串中格式占位控制符均以 "%" 开始，之后紧跟一个与数据类型相关的控制符号。例如，"%f" 表示一个实数的输出位置。表 2-2 给出了与 char、double、float 和 int 类型数据相对应的基本格式占位控制符。

表 2-2　输入/输出函数中的格式占位控制符

占位控制符	适合的数据类型	含　　义	适用的函数
%d，%i	int	以带符号十进制格式对整数进行输入/输出	printf(),scanf()
%u	int	以无符号十进制格式对整数进行输入/输出	printf(),scanf()
%o	int	以无符号八进制格式对整数进行输入/输出	printf(),scanf()
%x，%X	int	以无符号十六进制格式对整数进行输入/输出	printf(),scanf()
%c	char	以字符形式输入/输出	printf(),scanf()
%f	double，float	以小数形式输出单、双精度实数	printf()
%f	float	以小数形式输入单精度实数	scanf()
%lf	double	以小数形式输入双精度实数	scanf()

说明：对于大多数数据类型来说，printf()函数中使用的占位控制符与 scanf()(在 2.7.2 节进行介绍)中的占位控制符都是相同的，然而 double 类型的例外，double 类型的变量在 printf()中使用的占位控制符为 "%f"，在 scanf()函数中却使用 "%lf" 作为占位控制符。

printf()函数可以省略输出项，但不能省略格式串。如果省略了输出项，格式串中不能

---

[1] 格式串：用一对 " " " " 号括起来，用于规定输出项列表中各输出项的输出格式。

出现任何占位控制符。printf("Enter radius:")就是一个例子。

如果 printf()的输出项列表中有多个输出项，格式字符串中必须要有相应数目的占位控制符，且占位控制符与输出项的类型及顺序从左到右一一匹配。例如：

printf("Mr. %c is %d years old and his weight is %f KG.\n", 'A',30,65.5);

的输出结果为

Mr. A is 30 years old and his weight is 65.500000 KG.

这个函数中的占位控制符"%c"与字符类型的输出项"'A'"对应，"%d"与整数类型的输出项"30"对应，"%f"与实数类型的输出项"65.5"对应(注意："%f"占位控制符对实数输出保留 6 位小数，所以 65.5 输出后为 65.500000)。

2) 数据输出的域宽控制

在上述描述中，65.5 在被输出后变成了 65.500000，如果想控制这个输出结果的整数部分占 4 位，小数部分占 2 位，那么可以将"%f"改写为"%7.2f"，即

printf("Mr. %c is %d years old and his weight is %7.2f KG.\n", 'A',30,65.5);

其输出结果为

Mr. A is 30 years old and his weight is   65.50KG.

占位控制符"%7.2f"中的 7.2 表示整个输出的最小域宽为 7 个字符，其中小数部分占 2 位。如果一个整数输出项的占位控制符为"%8d"，则整个输出的最小域宽为 8 个字符。

另外，printf()函数在输出时的默认对齐方式是向右对齐，即所有输出数据在域宽范围内向右靠拢，如果想让输出数据向左靠拢，可以在占位控制符中加入一个"-"号。例如 %-8.3f 表示与之对应的实数输出项总域宽为 8，小数部分占 3 位，整个输出在域范围内向左靠拢。例如：

printf("Mr. %c is %d years old and his weight is %-8.3f KG.\n", 'A',30,65.5);

的输出结果为

Mr. A is 30 years old and his weight is 65.500   KG.

域宽控制说明见表 2-3。

表 2-3 域宽控制说明

占位控制符	说　　明
%md,%mc	m 代表一个整数，对于整数类型以及字符类型，输出的最小域宽为 m 个字符，输出数据在域宽范围内向右靠拢
%-md,%-mc	输出数据在其域宽范围内向左靠拢，其他含义与"%md, %mc"的相同
%m.nf	m 与 n 各代表一个整数，对于实数类型，输出的最小域宽为 m 个字符，其中小数点占 1 位，小数部分占 n 个字符，输出数据在域宽范围内向右靠拢
%-m.nf	输出数据在其域宽范围内向左靠拢，其他含义与"%m.nf"的相同

3) 转义字符在格式控制中的应用

在上述的各例中，我们看到在格式串中有一个转义字符"\n"，这个符号用来实现输出换行。当执行 printf()函数时，如果格式串中遇到了转义字符"\n"，"\n"之后的所有输出

内容均换到下一行且从该行的开头输出。例如：

> printf("Mr. %c is %d years old,\n his weight is %f KG.\n", 'A',30,65.5);

函数的格式串中有两个 "\n"，一个在格式串的中间，另一个在末尾，其执行结果如下：

> Mr. A is 30 years old,
>
> his weight is 65.500000 KG.

这说明位于格式串中间的 "\n" 之后的所有输出内容都换到下一行。一般情况下，在 printf() 的格式串的末尾使用 "\n" 转义字符，可以使 printf() 输出一个完整的行，同时使得后续的 printf() 在一个新的行上输出。

一般在交互式的程序中，当需要输入数据时，应该先在输入函数之前使用 printf() 函数输出一个提示信息，告诉用户输入什么样的数据。例如，语句：

> printf("Enter radius:");　　/*显示一个提示信息*/
>
> scanf("%lf", &Radius);　　/*输入圆的半径*/

将会提示用户输入圆的半径的值。这样的提示性格式串中不需要格式占位控制符。

2. scanf()函数

在例 2-1 与例 2-2 中都使用了如下语句：

> scanf("%lf", &Radius);　　/*输入圆的半径*/

其功能是调用 scanf() 函数，从键盘上输入一个 double 型的数据并保存在变量 Radius 中。这个函数的参数列表由格式串和接收数据的变量地址列表两部分组成。C 语言称 scanf() 函数为格式化输入函数。

一般情况下，格式串中只包含占位控制符(见表 2-1)，占位控制符告诉 scanf() 函数变量将会从键盘上获取何种类型的数据。 例如，"scanf("%lf",&Radius);"语句中的 ""%lf"" 要求从键盘上输入的数据必须是一个数字，并且将这个数字以双精度实数的形式传输给变量 Radius。如果格式串中出现了占位控制符以外的其他字符，那么在输入数据时必须原样将这个字符输入一次，scanf() 函数才能正确执行。

在 scanf() 函数中，变量 Radius 以&符号开头。&是 C 语言的**取地址运算符**。&会换算出变量 Radius 在存储器中的地址，并告诉 scanf() 函数将把从键盘接收的数据传输到这个地址所指出的存储单元中。如果忽略了&，scanf() 获得的存储单元的地址不是 Radius 变量占据的存储单元的位置，从而无法将数值传输到 Radius 变量中。也就是说，用 scanf() 函数对一个变量进行数据输入时，使用的不是变量名，而是变量的地址。

在执行 scanf() 时，程序会暂停，等待用户输入数据并按下回车键(Enter 键)。在程序运行时，用户通过键盘输入数据的类型必须与格式串中的占位控制符指示的数据类型相匹配。如果输入了不正确的数据，用户可以按退格键(Backspace 键)来修改数据。

一个 scanf() 函数可以为多个变量输入数据。例如：

> scanf ("%d%lf%d",&int1,&real,&int2);

会将三个数据分别传输到 int1、real 以及 int2 变量中，与 int1 和 int2 对应的占位控制符为 "%d"，即将整数存入这两个变量中；与 real 对应的占位控制符为 "%lf"，即将一个实数存入到 real 变量中。格式串中的占位控制符必须与输入变量列表中变量的类型和顺序从左到右严格匹配，否则输入到变量中的数据就不一定是期望的数据了。

在进行数据的输入时，用户必须按照各个格式占位控制符规定的顺序来输入数据。在两个数字之间应该插入一个或多个空格(或回车)作为数字之间的间隔。如果在输入时想用逗号作为数字之间的间隔符号，应该在三个占位控制符之间加入逗号。例如：

scanf ("%d,%lf,%d",&int1,&real,&int2)

另外，语句：

scanf ("%c%c%c",&ch1,&ch2,&ch2);

会将三个字符分别存储到 ch1、ch2、ch3 变量中，每个变量只接受一个字符。如果从键盘按如下形式输入字符：

Box

那么 B 会存入 ch1 中，o 存入 ch2 中，x 存入 ch3 中。如果输入时想在字符之间加入空格(或回车)作为字符之间的间隔，就必须在占位控制符"%c"之间加入一个空格。

2.7.2　字符输入/输出函数

除了前面讨论的格式化输入/输出函数外，C 还提供了专门用于 char 型数据的输入/输出函数——getchar()函数和 putchar()函数。

1. getchar()函数

getchar()函数从键盘上一次接收一个字符。它常常出现在表达式中，例如：

ch=getchar();

这个语句将从键盘上得到的字符保存在一个 char 型的变量 ch 中。getchar()函数在调用时括号中不必提供任何参数。getchar()也可以单独使用，例如：

getchar();

在这种情况下，getchar()从键盘上获得的字符因没有变量来保存而丢掉。

getchar()的上述两种调用方式在程序设计中经常用到，究竟采用哪种调用方式，取决于是否将 getchar()获得的数据进行保存。

2. putchar()函数

putchar()函数向显示器输出一个字符，一般情况下是单独使用的，不需要出现在表达式中。下面两种形式都是正确的：

putchar(ch);
putchar('A');

其中，第一行是输出存储在字符型变量 ch 中的字符，而第二行则输出大写字母 A。putchar()函数在使用时必须在括号中提供参数，参数既可以是字符常量也可以是字符变量。

*2.8　在 Visual C++ 6.0 下调试 C 程序

当今许多程序编写软件都是集成开发系统，它将程序的编辑、编译、链接和运行集成在同一环境下。集成开发环境种类很多，C 语言的集成开发环境常用的有 Turbo C2.0/3.0、Microsoft Visual C++ 6.0 等。Turbo C2.0/3.0(简称 TC)是在 Microsoft DOS 操作系统下运行的 C 程序的集成编辑环境。Microsoft DOS 是一个字符界面的操作系统，目前已经被图形界面的操作系统 Microsoft Windows 所替代。Turbo C2.0 在 Microsoft Windows 环境下运行的兼容性较差，所以软件开发领域已经逐渐放弃了 Turbo C2.0 这个集成开发环境的使用。在 Windows 操作系统下，Microsoft Visual C++ 6.0(简称 VC6)集成编辑环境从 20 世纪 90 年代起随着 Windows 的应用已经成为了主流的软件开发平台，尤其在程序设计教学领域，VC6 是一款初学者非常容易掌握的 C 语言程序开发平台。因此，本节重点介绍 VC6 集成开发平台的使用。

1. VC6 界面

VC6 集成开发环境界面如图 2-2 所示。

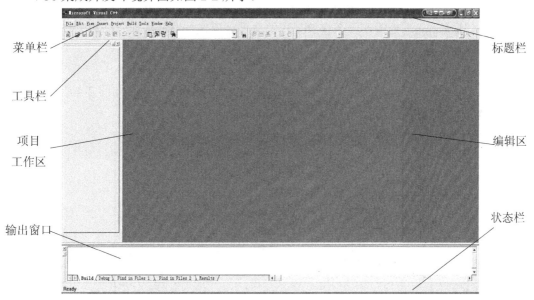

图 2-2　Microsoft Visual C++ 6.0 集成开发环境界面

2. 创建工程

启动 Microsoft Visual C++ 6.0 集成开发环境后，首先要创建工程。工程内包含了一个应用程序所需的各种源程序、资源文件和文档等全部文件的集合。VC6 内置了 10 余种不同的工程类型可供用户选择。VC6 系统会针对不同的工程类型提前做不同的准备以及初始化工作。"Win32 Console Application"是最简单的一种类型，此种类型的程序运行时，提供对字符模式的各种处理与支持。调试 C 语言程序时，选择"Win32 Console Application"类型比较方便。下面以 VC6 英文版为例，介绍创建工程的方法。例如，建立一个名为 lab1 的工程的步骤如下：

(1) 在 VC6 环境下用鼠标单击"File"菜单，在"File"下拉菜单中选择"New"命令，出现如图 2-3 所示的界面。

(2) 在"New"对话框的"Projects"标签页的左面有 17 个项目，选择"Win32 Console Application"(控制台程序)。

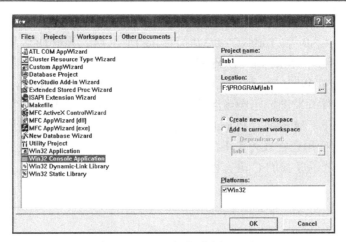

图 2-3　VC6 工程类型选择界面

(3) 在"Location"处输入一个存放工程的文件夹所在的路径，如"F:\PROGRAM"(F 盘的 PROGRAM 文件夹)。

(4) 在同一界面的"Project Name"处输入工程名称"lab1"。

(5) 单击"OK"按钮即出现 Win32 Console Application 设置界面，如图 2-4 所示，选择"An empty project"选项后单击"Finish"按钮。

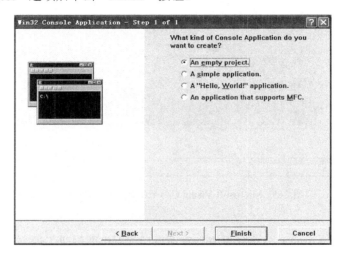

图 2-4　Win32 Console Application 设置界面

(6) 出现"New Project Information"界面后，单击"OK"按钮，工程就创建好了(此时的工程是空的)。工程创建好后，屏幕上方的标题栏文字变成了：

lab1 - Microsoft Visual C++

屏幕左边的工作区出现了两个标签，其中一个标签为 FileView。单击 FileView，在该标签的对话框中出现两行文字：

Workspace 'lab1'：1 project(s)

lab1 files　　　　　　　　　　　　　　　(lab1 就是上文建立的工程名)

单击 lab1 files 前面的+号，则出现三个文件夹，依次为 Source Files(存储 lab1 工程中的所有源程序文件)、Header Files(存储 lab1 工程中的所有头文件)、Resource Files(存储 lab1 工程中的所有资源文件)。

3．创建源程序文件

单击菜单栏中的"File"菜单，选择"New"命令。在弹出的"New"对话框中单击"Files"标签页。"Files"标签页中给出了 Microsoft C++能够建立的文件类型，共 13 个类型。如图 2-5 所示，选择"C++ Source Files"项，此时对话框右侧的"Add to project"前面的复选框内有一个√，并且下方的下拉式选择框内出现了 lab1，这说明当前正在建立的文件将要加入 lab1 工程。

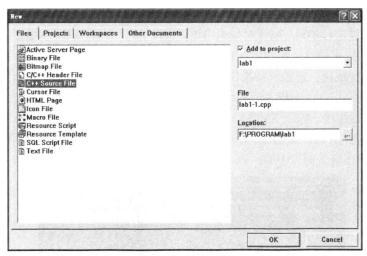

图 2-5　VC6 文件类型选择界面

在同一界面右侧的"File"文本框中输入欲建立文件的文件名，例如"lab1-1.cpp"，然后单击右下方的"OK"按钮，出现如图 2-6 所示的源程序编辑界面，此时源程序文件的创建完毕。

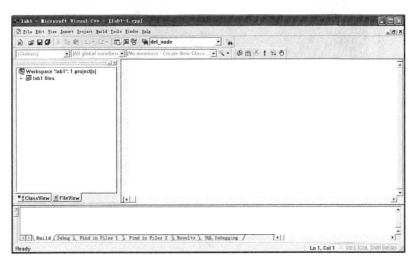

图 2-6　VC6 源程序编辑界面

此时 VC6 的标题栏文字变成了：

lab1 - Microsoft Visual C++ - [lab1-1.cpp]

工作区的"FileView"标签页中的"Source Files"文件夹中出现了 lab1-1.cpp 文件名，编辑区由灰色变成了白色，并且有一个闪烁的黑色竖条状光标，提示书写程序的工作从这里开始。

刚刚创建的文件是一个空文件，需要编程者自己输入文件的内容。读者可以将例 2-1 中的程序输入。程序书写编辑完成后按 Ctrl+S 键，将编写好的程序存储在磁盘上(点击"File"菜单中的"Save"选项也可保存)。

4. 编译、链接、运行程序

编写好的程序在运行前需要编译和链接。

按 Ctrl+F7 键进行编译。编译时如果出错，错误信息出现在 VC6 界面下的输出窗口中。根据输出的错误提示信息，编程者可在编辑区修改程序的相应之处，然后再次编译。

按 F7 键进行链接。链接时如果出错，错误信息出现在 VC6 界面下的输出窗口中。根据输出的错误提示信息，编程者应在编辑区修改程序的相应之处，然后再次编译与链接。

按 F5 键运行程序。按下 F5 键后，计算机的显示器会弹出一个黑色窗口，此窗口被称为控制台输入/输出界面，如图 2-7 所示。在此窗口中可以向 C 程序输入数据，C 程序的运行结果也是显示在这个窗口中的。

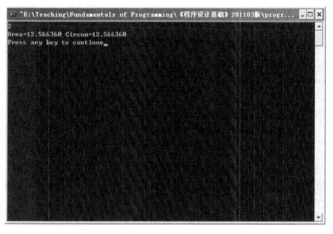

图 2-7　控制台输入/输出界面

5. 再次编写程序需要做的工作

按照以上步骤编写、编译、运行完一个程序后，如果要编写一个新的程序，就必须关闭以前程序所在的工作区。在"File"菜单下单击"Close Workspace"命令关闭工作区，然后重新创建工程文件，这样才能编写一个新的程序，使得编写的程序在一个全新的工作环境中运行。

习　题　2

1. 选择题：

(1) 所有 C 函数的结构都包括的三部分是(　　)。

A．语句、花括号和函数体　　　　　B．函数名、语句和函数体

　C．函数名、形式参数和函数体　　　D．形式参数、语句和函数体

(2) C 语言程序由(　　)组成。

　A．子程序　　　　B．主程序和子程序　　　　C．函数　　　　D．过程

(3) 一个 C 程序的执行是从(　　)。

　A．本程序的 main 函数开始，到 main 函数结束

　B．本程序文件的第一个函数开始，到本程序文件的最后一个函数结束

　C．本程序文件的第一个函数开始，到本程序 main 函数结束

　D．本程序的 main 函数开始，到本程序文件的最后一个函数结束

(4) 下面属于 C 语言标识符的是(　　)。

　A．2ab　　　　B．@f　　　　C．?b　　　　D．_a12

(5) C 语言中主函数的个数是(　　)。

　A．1 个　　　　B．2 个　　　　C．3 个　　　　D．任意个

(6) 下列关于 C 语言注释的叙述中错误的是(　　)。

　A．以"/*"开头并以"*/"结尾的字符串为 C 语言的注释符

　B．注释可出现在程序中的任何位置，用来向用户提示或解释程序的意义

　C．程序编译时，不对注释作任何处理

　D．程序编译时，需要对注释进行处理

(7) 下列不是 C 语言的间隔符的是(　　)。

　A．逗号　　　　B．空格　　　　C．制表符　　　　D．双引号

(8) 下列符号中，可以作为变量名的是(　　)。

　A．+a　　　B．12345e　　　C．a3B　　　D．5e+0

2．熟悉上机运行 C 程序的方法，上机运行例 2-1。

3．编写一个简单的 C 程序，输出以下信息：

　　＊＊＊＊＊＊＊＊＊＊＊＊＊＊＊＊＊＊＊＊＊＊＊＊＊＊

　　　　This is a　 C　 Programme

　　＊＊＊＊＊＊＊＊＊＊＊＊＊C＊＊＊＊＊＊＊＊＊＊＊＊＊

4．编写一个 C 程序，给 a、b 两个整数输入值，输出两个整数之差。

5．编写程序，分别用 scanf()函数和 getchar()函数读入两个字符给 c1、c2，然后分别用 putchar()函数和 printf()函数输出这两个字符。上机运行此程序,比较用 putchar()函数和 printf() 函数输出字符的特点。

第3章 算术运算程序设计

科学计算亦称数值计算，是计算机最重要的应用之一。算术运算是计算机进行数值处理最基本、最核心的运算。例如，求函数的值、方程的数值解等，这些无一不涉及算术运算。进行算术运算题程序设计时，首先要处理运算数的存储、表达式的表示、表达式的求值规则等问题。学习算术运算问题求解的程序设计也是学习求解其他问题程序设计的基础。本章将以简单算术运算问题的求解为指引，讨论程序设计中的数据存储、数据引用以及数据处理的基本方法。

3.1 变量的深度解析

变量在程序设计中是用来存储与表示数据的，变量的引入使得算术运算上升到了代数运算的水平。程序设计就是运用变量来构造代数式，按代数规则解题的过程。它的运用使得计算机自动解题有了一个初步的基础。深入理解变量的含义、掌握变量的用法是程序设计入门的基本功。

3.1.1 变量赋初值

在 2.3 节里，从 C 语言构成的角度介绍了变量声明以及变量的数据类型，那么变量是否在声明后就可以直接参与到表达式中呢？按照 2.3 节里的介绍，变量的声明只是确定了变量的名称、类型及其在存储器中的位置及大小等，并没有说明变量所占据的存储单元中究竟存储了什么样的数据。

变量声明后系统会为变量在存储器中分配一定数量的存储空间。变量在取得这些存储空间后，该存储空间中原先固有的数据就会被该变量所继承，而这个原有的数据并非解决问题时需要的值。因而，在变量参与表达式运算前必须赋给变量一个符合问题需要的确切值，在此称为**赋初值**。赋初值有两种方法。

第一种方法，在声明变量的同时赋值。例如：

```
double length=170, width=120.5, height=0;
```

表示三个 double 型的变量 length、width、height 在声明的同时赋初值。

第二种方法，先声明、后赋值。例如：

```
double length, width, height;
length=170;
width=120.5;
height=0;
```

变量 length、width、height 定义后并没有赋初值，随后通过三个赋值操作使得变量分别获得了初值。

在变量参与表达式的运算前为变量赋值是非常必要的。如果遗漏了为其赋值的过程，则会导致程序运算结果的不确定性。因此，编程时要养成一个为变量赋初值的好习惯。

变量的值在程序运行过程中是可以被改变的，如果变量的值在程序运行过程中不改变，而是一直保持恒定，则这类变量就是具有**只读属性的变量**，简称**只读变量**。只读变量的存储类别要被声明为 const 属性。对具有 const 属性的变量必须采用第一种方式进行强制赋初值。例如：

```
const double pi=3.14159;
```

就是将变量 pi 声明为 const 属性的同时强制赋初值的。又如：

```
const double pi;
pi=3.14159;
```

赋初值的方法是无效的。这是因为，一旦 pi 被定义成 const 属性，系统将禁止为 pi 赋值，所以，赋值操作 pi=3.14159 是无效的。

3.1.2　变量的访问

变量的访问可分为读取变量的值以及给变量赋值两种操作，上述变量赋初值也是对变量的一种访问。无论赋值还是读取变量中的值均通过变量名来实施。

变量访问的第一种情况是给变量赋值。既可以将一个常数赋给一个变量，也可以将一个变量的值赋给另一个变量，还可以将一个表达式的值赋给一个变量。例如：

```
int a=2,  b=0;
b=a;
```

第一句声明了两个 int 类型的变量 a 和 b，并给变量 a 与 b 分别赋了初值 2 和 0；第二句将变量 a 的值赋给变量 b，对变量 a 来说是读取其值，对变量 b 来说是赋值，b 中原来的值 0 被 2 代替。

变量访问的第二种情况是参与表达式的运算，即将变量的值从变量中读取出来参与表达式运算。例如：

```
double p=35.5, q=2.3, r=0;
r=2(p*p+q*q);
```

第一句声明了三个 double 型的变量 p、q、r，并分别赋了初值 35.5、2.3 和 0；随后将 p、q 平方和的 2 倍赋给了变量 r。这里 p 和 q 组成了一个算术表达式，在对 p 与 q 进行访问时只是取出其中的数值。

由于变量是存储数据的存储单元，它具有容器的特性，因此，在进行程序设计时常常对变量进行如下方式的访问：

```
p=p+a;          /* 将 a 的值添加到 p 中 */
p=p-a;          /* 从 p 中减去 a 的值 */
p=p*a;          /* 将 p 的值扩充到原来的 a 倍 */
p=p/a;          /* 将 p 的值缩减到原来的 1/a */
```

这四个赋值表达式的工作方式是先将变量 p 的值和变量 a 的值进行算术运算，再将运算结果放回到变量 p 中去。

对变量访问必须注意以下几点：

(1) 对变量的赋值过程是一个用新值替换旧值的过程。

(2) 读取变量值的过程是一个复制过程，该变量的值保持不变。

下面以一个完整的程序为例，来说明变量的引用。

例 3-1　三个变量 k、l、m 在程序运行时值的变化示例。

```
#include "stdio.h"
int main()
{   int p=8,q=2,r=0;        /*声明了三个变量 p、q、r*/
    q=p;                    /*将 p 的值赋给 q*/
    r=2*p+q;                /*计算 2p+q 的值，并把结果赋给 r*/
    printf("p=%d q=%d r=%d\n",p,q,r);  /*输出 p、q、r 的值*/
    return 0;               /*结束程序,并向操作系统返回 0*/
}
```

程序执行结果如下：

```
p=8   q=8   r=24
```

图 3-1 说明了例 3-1 所示程序执行过程中各变量值的变化情况。

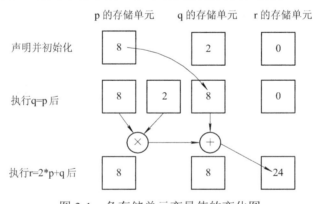

图 3-1　各存储单元变量值的变化图

3.2　算术表达式求值

进行数值计算离不开算术表达式，算术表达式是用运算符号将常量、变量以及数学函数连接起来的式子。本节主要介绍算术表达式中使用的运算符、算术式的编写及其求值规则。

3.2.1　算术运算符

1. 算术运算符

表 3-1 给出了 C 语言中的算术运算符。每个运算符都要处理两个操作数(即运算数)，

操作数可以是常量、变量或者其他算术表达式。运算符+、-、*、/均可用于 int 或 double 类型的数据，从表中"范例"一列可以看出，运算结果的数据类型与操作数的数据类型是一致的。

表 3-1　算术运算符

算术运算符	含义	适合的类型	范　　例
+	加	int	5+2=7　（表示正数）
		double	5.0+2.0=7.0, 6.3+3.4=9.7
-	减	int	5-2=3, 2-5=-3　（表示负数）
		double	7.0-5.0=2.0, 5.0-7.0=-2.0
*	乘	int	5*2=10
		double	5.0*2.0=10.0　3.0*3.0=9.0
/	除	int	5/2=2　（进行整数除法）
		double	5.0/2.0=2.5, 5.0/4.0=1.25
%	取余	int	5%2=1，3%3=0

除法运算符"/"既可以表示整数除法运算又可以表示实数除法运算。当运算符两侧的运算数均为整数时，进行的是整数除法运算，其结果是整数；当运算符两侧的运算数中有一个为实数时，进行的是实数除法运算，其结果必然是实数。例如，5/3 的结果为 1，而 5.0/3 与 5/3.0 以及 5.0/3.0 的结果均为实数 1.6666…。在进行程序设计时，一定要根据运算结果的需要慎重选择除法运算符号两侧的运算数的类型。

取余"%"运算符只能参与 int 类型数据的运算，用于求出两个整数相除的余数。例如：7%4 的结果为 3；399%50 的结果为 49。

例 3-2　设 p 块糖由 q 个儿童来分，问每人分得几块？剩几块？假设糖果有 45 块，儿童有 18 人，请编程实现。

```c
#include "stdio.h"        /*将 stdio.h 包含到本程序中来*/
int main()
{
    int p=45,q=18;        /*整型变量 p 为糖果数，q 为儿童数*/
    int m=0,n=0;          /*整型变量 m 为每人分得的糖果数，n 为余数*/
    m=p/q;                /*求解每人分得的糖果数*/
    n=p%q;                /*计算剩余糖果数*/
    printf("p=%d q=%d m=%d n=%d\n",p,q,m,n);   /*输出 p、q、m、n 的值*/
    return 0;             /*结束程序,并向操作系统返回 0 值*/
}
```

程序执行结果如下：

```
p=45   q=18   m=2   n=9
```

2．增量与减量运算符

除了上述的算术运算符以外，还有两个十分有用的运算符，增量运算符 ++ 和减量运算

符 --。

1）增量运算符

++ 使变量自加 1，例如 ++a 或者 a++ 都是让变量 a 的值加 1，相当于 a=a+1。

增量运算符常常和变量构成一个独立的算术表达式。下面两句都是它们的一般使用形式：

```
++a;
a++;
```

++a 与 a++ 在独立使用时没有任何区别，如果它们出现在表达式中，是有区别的：++a 表示先将 a 的值加 1，然后再让 a 参与表达式的运算；而 a++ 表示先让 a 参与表达式的运算，然后再使 a 的值加 1。例如：

```
a=10;
b=++a;
```

当 b=++a 执行完后，a 与 b 的值均为 11。而下列写法：

```
a=10;
b=a++;
```

当 b=a++ 执行完后，a 的值为 11，而 b 的值为 10。

2）减量运算符

-- 使变量自减 1，例如 --a 或者 a-- 都是让变量 a 的值减 1，相当于 a=a-1。

减量运算符常常和变量构成　个独立的算术表达式。下面两句都是它们的一般使用形式：

```
--a;
a--;
```

--a 与 a-- 在独立使用时没有任何区别，如果它们出现在表达式中，是有区别的：--a 表示先将 a 的值减 1，然后再让 a 参与表达式的运算；而 a-- 表示先让 a 参与表达式的运算，然后再使 a 的值减 1。例如：

```
a=10;
b=--a;
```

当 b=--a 执行完后，a 与 b 的值均为 9。而下列写法：

```
a=10;
b=a--;
```

当 b=a-- 执行完后，a 的值为 9，而 b 的值为 10。

3.2.2　表达式的书写

写出符合程序设计要求的代数式也是程序设计的关键一步。在程序设计中书写数学公式时，常常会遇到一些和数学上习惯不一致的问题。

1. 连续乘法的书写问题

三个变量 a、b、c 相乘，在代数中可以写成 abc 的连续书写形式，省略了乘号，而程序设计时必须明确使用"＊"来表示乘法操作。将变量 a、b、c 相乘的结果赋给 x 的书写形式如下：

    x=a*b*c;

如果写成 abc 的形式，编译时计算机认为 abc 是一个没有进行声明的变量，而不是一个算术表达式。

另外，x^n 按其数学含义为 n 个 x 相乘，可引申为 x 的连乘问题。例如，$y=x^3$ 的书写形式为

    y=x*x*x;

2. 分式的书写问题

数学中，人们将分式中的分子与分母写在不同行上，中间用横线隔开。例如：

$$v = \frac{p_1 - p_2}{t_1 - t_2}$$

在程序设计时，其书写形式为

    v=(p1 - p2) / (t1 - t2);

在程序设计时，分式问题转换成了除法问题，因为分子和分母写在了同一行，所以分子与分母要分别用括号括起来，以表明表达式中运算的优先顺序。

3. 数学函数的表示问题

数学上有一个专门的开方符号，而计算机中没有开方符号。例如表达式

$$y = \sqrt{x}$$

在程序设计时要改用函数的形式来实现，即

    y=sqrt(x);

其中的 sqrt()是 C 语言提供的一个数学函数，这个函数表示对其参数开平方。

开方在数学中属于函数的求值问题，为了能在计算中求解函数的值，C 语言以函数库的形式提供了一系列的数学函数。用户在编写程序时可以通过预编译指令

    #include "math.h"

将标准数学函数库包含到自己的程序中来。下面给出 math.h 中部分常用的数学函数，这些函数都是以函数原型的形式列出的。

1) 求绝对值函数

int abs(int x)：求整数 x 的绝对值，函数值也是整数。

double fabs(double x)：求双精度实数 x 的绝对值，函数值也是双精度实数。

2) 三角函数

下面函数的自变量以及函数值均为双精度实数。

double sin(double x)：求 x 的正弦值。

double cos(double x)：求 x 的余弦值。

double tan(double x)：求 x 的正切值。

double asin(double x)：求 x 的反正弦值。

double acos(double x)：求 x 的反余弦值。

double atan(double x)：求 x 的反正切值。

3）对数函数

double log(double x)：求自然对数 ln x 或 $\log_e x$ 的值。

double log10(double x)：求常用对数 $\log_{10} x$ 的值。

4）乘方与开方函数

double sqrt(double x)：求 x 的平方根。

double pow(double y,double x)：求 y^x 的值。

5）指数函数

double exp(double x)：求 e^x 的值。

例如，数学表达式

$$y = x^3 + 4\cos x - \sqrt{\frac{x-1}{2x}}$$

写成 C 语言的算术表达式应当是

```
y=x*x*x+4*cos(x)-sqrt((x-1)/(2*x));
```

又如，求解一元二次方程根的问题，实际上就是求解表达式

$$x_{1,2} = \frac{-b \pm \sqrt{b^2 - 4ac}}{2a}$$

的值问题，这个表达式写成 C 语言的算术表达式应当是下面两句：

```
x1=(-b+sqrt(b*b-4*a*c))/(2*a);
x2=(-b-sqrt(b*b-4*a*c))/(2*a);
```

思考：请把代数式 $\dfrac{a+b}{1+\dfrac{c}{x^2}}$ 改写成 C 语言的表达式。

3.2.3 表达式的数据类型

1. 表达式的数据类型

表达式的数据类型是由参与运算的操作数的类型来确定的。对于下面的表达式：

```
sum + total
```

如果 sum 和 total 均为 int 型，那么表达式的类型就是 int 型。如果 sum 和 total 中有一个为 double 型，则表达式的类型就为 double 型。

当一个表达式中参与运算的操作数有多种类型时，这个表达式被称为混合类型。这种

表达式的类型由表达式中级别最高的操作数类型来决定。数据类型的级别如图 3-2 所示，图中箭头所指类型的级别比箭尾类型的级别高。在不加约束的情况下，混合类型表达式求值的规则是先将低级别类型操作数的值转换为高级别类型的值，然后再进行运算。例如：

```
int i=3;
double r=3.5，s=0.0;
s=i+r;
```

在进行 i+r 的运算时，先将 i 的值 3 取出，转换为实数 3.0，接着将 3.0 与 r 的 3.5 相加，最后再将结果 6.5 赋给变量 s。在此过程中，i 的值始终是整数 3。

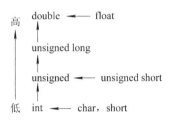

图 3-2　数据类型的级别

2. 类型转换

混合类型的表达式中在没有特别约束的情况下由低类型向高类型的自动转换称为**隐含转换**。隐含转换遵循的是精度不降低的原则，即短型向长型转换，低精度向高精度转换。在一些问题中要将实数类型转换为整数类型，这就要采用 C 语言提供的**强制类型转换**。强制类型转换通过在表达式之前放置类型强制转换运算符来转换表达式的类型。强制类型转换的一般表达形式为

```
(data_type) expression
```

(data_type)为强制类型转换运算符，它是将数据类型标识符用括号括起来构成的。转换时，括号中的数据类型应当和括号后 expression 的类型不属于同一类型。例如：

```
int i=3，s=0;
double r=3.9;
s=i+(int)r;
```

在 s=i+(int)r 中，r 为 double 型，在 r 之前放上(int)是将 r 的值转换成 int 型。该表达式的求值过程是，先将 r 中的数据取出来截掉小数部分，其整数部分再与 i 的值进行加法运算，最后将结果 6 赋给整数变量 s。在整个转换过程中并没有改变 r 的类型及取值，r 的类型仍然为 double 型，其值依然为 3.9。又如：

```
(double)x        /*将 x 的类型转换为 double 型 */
(int)(x+y)       /*将表达式 x+y 的值的类型转换为 int 型*/
```

由强制转换过程可以看出，强制类型转换有丢失精度的副作用。如果将一个 double 型的表达式的值转换为 int 型后会将表达式值的小数部分截掉。在使用强制类型转换时一定要注意避免其副作用。避免这些副作用的方法如下：

(1) 避免两个整数相除，整数相除会导致相除结果的小数部分丢失。

(2) 在强制类型转换时若想实现小数的四舍五入，先给被转换的变量加 0.5，然后再实施强制转换，例如(int)(x+0.5)。

3. 赋值兼容

算术表达式与被赋值的变量之间的类型必须兼容。一个 double 型表达式的值必须赋给一个 double 型变量；一个 int 型表达式的值必须赋给一个 int 型或者 double 型的变量。例如：

```
int a=2, b=0;
double c=0;
b=a;
c=b;
```

都是正确的赋值，因为 a、b 都是 int 型，所以能够将 a 的值赋给 b，b 的值由 0 变成了 2；c 为 double 型，由于整数是实数的一个子集，将一个整数赋给实数是正确的，所以将 b 的值赋给 c 也是正确的，只不过当 b 的值 2 赋值到 c 中后，原来的整数 2 转换成了实数 2.0。

反之，如果要将一个 double 型的值赋给一个 int 型的变量，赋值兼容性就十分差了。例如：

```
int q=0;
double r=2.567;
q=r;
```

当程序执行了 q=r 后，q 的值是 2，q 只接收了 r 的整数部分，小数部分没有被接收。

例 3-3 将一个实数类型的数据保留小数点后两位，在保留小数时对第三位小数进行四舍五入。

设计分析：这个问题可以合理利用整数与实数之间的类型转换规则。先将该实数乘以 100 再加 0.5，将所得结果强制转换成整数，然后再除以 100，即可得到所要结果。

程序编码：

```
#include<stdio.h>
void main()
{
    double a;
    scanf("%lf",&a);        /*从键盘输入一个实数*/
    printf("a=%f\n",a);     /*将该实数输出*/
    a=a*100;                /*将该实数的小数点向右移动两位*/
    a=a+0.5;                /*将实数进行四舍五入*/
    a=(int)a;               /*利用强制类型转换舍掉小数部分*/
    a=a/100;                /*将小数点向左移两位，使其恢复原位*/
    printf("a=%f\n",a);     /*输出转换结果*/
}
```

3.2.4　表达式求值规则

理解由多个运算符构成的复杂表达式的求值规则是顺利编程的关键。任何语言的算术表达式的求值规则都是数学规则在该语言系统中的具体表现。C 语言中表达式求值的优先顺序规则是：

(1) 括号规则：先括号后外边，有多层括号嵌套的表达式必须先里层、后外层，逐层向外。

(2) 算术运算规则：先乘除(*、/、%)，后加减(+、-)，同级别运算按从左向右的顺序进行，如果有增、减量运算，则先进行增、减量运算。

(3) 赋值规则：将表达式赋值给变量时，先计算赋值号右边表达式的值，然后再赋值。

正确地使用括号可以指定求值的顺序，在特别复杂的表达式中多使用几对括号可以使表达式的求值顺序更清晰。图 3-3 给出了两个表达式的求值树形结构。

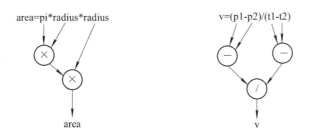

图 3-3　表达式求值树形结构

3.3　案例研究——求解一元二次方程

1．问题描述

求解当 a=3、b=4、c=1 时，一元二次方程 $ax^2 + bx + c = 0$ 的根。

2．问题分析

对于一元二次方程求解问题，在数学上已经有一个非常完美的求解公式，即

$$x_{1,2} = \frac{-b \pm \sqrt{b^2 - 4ac}}{2a}$$

按照这个公式进行求解即可。

在运用上述公式编程时有两方面的数据要进行合理的表示，即方程的三个系数 a、b、c 以及两个根 x1 与 x2。

问题的输入：方程的三个系数项定义为三个 double 型变量 a、b、c。

问题的输出：方程的两个根定义为 x1、x2。

中间变量：根的判别式的值定义为一个 double 型变量 delta，即 delta=b*b-4*a*c。

求解整个问题的相关公式：x1=(-b-sqrt(delta))/(2*a)，x2=(-b+sqrt(delta))/(2*a)。

3．算法设计

(1) 获得三个系数的值并赋给变量 a、b、c。

(2) 输出三个系数变量 a、b、c 的值。

(3) 计算根的判别式并存储在变量 delta 中。

(4) 计算第一个根 x1 的值，即 x1=(-b-sqrt(delta))/(2*a)。

(5) 计算第二个根 x2 的值，即 x2=(-b+sqrt(delta))/(2*a)。

(6) 输出两个根 x1、x2 的值。

4．程序编码

程序如下：

```
#include "stdio.h"                    /*将输入/输出库 stdio.h 包含进来*/
#include "math.h"                     /*将标准数学函数库 math.h 包含进来*/
int main()
{
      double a=0,b=0,c=0;             /*a、b、c 分别为方程的三个系数项，均赋初值0*/
      double delta,x1,x2;            /*delta 存放根的判别式，x1、x2 存放根*/
      printf("Please input 3 real numbers for a,b,c\n");    /*输出提示信息*/
      scanf("%lf%lf%lf",&a,&b,&c);    /*通过键盘为 a、b、c 赋值*/
      printf("a=%f b=%f c=%f\n",a,b,c);/*输出 a、b、c 的值*/
      delta= b*b-4*a*c;              /*求解 delta*/
      x1=(-b- sqrt(delta))/(2*a);     /*求解第一个根 x1*/
      x2=(-b+sqrt(delta))/(2*a);      /*求解第二个根 x2*/
      printf("x1=%f x2=%f\n",x1,x2);   /*输出 x1、x2 的值*/
      return 0;                       /*结束程序，并向操作系统返回 0*/
}
```

5．编码测试及分析

测试：首先按照题目中给出的一组系数值进行输入，得到的结果如下：

```
a=3.000000 b=4.000000 c=1.000000
x1=-1.000000 x2=-0.333333
```

这个测试结果是正确的。再输入 a=1，b=-4，c=4，结果如下：

```
a=1.000000 b=-4.000000 c=4.000000
x1=2.000000 x2=2.000000
```

这组测试结果也是正确的。最后输入 a=1，b=3，c=4，结果如下：

```
a=1.000000 b=3.000000 c=4.000000
x1=-1.#IND00 x2=-1.#IND00
```

在这组测试结果中，两个根的值为乱码，说明这组系数的输入在解方程时出错。

结果分析：前两组测试结果说明这个程序能解一元二次方程，程序是正确的，但是第三组测试结果无法识别，其错误应该出现在 delta=b*b-4*a*c 表达式中，因为在这组测试中根的判别式的值为负数，由于负数不能开方，所以结果出错。要解决这个问题必须在程序中增加检测根的判别式的语句，根据根的判别式的值来确定方程是否有实数解，根据判定结果分别按照实根或复根的方式解方程，这样程序就能解任何系数的方程了。(说明：在第4 章讨论了条件判断的一些内容后，这个问题就能圆满解决了。)

3.4　变量地址与指针变量

3.4.1　变量的地址

计算机的存储器是以字节为单位的存储空间的有序排列，每个空间都有一个唯一的无符号整数编码，称为地址。如果把存储器看成一栋楼房，楼房中的房间就是存储单元，房间号码就是地址。计算机底层的指令系统对存储单元中数据的操作一律都是按存储单元的地址进行的。在 C 语言中，如果一个变量被定义，在编译时就会根据该变量的类型给它分配相应数量的存储单元(例如，为 char 型变量分配 1 个字节的存储空间，为 int 型变量分配2 个字节的连续存储空间，为 double 型变量分配 8 个字节的连续存储空间)。分配给变量的这些连续存储空间中第一个字节的地址，称为变量的地址。C 语言系统在为变量分配存储空间的同时，还会在变量名与这个地址之间建立起一个对应关系，以便通过变量名存取数据时能够准确地找到数据所在的存储单元。

图 3-4 给出了如下定义的 2 个变量及其地址之间的分配示意图。

```
int a=100;
double b=25.86;
```

图 3-4　变量及地址分配

在图 3-4 中，上边的十六进制数为计算机内存单元的地址编码，下边的 a、b 为两个变量的标识符。int 型变量 a 占据了从 A106 开始的 2 个字节的连续存储空间；double 型变量b 占据了从 A10A 开始的 8 个字节的连续存储空间。

在程序中，通过变量名对数据进行操作，例如，用 printf("%f",b)输出变量 b 的值。而程序运行时是将变量翻译为它所在存储单元的地址的，即将 b 所在地址 A10A 开始的连续8 个存储单元的内容输出。在 C 语言中，这种通过变量访问数据的方法称为直接访问法。

由此可见，一个变量及其地址是共生共存的。一个变量的存储空间既可用变量名来标识，也可用地址编码来标识，这就好像一栋楼房中的办公室既有其名称，又有它所在房间的门牌号码。

C 语言提供了一个取地址运算符 "&"。"&" 与变量名结合能换算出变量在内存中的地址，如对上述定义的变量 a 与 b，&a 的运算结果为 A106，&b 的运算结果为 A10A。&是一个一元运算符，即它只需要一个运算数。在运用 "&" 获取一个变量的地址时，"&" 必须写在变量的前边。

在 C 语言中取地址运算用得较多的地方就是函数参数，将变量的地址作为参数来进行传递。例如，例 2-1 中的 scanf("%lf",&Radius)表示计算机将输入的数据存储到一个特定的地址所指示的变量中，这个地址就是变量 Radius 的地址。

例 3-4 获取变量地址的一个测试程序。

```
#include<stdio.h>
void main()
{
    int a=4;
    double b=65.5;
    printf("&a=%-8X    &b=%-8X\n",&a,&b);
}
```

此程序以十六进制形式输出变量 a、b 的地址。注意，此程序的测试结果在不同的机器及系统环境上有所不同。

3.4.2 简单指针变量

如图 3-5 所假设的那样，有一个变量 p，它在存储器中的地址为 D10C，另一变量 b 在存储器中的地址为 A106，如果把 b 的地址存储在变量 p 中，那么就可以通过变量 p 找到变量 b 在存储器中的位置，实现对变量 b 的访问。在 C 语言中把这种存储变量地址值的变量称为**指针变量**，简称**指针**。这种指针变量属于较为简单的指针变量。

指针是用来存放内存地址的变量，如果一个指针变量的值是另一个变量的地址，就称该指针变量指向了那个变量。例如，指针 p 的值是变量 b 的地址，那么指针 p 就指向了变量 b，图 3-5 中的箭头建立起了 p 与 b 的指向关系。

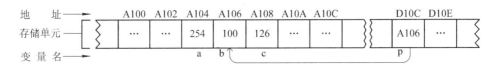

图 3-5　指针变量内存分配与指向

C 语言规定变量必须先定义后使用，指针变量也不例外。声明指针变量的一般格式如下：

```
data_type *variable;
```

其中："*"为**指针声明符**；data_type 为所定义的指针变量能够指向的数据对象的类型。

若要将一个变量说明为指针变量，必须在变量名之前加上指针声明符"*"，如果没有指针声明符"*"，则为普通变量的声明。

data_type 可以是任何数据类型，如 int、char、float、double 等。C 语言规定任何一个数据对象必须属于一个数据类型，这样指针变量必须和它所指向的数据对象之间保持数据类型上的一致。也就是说，一个指针变量并不是可以指向任何类型的数据对象，而是只能指向某个特定类型的数据对象，在定义指针变量时，该指针指向哪个类型的数据对象就已经是确定的了。

按照上述格式要求，定义一组变量如下：

```
char *pc1,*pc2;
int *pi1,*pi2;
double *pr1,*pr2;
```

其中：pc1 与 pc2 这两个指针变量只能指向 char 型的数据对象，或者说 pc1 与 pc2 中只能存储 char 型数据的地址；同理 pi1 与 pi2 这两个变量的值只能是一个 int 型数据的存储地址，pr1 与 pr2 这两个变量的值只能是一个 double 型数据的地址。

指针是一个特殊的变量，其特殊性表现在数据类型和值上。从变量的角度看，指针具有普通变量的四个基本要素：名称、地址、值及类型。

(1) 变量名，与普通变量的取名相同，都遵循标识符的命名规则。

(2) 指针变量是变量，它和普通变量一样也要在内存中分配存储空间，因而指针也有自己的地址。一个指针的地址也可通过&换算出来。例如，&p 就是指针 p 的地址。

(3) 指针的值是它所指向的数据对象在内存中的地址。例如，若指针变量 p 指向了普通变量 b，那么 p 的值就是 b 的地址值。这也决定了指针变量的特殊性。

(4) 指针变量的类型有两重含义：自身的类型，即指针性，在定义变量时由 "*" 来表明，说明这个变量是用来存储地址的；指针的数据类型，也称为基类型，说明指针所指向的数据的类型。如果 a 是一个 double(或 int)型变量，那么 p 的基类型就是 double(或 int)型。

例如：

```
int a=100,b=126;
int *p;
p=&a;
```

这里指针 p 为指向 int 型数据的指针，也就是说，变量 p 只能存储 int 型数据的地址，而不能存储 double 或者 char 型数据的地址。

3.4.3　指针变量的赋值

在定义指针变量时可以为指针变量赋初值，下面的语句声明了一个指向 double 型变量的指针 pointer，且被赋予了初值 NULL：

double *pointer=NULL;

在声明指针变量 pointer 时，为 pointer 赋了一个符号化的初值 NULL。NULL 是 C 语言在头文件 stdio.h 中定义的一个空值，其真正的值为 0。说明指针 pointer 没有指向任何存储单元，而是指向了一个空值。

指针变量是一个特殊的变量，其值是一个内存地址，地址又是一个无符号整数，因此指针变量中存储的是一个无符号整数，但是在编程时除 NULL 外，不允许将任何无符号整数直接赋给一个指针变量，只能通过取地址运算符 "&" 将某个变量的地址赋给指针。例如：

```
double *pointer=NULL;
double r=2.56;
pointer=&r;
```

在本程序段中最后一行将用取地址运算符"&"换算出 r 的地址并赋给指针变量 pointer。指针变量 pointer 指向了 r 所在的内存单元。

在将一个变量的地址赋给一个指针变量时一定要注意赋值兼容性问题，也就是指针的类型和它指向的变量的数据类型一定要一致。例如，下述程序段中给指针变量赋值是错误的。

```
int k=28;
double *p=&k;
```

这里变量 p 被声明为 double*型[1]，那么 p 就只能接收 double 型变量的地址值，本程序段却将一个 int 型变量 k 的地址赋给了 p，这样赋值就不兼容了。

两个同类型的指针变量可以相互赋值，例如：

```
double a=28.0, *pa= NULL, *pb= NULL;
pa=&a ;
pb=pa;
```

图 3-6 给出了上述程序段在运行过程中两个指针变量的指向情况。图 3-6(a)给出了变量声明并初始化后的情况，指针变量 pa、pb 分别为空值 NULL；图 3-6(b)是将 double 型变量 a 的地址赋给了指针 pa 后，pa 指向了变量 a；图 3-6(c)是将 pa 的值赋给 pb 后的情况，即 pb 也指向了变量 a。最终 pa 与 pb 共同指向 a。

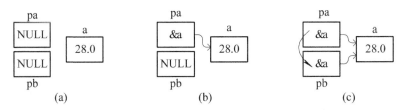

图 3-6　指针变量 pa、pb 指向变化图

思考：C 语言为什么不允许直接将一个无符号整数直接赋给指针变量？

3.4.4　指针变量的引用

对指针变量的引用有两种方法。

1. 对指针的移动操作

指针变量是变量，其值可以被引用，只不过引用的是一个地址值。对一个指针变量自身的赋值操作就是移动该指针指向一个新的存储空间的过程。

假设图 3-7 中的三个变量 a、b、c 以及 p 的定义如下：

```
int a=254, b=100, c=126, *p=NULL;
```

初始状态，p 无指向，见图 3-7(a)。如果将 b 的地址赋给 p，即 p=&b，则 p 的指向就是变

---

[1] 在 C 语言中用数据类型名称加 * 的方法来表示相关数据类型的指针类型，例如用 double*、int*、void* 来表示 double、int、void 型的指针类型。

量 b，此时 p 的值就是 A106，即 p 将其指向移动到变量 b 上，见图 3-7(b)。如果再进行一次 p=&c，那么 p 的值是 A108，即 p 将其指向移动到变量 c 上，见图 3-7(c)。

对指针变量也可以实施 p=p±n 的操作。其含义是，将指针 p 的指向在它原来指向的基础上向前或者向后移动 n 个 int 型的存储单位。假设 p=&b，即 p 的值为 A106，如图 3-7(b) 所示，p=p+1 就是将指针 p 从它的当前位置向后移动一个 int 型的存储单位，即两个字节，此时 p 指向了变量 b 后边的单元，即地址为 A108 的单元，如图 3-7(c) 所示。再次假设 p=&b，那么 p=p-1 就是将指针 p 从它的当前位置向前移动了一个 int 型的存储单位，此时 p 指向了 b 前边的那个存储单元，该单元的地址为 A104，如图 3-7(d) 所示。

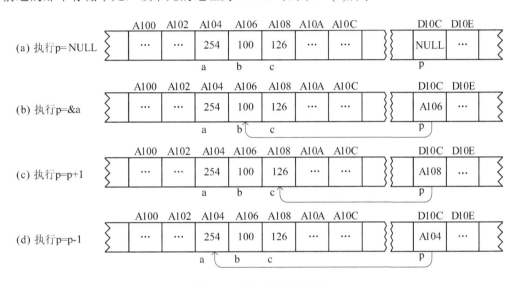

图 3-7　指针的移动操作

2. 对指针所指向的数据操作

对指针的移动是一种手段，目的是通过指针引用它所指向的变量的值，也就是通过指针实现对变量值的间接操作。当一个指针变量取得了某变量的地址后，就可以通过指针运算符"*"[1]来存取其所指变量的值。在运用指针运算符"*"换算出指针所指向的变量时，"*"要放在指针名称之前。例如：

```
double a=25.0,b=0;
double *pa=&a, *pb=&b;
*pb=*pa;
```

最后一行是将 pa 所指单元的值赋给 pb 所指的单元。图 3-8 给出了上述程序段执行时相关存储单元内容变化的情况，在这段程序中声明了两个 double* 型变量 pa 与 pb，并且 pa 指向变量 a，pb 指向变量 b，此时 *pa 与 *pb 分别代表 a 与 b，也就是说，*pa 等价于 a，*pb 等价于 b，那么 *pb=*pa 的作用就是将 a 的值赋给 b，亦即等价于 b=a。

---

[1] "*"有三种作用：一是声明指针变量时用在指针变量名前，表示指针声明符，此时不是运算符；二是表示乘法运算，是一个二元运算符；三是在表达式中作为指针运算符，用在指针变量之前，可换算出指针变量所指的内容，属于一元运算符。

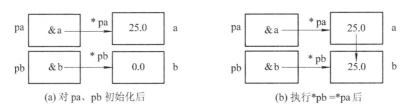

(a) 对 pa、pb 初始化后　　　　　　　　　(b) 执行*pb =*pa 后

图 3-8　运用 pa、pb 间接存取数据

例 3-5　设 a=45，b=36，编程计算 c=a+b。要求在表达式中用指针来存取数据，并且数据用 scanf()函数从键盘输入。

设计分析：本题只是一个简单的加法运算问题，如果直接用三个简单变量来编写，没有什么难度，在这里要求用指针来实现数据的存取，所以要在指针与一般变量的指向上下功夫。这个程序的设计步骤如下：

(1) 声明三个 int 型变量 a、b、c 用于存取数据，然后定义三个指针变量 pa、pb、pc，并分别指向 a、b、c。

(2) 用 scanf()函数从键盘读取数据存入到 pa 与 pb 所指变量中。

(3) 运用指针变量列出表达式，即 *pc = *pa + *pb。

(4) 输出计算结果。

程序代码：

```c
#include "stdio.h"                 /*将 stdio.h 包含到本程序中来*/
int main()
{
    int a=0,b=0,c=0;              /*声明 int 型变量 a、b、c */
    int *pa=&a, *pb=&b,*pc=&c; /*声明指针 pa、pb、pc 并分别赋初值为 a、b、c 的地址*/
    printf("Please input two int numbers>");
    scanf("%d%d",pa,pb);         /*通过键盘给变量 a、b 赋值*/
    *pc = *pa + *pb;             /*计算 a 与 b 的和并将结果保存在 c 中*/
    printf("a=%d   b=%d   c=%d\n",a,b,c);  /*输出计算结果*/
    return 0;
}
```

在格式化输入函数 scanf()中，要求接收数据的参数不是直接采用变量名，而是变量的地址，如例 3-5 中的 scanf("%d%d",pa,pb)接收数据的参数 pa 与 pb 就是变量 a 和 b 的地址，所以指针变量可以直接应用于 scanf()函数。另外，由于指针变量本身就是一个地址，因此变量的前面不需要取地址运算符。

> **思考**：如果不将 a、b、c 的地址赋给 pa、pb、pc，能采用*pc = *pa + *pb 表达式吗？

3.4.5　指针变量的初步应用

凡是在程序设计期间通过声明语句声明的变量均有变量名，它们的存储空间在程序执行前就已经确定，程序结束时它们的存储空间被撤销，这样的变量被称为**静态创建的变量**。

C 语言允许在程序运行过程中用动态内存分配函数来分配存储空间，这样得到的变量是没有名字的，被称为**动态创建的变量**。用这种方式获得的无名变量需要一个指针来保存它的地址值，以便能够借助指针访问它。

C 语言提供了一系列的动态内存分配与撤销的函数，这些函数可以通过 stdlib.h 头文件包含到用户自己编写的 C 语言程序中。本节先讨论用其中的 malloc()函数动态分配内存。malloc()函数的原型如下：

```
void *malloc( unsigined int size)
```

该函数的作用是动态分配 size 个字节的存储空间，并返回这个空间的首地址，函数的值类型为 void* 型。如果函数分配空间成功，则函数值为所分配空间的首地址，否则函数值为 NULL。void* 型指针在 C 语言中是一个不指向特定类型数据的指针，需要时能够将其强制转换成特定数据类型的指针，例如 double* 或者 int* 型指针。

malloc()函数在实际使用时必须将其值赋给一个指针，以便将动态分配的存储单元的地址保存在指针变量中。例如：

```
double *p=(double *)malloc(sizeof(double));
```

这条语句利用 malloc() 函数为当前程序申请了能够容纳一个 double 型数据的存储空间。函数参数为 sizeof(double)[1]。由于 malloc()的返回值为 void* 型，而 p 是一个 double* 型，所以需要用强制类型转换运算(double*)将函数的值强制转换成 double* 型后赋给指针 p。

free()函数可以撤销任何动态分配的内存，将存储单元的支配权还给操作系统，以便系统能够重新将该存储单元分配给别的程序。free()函数的原型如下：

```
void free( void *p)
```

函数参数可以是一个指向任何数据类型的指针变量，函数无返回值。例如，要将上述动态分配的存储空间撤销，可执行如下语句：

```
free(p);
```

例 3-6　重新编写例 3-5 的程序，不再采用变量 a、b、c 来存储输入的数据，改用动态建立的无名变量来存储数据，当数据处理结束后将全部动态变量撤销。

程序代码：

```
#include "stdlib.h"
int main()
{
    int *pa=(int*)malloc(sizeof(int));   /*创建三个整数的存储空间，并分别用
    int *pb=(int*)malloc(sizeof(int));     指向整数的指针 pa、pb 以及 pc 保存
    int *pc=(int*)malloc(sizeof(int));     它们的地址*/
    printf("Please input two int numbers");
    scanf("%d%d",pa,pb);
    *pc = *pa + *pb;
    printf("a=%d   b=%d   c=%d\n",*pa,*pb,*pc);
```

---

[1] sizeof 是测算数据类型及变量大小运算符，在这里用 sizeof(double)测算出 double 类型存储单元的字节数。

```
        free(pa);                    /*撤销 pa 指向的存储空间*/
        free(pb);
        free(pc);
        return 0;
}
```

假设在程序运行时输入了 45 和 36 两个数，则通过指针访问动态分配内存情况的示意图如图 3-9 所示。

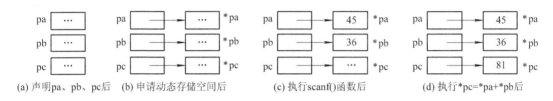

图 3-9　动态分配内存访问示意图

与直接使用变量相比，使用指针访问变量是一种很麻烦的存取方式，但是，有时会达到变量直接存取无法达到的效果。通过本小节的讨论，我们可以初步看出指针的潜在应用价值，后续章节还会进一步地挖掘。

*3.5　常见错误及其排除方法

C 语言具有功能强、使用方便灵活的特点。尤其是 C 语言对语法检查并不像其他高级语言那么严格，这种"灵活余地"给熟练的编程人员更多的自由发挥空间，但给初学者带来很多不便，初学者很难准确地判断错误类型和错误的位置，更不知道该从何处开始修改程序。

根据墨菲法则——"事情如果有变坏的可能，不管这种可能性有多小，它总会发生"，因此，无论程序规模是大是小，错误总是难免的。对于错误的修正过程，其实也是对语言的学习过程，是弥补理论学习不足的有效途径。面对众多的错误，我们不应该失去信心，而应该勇敢地面对，用更积极、更认真、更细致的态度，去克服类型繁多的错误。

程序中的错误可以分为三类：语法错误、运行错误和逻辑错误，下面分别进行讨论。

3.5.1　语法错误

语法错误是因代码的输入不符合语法规则而产生的错误。例如，表达式不完整、缺少必要的间隔符、关键字输入错误、数据类型不匹配以及括号不匹配等。通常情况下，语法错误可在程序翻译阶段由编译器检测出来，故又称为编译错误。存在语法错误的程序，是无法通过编译的。

语法错误的调试，可以由集成开发环境提供的调试功能来实现。在程序进行编译时，编译器会对程序中的语法错误进行诊断。语法错误分为三类：致命错误、一般错误和警告错误。

(1) 致命错误：这类错误大多是编译程序内部发生的错误。发生这类错误时，编译被迫中止，只能重新启动编译程序。虽然这类错误很少发生，但是为了安全，编译前最好还是先保存程序。

(2) 一般错误：这类错误通常是由语法不当所引起的，如括号不匹配、变量未声明、丢失了分号等。产生这类错误时，编译程序会出现报错提示，编程人员根据提示对源程序进行修改即可。这类错误是出现最多的。报错提示一般会给出错误的类型以及可能出错的语句在程序中的行号。

(3) 警告错误：指被编译程序怀疑有错，但是不确定，有时可强行通过，如没有加 void 声明的主函数，没有返回值，double 型数据被转换为 float 型等。这些警告中有些会导致错误，有些可以通过。

对于语法错误，可以利用编译器的提示进行排除，如图 3-10 所示。

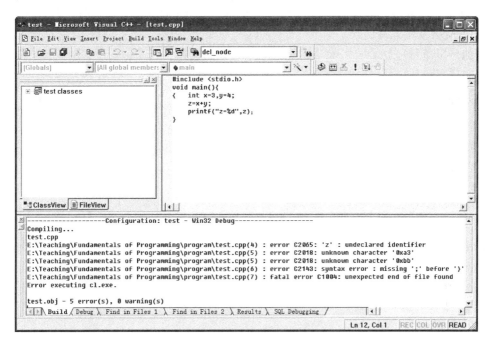

图 3-10 编译时出错提示窗口

双击某一行错误提示，在编辑窗口即可显示该错误信息发生的位置，编程人员可以根据错误信息以及 C 语言的语法规则对程序进行修改。这里需要注意的是，输出窗口的提示符号只是表明编译器编译到该行发现了错误，并不能说明错误就出现在该行上。错误发生的原因可能在前，也可能在后，具体要根据提示信息进行查找。

例如图 3-10 中：

(1) "error C2065: 'z' : undeclared identifier"提示变量 z 没有定义。按照 C 语言关于变量"先定义，后使用"的语法规则，应该在该行之前，对变量 z 进行定义。

(2) "error C2018: unknown character '0xa3'"提示在该行发现了无法识别的字符。类似 '0x**' 这种错误也是初学者易犯错误之一，其主要原因是程序中的某些符号是采用中文输入法输入的。例如，'; '和';'在编辑窗口中很难区分出来。

(3)"error C2143: syntax error : missing ';' before '}'"提示在"}"的前面缺少一个";"。

(4)"fatal error C1004: unexpected end of file found"提示发现异常的文件结尾。引起该类错误的原因主要是花括号匹配问题,可能是前面多了一个花括号,也可能是后面少了一个花括号。

由于错误提示信息较多,这里不再一一列举。纠正语法错误需要初学者对 C 语言的语法规则熟练掌握,同时还要有相应的策略。在策略中要考虑一条错误可能会引起多条错误的事实,要集中力量纠正一些变量声明、符号缺失或不匹配等简单的错误,要采用边纠正、边保存、再编译的循环操作方法。

3.5.2 运行错误

运行错误是指程序在运行过程中出现的错误。如果程序指示计算机去执行一项非法操作(如除法运算时除数为 0 、输入数据格式不正确、数组下标越界、文件打不开、磁盘空间不够等),就会发生运行错误。

例如,以下程序就会发生除法运算时除数为 0 的运行错误。

```c
#include <stdio.h>
void main()
{
    int x,y,z;
    printf("Enter two    integers\n");
    scanf("%d%d",&x,&y);
    z=x/y;
    printf("z=%d",z);
}
```

当输入 4 和 0 时,就会出现如图 3-11 所示的调试信息。

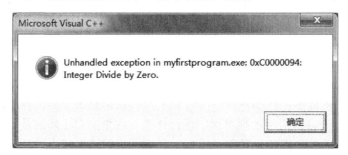

图 3-11　除数为 0 时的运行错误

输入数据格式不正确(如输入数据个数不一致、数据类型不一致、数据间的间隔符不符合要求等),也是初学者最容易犯的错误。对于上面的程序,如果按照以下的输入方式进行输入,也会发生相应的运行错误。

(1) 4,0✓:发生数据间的间隔符不符合要求的错误。

(2) 4 0 6✓:发生输入数据个数不一致的错误。

(3) 4.0 2✓:发生数据类型不一致的错误。

这些错误，在运行时不一定有相应的提示信息，但运行结果不符合实际需求。这也就要求我们在设计程序时，应该用预期结果与实际结果进行比较，并且针对可能发生的不同情况，进行相应的测试，才能决定设计的程序是否符合要求。不能看到结果，就记录下来，而不做相应的分析。

3.5.3　逻辑错误

逻辑错误是指程序执行一个有缺陷的算法时，没有得到设计者预期的结果。逻辑错误在通常情况下不会发生语法错误或运行错误，而且不会显示错误消息，所以这种错误很难检测到。

逻辑错误的唯一信号就是不正确的程序输出，因此程序的正确输出与否，是判断程序是否存在逻辑错误的最直接的依据。程序员需仔细分析程序，借助集成开发环境提供的调试工具找到出错原因，并排除错误。

逻辑错误产生的原因主要有变量使用前未初始化或未正确初始化、数据类型的数据范围出错、求解问题的语句的次序错误、循环的条件不正确、复合语句体的范围不正确、程序设计的算法考虑不周全等。

习　题　3

1. 分析下面各程序，写出程序的运行结果。

(1)
```c
#include "stdio.h"
int main()
{   double x;
    x=(int)8.4;
    printf("%f",x);
    return 0;
}
```

(2)
```c
#include "stdio.h"
int main()
{
    int a,b,c;
    a=(b=(c=3)*5)*2-3;
    printf("a=%d，b=%d，c=%d",a,b,c);
    return 0;
}
```

(3)
```c
#include "stdio.h"
int main()
{
    int x;
```

```
        x=-3+4*5-6;printf("%d",x);
        x=3+4%5-6; printf("%d",x);
        x=-3*4%-6/5; printf("%d",x);
        x=(7+6)%5/2; printf("%d",x);
        return 0;
    }
```

(4)
```
#include "stdio.h"
int main()
{
    char c1,c2;
    c1='a';c2='b';
    c1=c1-32;
    c2=c2-32;
    printf("%c %c",c1,c2);
    return 0;
}
```

(5)
```
#include "stdio.h"
int main()
{
    char   a;
    int b,e;
    float c;
    double d;
    e=sizeof(a*b+c-d);
    printf("%d",e);
    return 0;
}
```

(6)
```
#include "stdio.h"
int main()
{
    int i,j,m,n;
    i=8;j=10;
    m=++i;n=j++;
    printf("%d,%d,%d,%d",i,j,m,n);
}
```

(7)
```
#include "stdio.h"
int main()
{
    int *p, i;
```

```
        i=5;
        p=&i;
        i=*p+10;
        printf("i=%d\n", i);
        return 0;
    }
```

2. 设圆的半径 r=3.5，圆柱高 h=6，求圆周长、圆面积、圆球表面积、圆球体积、圆柱体积。要求用 scanf() 函数输入数据，输出计算结果时要有文字说明，取小数点后 2 位小数。

3. 将华氏温度转换为摄氏温度和绝对温度的公式分别为

$$c=\frac{5}{9}(f-32) \qquad \text{（摄氏温度）}$$

$$k=273.16+c \qquad \text{（绝对温度）}$$

编写程序：当给出 f 时，求其相应摄氏温度和绝对温度。

测试数据：① f=34；② f=100。

4. 编程实现把极坐标 (r,θ) (θ 的单位为度) 转换为直角坐标 (X,Y)。转换公式为

$$x=r \times \cos\theta$$

$$y=r \times \sin\theta$$

测试数据：① r=10，θ=45°；② r=20，θ=90°。

5. 输入 3 个双精度实数，分别求出它们的和、平均值、平方和以及平方和的开方，并输出所求出的各个值。

6. 编写程序，从键盘输入一个大写字母，要求改用小写字母输出。

7. 要将 "China" 译成密码，译码规律是：用原来字母后面的第 4 个字母代替原来的字母。例如，字母 "A" 后面第 4 个字母是 "E"，用 "E" 代替 "A"。因此，"China" 应译为 "Glmre"。请编写程序，用赋初值的方法使 c1、c2、c3、c4、c5 五个变量的值分别为 'C'、'h'、'i'、'n'、'a'，经过运算，使 c1、c2、c3、c4、c5 的值分别变为 'G'、'l'、'm'、'r'、'e'，并输出结果。

(1) 输入事先已编好的程序，并运行该程序，分析是否符合要求。

(2) 将 c1、c2、c3、c4、c5 的初值变为 'T'、'o'、'd'、'a'、'y'，对译码规律作如下补充：'W' 用 'A' 代替，'X' 用 'B' 代替，'Y' 用 'C' 代替，'Z' 用 'D' 代替。修改程序并运行。

(3) 将译码规律修改为：将字母用它前面的第 4 个字母代替，即 'E' 用 'A' 代替，'Z' 用 'U' 代替，'D' 用 'Z' 代替，'C' 用 'Y' 代替，'B' 用 'X' 代替，'A' 用 'w' 代替。修改程序并运行。

8. 输入一个 3 位整数，求出该数每个位上的数字之和。如输入 "123"，每个位上的数字之和就是 1+2+3=6。

9. 输入两个实数 a、b，然后交换它们的值，最后输出(提示：要交换两个数，需借助一个中间变量 temp。首先让 temp 存放 a 的值，然后把 b 存入 a，再把 temp 存入 b)。

10. 输入秒数，将它按小时、分钟、秒的形式输出。例如，输入 24680 秒，则输出 6 小时 51 分 20 秒。

第 4 章　逻辑运算与流程控制

第 3 章讨论的仅仅是算术运算程序设计的一些初步知识，程序中的语句都是按照自上而下的顺序安排的，程序也是按照语句的书写顺序无条件地从上到下执行的，程序不进行任何逻辑判断。而实际上，很多问题需要根据某个条件的满足与否，在程序中有选择地执行一些指定操作，或者有条件地反复执行某些操作。要使程序能够完成这些功能，就必须进行逻辑判断，根据逻辑判断的结果决定程序的执行流程。

逻辑表达与流程控制是程序设计的一个重要组成部分，本章重点讨论逻辑运算以及选择、循环等流程控制。

4.1　逻辑运算及其表达式

计算机的逻辑分析与控制功能是人通过程序赋予它的，这些功能必须以计算机能够识别的数学表达形式结合一定的指令才能实现。如何按照计算机能够接受的形式安排逻辑表达式是本节重点讨论的问题。

逻辑表达式是用逻辑运算符将关系表达式和逻辑量连接起来的式子，其中关系表达式是逻辑表达式的一个子集，主要用于对两个数据对象进行比较。逻辑运算的结果只有真和假，在 C 语言中用 1 表示真，用 0 表示假。

4.1.1　关系运算及其表达式

关系运算类似于数学中的比较运算，用于对两个表达式进行比较，判断比较的结果是否满足给定的条件。参与关系运算的操作符称为关系运算符。C 语言共提供了 6 个关系运算符，见表 4-1。

表 4-1　关系运算符

运算符	含　义	示　　　例	
<	小于	a<3，a 小于 3	x<y，x 小于 y
<=	小于等于	a<=3，a 小于等于 3	x<=y，x 小于等于 y
>	大于	a>5，a 大于 5	x>y，x 大于 y
>=	大于等于	a>=5，a 大于等于 5	x>=y，x 大于等于 y
==	等于	a==0，a 等于 0	x==y，x 等于 y
!=	不等于	a!= 0，a 不等于 0	x!=y，x 不等于 y

关系表达式就是用关系运算符将表达式连接起来的式子，运算符两边的运算对象可以

是 C 语言中的任意表达式。关系表达式的值为逻辑值，当关系表达式成立时，其值为 1，否则为 0。

设变量 x=-5，power=1024，y=7，item=1.5，num=999，宏常量 MAX_POW 为 1024，MIN_ITEM 为-1.0，则几个典型的关系表达式及其运算结果如下：

> x >= -1 的值为 0;
> power < MAX_POW 的值为 0;
> x <= y 的值为 1;
> item >= MIN_ITEM 的值为 1;
> num != 999 的值为 0;

进行关系运算时，如果关系运算符两边运算对象的类型不一致，则系统会进行类型的隐含转换，将低级别的类型转换为较高级别的类型，使得两边的类型一致，然后进行比较运算。

初次学习 C 语言时一定要注意，"=="是关系运算符，用于比较其两边的表达式是否相等，与数学中的"="同义，而 C 语言中的"="则表示赋值运算符号。

4.1.2　逻辑运算

C 语言提供了 3 种逻辑运算符，见表 4-2。

表 4-2　逻辑运算符

运算符	含　义	示　　　例
!	非	!(a>=5)，表示 a 不大于等于 5
&&	与	x>=0 && x<=5，表示 0≤x≤5
‖	或	x>=5 ‖ x<=0，表示 x≥5 或者 x≤0

逻辑非运算符"!"是一个一元运算符，紧跟其后的表达式的值为 0 时，它的运算结果为 1，否则运算结果为 0。

逻辑与运算符"&&"是一个二元运算符，它两边表达式的值均为 1 时，整个逻辑运算的结果为 1；有一个为 0 时，则整个逻辑运算的结果为 0。

逻辑或运算符"‖"也是一个二元运算符，它两边表达式的值均为 0 时，整个逻辑运算的结果为 0；有一个为 1 时，则整个逻辑运算的结果为 1。

多数情况下，参与逻辑运算的对象是关系表达式，但是有时候参与逻辑运算的对象是算术表达式。C 语言规定：当算术表达式的运算结果为非 0 值时，其逻辑值为 1(真)；当算术表达式的运算结果为 0 时，其逻辑值为 0(假)。当 a、b 为不同逻辑值的组合时，各种逻辑运算所得的值见表 4-3。

表 4-3　逻辑运算的真值表

a	b	!a	!b	a && b	a ‖ b
0	0	1	1	0	0
0	1	1	0	0	1
1	0	0	1	0	1
1	1	0	0	1	1

例如，在(a-b)&&(x+y)逻辑运算中，逻辑与运算符的两边是两个算术表达式，只有当a-b 与 x+y 两个算术表达式的计算结果均为非 0 值时，其逻辑运算的结果才为 1；当 a-b 或者 x+y 有一个为 0 时，其逻辑运算的结果为 0。

4.1.3 各类运算符的优先级

到目前为止我们已经接触到了算术运算符、关系运算符、逻辑运算符、指针运算符、取地址运算符以及赋值运算符等。这些运算符可能会在同一个表达式中混合出现，其运算顺序由优先级确定。表 4-4 为 C 语言中部分运算符在同一表达式中出现时，进行运算的优先级顺序。

表 4-4 各类运算符的优先级关系

优先级	运算符	含　义	运算对象个数	备注
1	( )	括号	—	—
	[ ]	下标运算符		
	->	成员运算符		
	.			
2	!	逻辑非运算符	1 个(一元运算)	与紧跟其后的运算对象进行运算
	*	指针运算符		
	-	负号运算符		
	&	取地址运算符		
	(类型标识符)	类型转换运算符		
	sizeof()	长度计算运算符		
3	*	乘法运算符	2 个(二元运算)	—
	/	除法运算符		
	%	取余运算符		
4	+	加法运算符	2 个(二元运算)	—
	-	减法运算符		
5	<, <=, >, >=	关系运算符	2 个(二元运算)	—
6	==			
	!=			
7	&&	逻辑与运算符	2 个(二元运算)	
8	‖	逻辑或运算符		
9	=	赋值运算符		

从表 4-4 中可以看出，括号"()"运算的优先级最高，赋值运算的优先级最低。当低级别的运算与高级别的运算混合进行求值时，如果要提高低级别运算的优先级，必须将低级别的运算放在括号中，所以括号可以改变运算的优先级，使得括号内的低级别的运算优先进行。例如，要表示"x 不小于 5"的概念，必须写成"!(x<5)"，先进行括号内的低级别的关系运算，然后对运算结果再进行否定，这样就正确反映了问题的意图；否则，遗漏了括号写成"!x<5"的话，就表示先对 x 进行非运算，然后运算结果再与 5 进行比较运算，这

样就偏离了问题的本意。

下标运算符"[]"、成员运算符"->"和"."的含义及其用法将分别在第 7 章与第 9 章讨论。

4.2 流程控制概述

在第 2 章与第 3 章所接触到的程序都按照语句的书写顺序无条件地从上到下执行,程序不进行逻辑判断,无法对程序中的语句进行有条件的选择执行。但是,在许多复杂问题的求解过程中,一些操作之间总是存在着内在的联系,这些联系控制着各操作步骤的执行顺序,使得按照书写顺序排列的语句不一定在执行顺序上相邻。流程控制就是根据程序中某些逻辑运算的结果有条件地控制程序中语句的执行顺序,以便程序在不同条件下完成不同的任务。按照语句的组织形式可以将流程控制分为三种结构,即顺序控制结构、选择控制结构和循环控制结构。

顺序控制结构中语句的执行顺序是按照书写顺序依次进行的,并且每一条语句只执行一次。第 2 章和第 3 章的例题程序都是按照顺序流程来编写的。

选择控制结构往往由若干组语句组成,每组语句形成一个分支,根据某个条件的成立与否,选择其中的一组执行。选择控制结构中每次只有一个分支被执行,其余分支不会被执行。

循环控制结构是指一组语句在一定条件下能被反复多次执行的结构。被反复执行的部分称为循环体。循环控制结构也需要判断条件,当条件满足时,算法进入循环体执行;当条件不满足时,结束循环,执行循环控制结构之后的其他步骤。

一个程序的流程控制结构是比较复杂的,不能简单地说一个程序就是顺序控制结构,或者选择控制结构,或者循环控制结构。实际上,一个程序是这三种结构相互嵌套的复杂结构。也就是说,顺序控制结构中可能有选择、循环等底层结构;选择控制结构中也可能嵌套顺序与循环等底层结构;循环控制结构中也有可能嵌套顺序与选择等底层结构。正是因为这三种结构相互嵌套,才使得程序能够处理复杂多变的问题,才能够表达算法上可以解决的任何问题。

本章从 4.3 节开始讨论选择控制结构与循环控制结构的程序设计。

4.3 选择控制结构

选择控制结构就是利用逻辑表达式的值,在多条行动路线中选择其中的一条路线去执行。C 语言提供了两种选择语句,即 if 语句与 switch 语句。其中 if 语句为主要的选择控制结构。if 语句有两种基本的格式。本节只讨论运用 if 语句进行程序设计的一些方法。

4.3.1 只有一路选择方案的 if 语句

只有一路选择方案的 if 语句的一般格式如下:

```
if(condition) {statement_T;}
```

当 condition 的值为 1 时，执行 statement_T 语句组，否则执行 if 语句之后的语句。也就是说，程序中有一条可选的执行路线，当条件为真时，执行这条路线；当条件为假时，不执行这条路线。图 4-1 为 if 语句结构图。若 statement_T 为复合语句，则使用 "{}"；若为简单语句，则可省略 "{}"。

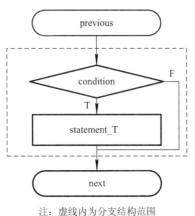

注：虚线内为分支结构范围

图 4-1　if 语句结构图

例 4-1　将任意输入的两个数值分别存储在变量 a 和 b 中，然后将它们的值按由小到大的顺序进行内部排序，要求数值较小的存入 a，较大的存入 b。

设计分析：解决这个问题的关键是要比较 a 和 b 的大小，如果 a 和 b 的大小顺序不是由小到大的顺序，则交换 a 与 b 的值。为了交换 a 和 b 的值，必须增加一个用于交换数值的中转变量，设该变量为 temp。

程序编码：

```c
#include "stdio.h"
int main()
{
    double a,b;                  /* a、b 用于存储要比较大小的数*/
    double temp;                 /* temp 用于数值的中转*/
    printf("Enter the a and b: ");  /*输出提示信息*/
    scanf("%lf%lf",&a,&b);       /*输入 a 和 b  */
    if( a > b )                  /*a>b 吗？若是，交换 a 与 b 的值*/
    {
        temp=a;                  /*将 a 的值存入 temp 中*/
        a=b;                     /*将 b 的值放入 a 中*/
        b=temp;                  /*将 temp 的值放入 b 中*/
    }
    printf("The order of the double numbers is: %.2f, %.2f\n",a,b); /*输出已经排好序的数*/
    return 0;
}
```

测试：

第一组测试：

Enter the a and b: 5.0 2.0

The order of the double numbers is: 2.00, 5.00

第二组测试：

Enter the a and b: 3.0 7.0

The order of the double numbers is: 3.00, 7.00

　　结果分析： 第一组测试中输入 a 的值为 5.0，b 的值为 2.0，此时 a>b，要交换其值，所以测试结果正确。第二组测试中输入 a 的值为 3.0，b 的值为 7.0，此时 a<b，不需要交换其值，直接输出，所以测试结果也正确。因而上述程序正确地解决了问题。

　　程序说明： 本程序中采用了两个变量交换数据的编程技术，即下述三条语句：

```
temp=a;
a=b;
b=temp;
```

这是程序设计中常用的一种基本手法，在后续程序设计中会频繁地用到。

4.3.2　具有两路选择方案的 if 语句

　　具有两路选择方案的 if 语句附带有一个 else 子句，通常将这种形式称为 if-else 语句，其一般格式如下：

```
if(condition) {statement_T;}
else {statement_F;}
```

当 condition 的值为真时，执行 statement_T 语句组，跳过 else 子句中的 statement_F 语句组；否则执行 else 子句中的 statement_F 语句组，跳过 statement_T 语句组。图 4-2 为 if-else 语句结构图。若 statement_T 与 statement_F 为复合语句，则使用"{}"；若为简单语句，则可省略"{}"。

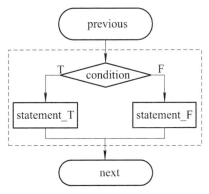

注：虚线内为分支结构范围

图 4-2　if-else 语句结构图

else 是附属于 if 的子句，不能独立使用，必须与 if 配对使用。

例 4-2 编写一个程序，计算绝对值

$$y = |x| = \begin{cases} x & (x \geq 0) \\ -x & (x < 0) \end{cases}$$

要求自变量的值从键盘输入。

设计分析：此问题是在两种情况中选择一种来处理的，两种情况的分界点是 0，因此，采用 if-else 语句实现比较简单。

程序编码：

```
#include "stdio.h"
int main()
{
    double x,y;                   /* x 存放自变量，y 存放函数值*/
    printf("Enter the x: ");      /*输出提示信息*/
    scanf("%lf",&x);              /*给自变量赋值*/
    if(x>=0)                      /*判断自变量的值是否大于等于 0*/
        y=x;
    else
        y=-x;
    printf("y=%f",y);
    return 0;
}
```

4.3.3 多路选择方案与 if 语句嵌套

if-else 语句最多只能有两路选择方案，要实现多路选择方案，必须使用嵌套，即在 if 语句及其子句 else 中放入一个或多个 if 语句或者 if-else 语句，这种组合方式称为选择语句的嵌套使用。语句嵌套的使用方式如下：

```
if (condition_1)
    if (condition_2)
        { statement_1; }
    else
        { statement_2; }
else
    if (condition_3)
        { statement_3; }
    else
        { statement_4; }
```

图 4-3 为这种嵌套的一个四路选择结构图。

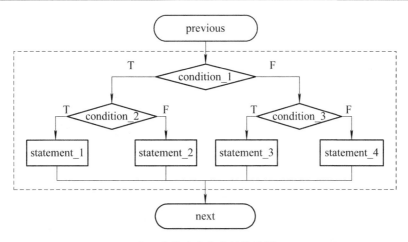

注：虚线内为分支结构范围

图 4-3　多路选择 if-else 语句嵌套结构图

在对 if-else 语句进行嵌套使用实现多路选择时，要正确地实施 else 与 if 的配对。else 与 if 配对遵循的是最近原则，即 else 与前面离它最近且未配对的 if 配对。图 4-4(a)～(c)给出了三种典型的配对模式，这些模式中正确的配对关系用连线指出。如果 if 与 else 的数目不一样，且要打破最近配对原则，else 要与其前面较远的 if 配对，则要配对的 if 与 else 之间的其他 if 语句必须放在一对花括号中，如图 4-4(d)所示。

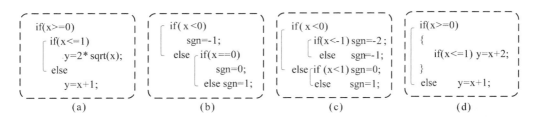

图 4-4　else 与 if 配对规则示意图

例 4-3　编程求解分段函数

$$y = \begin{cases} 2\sqrt{x} & (0 \le x \le 1) \\ x+1 & (x > 1) \end{cases}$$

的值。要求自变量 x 的值从键盘输入。

设计分析：从表面上看，此函数也是在两种可选的情况中选择其一，简单套用 if-else 语句，当 x 的值大于等于 0 且小于等于 1 时按照第一种情况计算 $2\sqrt{x}$ 的值，当 x 的值大于 1 时按照第二种情况计算 x+1 的值，但是，由于该函数的定义域为[0，∞)，因此对键盘输入的值首先要判断其是否在定义域中，如果在定义域中则按分段函数的计算方法进行计算，否则不做计算。这样在程序设计时要用 if 语句中嵌套 if-else 语句的形式来进行函数值的计算，即

```
if (x>=0)
    if( x<=1)  计算2√x 的值;
    else  计算x+1的值;
```

程序编码：

```
#include "stdio.h"
#include "math.h"
int main()
{
    double x,y;                    /* x 为分段函数的自变量，y 为函数的值*/
    printf("Enter the x: ");       /*输出提示信息*/
    scanf("%lf ",&x);              /*给 x 输入值*/
    if (x>=0)                      /*当 x 的值大于等于 0 时进行函数值的计算*/
        if(x<=1 )                  /*判断 x 是大于 1 还是小于等于 1*/
            y=2*sqrt(x);
        else
            y= x+1;
    printf("y=%f",y);              /*输出函数的值*/
    return 0;
}
```

测试：

第一组测试：

```
Enter the x: 1.0
y=2.0
```

第二组测试：

```
Enter the x: 0.0
y=0.0
```

第三组测试：

```
Enter the x: 2.0
y=3.0
```

这三组测试均达到了预期的结果，所以整个程序编写正确。

例 4-4　重写 3.3 节案例研究中求解一元二次方程的程序，使其能够判断方程是否有复数解。

设计分析：一元二次方程在求解时首先要判断高次项的系数 a 是否为 0，如果 a 为 0，那么该方程不是一个一元二次方程。当 a 不为 0 时，按照二次方程来解，在解二次方程时要对根的判别式 delta 是小于零还是大于等于零做出判断，据此来确定是按照求实根的方式还是求复数根的方式解方程。在 3.3 节编写程序时，没有对高次项系数、根的判别式 delta 进行检测，因此 3.3 节的案例不是一个完整的一元二次方程求解程序。在本程序中要加入解一次方程以及二次方程的根的情况，使得程序能够解任何一元二次方程。需要声明 r、i 两个变量，用于存放复根的实部和虚部。

程序编码：

```
#include "stdio.h"                    /*将输入/输出头文件 stdio.h 包含进来*/
#include "math.h"                     /*将标准数学函数头文件 math.h 包含进来*/
int main()
{
    double a=0,b=0,c=0;              /*a、b、c 分别为方程的三个系数项，均赋初值 0*/
    double delta,x1,x2;             /*delta 用于存放根的判别式，x1、x2 用于存放根*/
    double r,i;                     /*r、i 用于存放复数根的实部与虚部*/
    printf("Please input 3 real numbers for a,b,c\n");
    scanf("%lf%lf%lf",&a,&b,&c);                /*通过键盘为 a、b、c 赋值*/
    if (a!=0)                       /*当 a 不等于 0 时，按照二次方程来求解*/
    {
        delta=b*b-4*a*c;            /*求解 delta*/
        if(delta>=0)                /*判断 delta 是否大于等于 0*/
        {
            x1=(-b-sqrt(delta))/(2*a);         /*求解第一个根 x1*/
            x2=(-b+sqrt(delta))/(2*a);         /*求解第二个根 x2*/
            printf("x1=%f x2=%f\n",x1,x2);     /*输出两个实根 x1、x2 的值*/
        }
        else
        {
            r=-b/(2*a);                        /*计算复根的实部*/
            i=sqrt(fabs(delta))/(2*a);         /*计算复根的虚部*/
            printf("x1=%f-%fi\n",r,i);         /*输出复根 x1 的值*/
            printf("x2=%f+%fi\n",r,i);         /*输出复根 x2 的值*/
        }
    }
    return 0;                       /*结束程序，并向操作系统返回 0*/
}
```

例 4-5　编程计算符号函数

$$y = \operatorname{sgn}(x) = \begin{cases} -1 & (x < 0) \\ 0 & (x = 0) \\ 1 & (x > 0) \end{cases}$$

的值。

设计分析：该函数自变量在不同范围取值使函数值有三种不同结果，因而要用多路选择控制结构来实现，即在 if-else 语句的 else 子句中再嵌套一个 if-else 语句。设 x 为自变量，

sgn 为函数值，则分段函数值的计算可用如下步骤来实现：

```
if (x <0)  sgn=-1;
else if (x==0)  sgn=0;
    else sgn=1;
```

程序编码：

```c
#include "stdio.h"
int main()
{
    float x;                         /*x 表示函数的自变量*/
    int sgn;                         /*sgn 表示函数值*/
    printf("Please enter the value of x : ");
    scanf("%f",&x);                  /*输入自变量的值*/
    if (x <0)                        /*以下利用 if 语句嵌套实现多路选择计算*/
        sgn=-1;
    else if (x==0)
            sgn=0;
        else sgn=1;
    printf("The value of function sgn is %d\n", sgn);     /*输出函数的值*/
    return 0;
}
```

测试：

第一组测试：

```
Please enter the value of x : 0
The value of function sgn is 0
```

第二组测试：

```
Please enter the value of x : -0.9
The value of function sgn is -1
```

第三组测试：

```
Please enter the value of x : 2.3
The value of function sgn is 1
```

上述三组测试都说明了程序的运行完全实现了符号函数的计算。

上述程序是一个三路选择方案，下面再看一个六路选择方案的实现例子。

例 4-6　设有三个整数随机存储在 a、b、c 三个变量中，编程实现将这三个数按照由大到小的顺序输出。

设计分析：三个数 a、b、c 之间可能的顺序可以按图 4-5 中的方式判断，总共有 6 种可能的顺序。

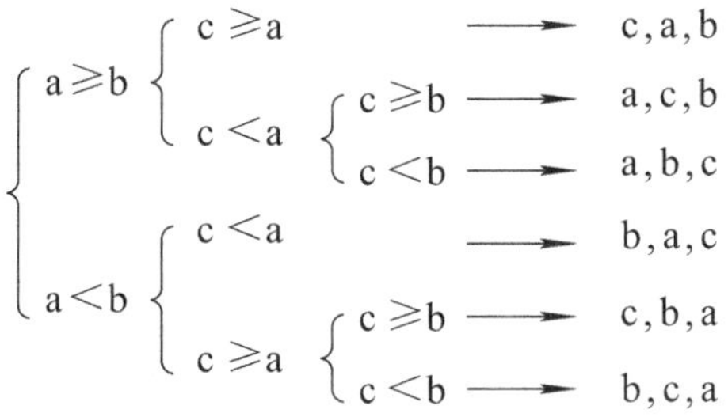

$$
a \geqslant b
\begin{cases}
c \geqslant a & \longrightarrow \quad c, a, b \\
c < a
\begin{cases}
c \geqslant b & \longrightarrow \quad a, c, b \\
c < b & \longrightarrow \quad a, b, c
\end{cases}
\end{cases}
$$

$$
a < b
\begin{cases}
c < a & \longrightarrow \quad b, a, c \\
c \geqslant a
\begin{cases}
c \geqslant b & \longrightarrow \quad c, b, a \\
c < b & \longrightarrow \quad b, c, a
\end{cases}
\end{cases}
$$

图 4-5　a、b、c 的 6 种可能顺序

由图 4-5 可以看出采用 if-else 语句的多重嵌套来解决该问题较好。

程序编码：

```
#include "stdio.h"
int main()
{    int a,b,c;
     printf("Please Enter three numbers (a b c) : ");
     scanf("%d%d%d",&a,&b,&c);        /*输入三个数*/
     if ( a>=b )                      /*以下 if 语句的多重嵌套排列三个数*/
         if (c>=a) printf("The order is %d %d %d.\n",c,a,b);
         else if (c>=b ) printf("The order is %d %d %d.\n",a,c,b);
             else printf("The order is %d %d %d.\n",a,b,c);
     else if (c<a) printf("The order is %d %d %d.\n",b,a,c);
         else if (c>=b ) printf("The order is %d %d %d.\n",c,b,a);
             else printf("The order is %d %d %d.\n",b,c,a);
     return 0;
}
```

测试： 选择四组数据(1,1,3)、(1,2,3)、(3,1,2)、(2,3,1)进行测试，其结果均能按照从大到小的顺序排列。

本例是一个典型的 if-else 语句的嵌套结构，在两个分支中各自又有 if-else 的分支。

4.4　循环控制结构

到目前为止，我们所讨论的程序中所有语句都是只执行一次，然而在实际问题中有些程序在特定的条件下需要按照一定的规律反复不断地执行。例如，求若干数之和就是反复不断地进行加法运算，从一个名单中查找某人的名字就是反复不断地进行名字的比较等。这些问题都能用循环控制结构来解决。循环控制结构是程序设计中用得最多的一种结构，它充分地发挥了计算机善于机械式循环的特点。

从问题求解的角度来说，程序设计过程中循环策略的种类比较多，下面是几个比较常见的循环控制方案。

1．计数循环方案

在问题求解时，能够事先知道循环执行的次数，问题即可求解。对这类问题可以采用计数循环方案。

2．条件循环方案

在处理一些问题时，循环次数事先不能确定，只能根据某些量是否满足某些条件来确定循环执行与否，当这些量满足条件时继续循环，不满足条件时就结束循环。对这类问题可以采用条件循环方案。

3．标志循环方案

在处理任意长度的数据列表时，在数据列表中植入某个特定值作为是否循环的检测标志，当程序从头到尾循环地处理这批数据时，一旦遇到了这个标志值，循环就立即结束。这种控制循环的手段被称为标志循环方案。

4．交互式循环方案

循环次数事先不能确定，程序与用户进行问答式地循环，例如在一些数据输入程序中，当输入一组数据后，程序输出提示信息询问用户是否继续循环，根据用户对问题的回答来判断是继续循环还是退出循环。这种采用问答式确定循环的方案称为交互式循环方案。

从 C 语言的语句角度来说，循环控制结构只有三个语句，即 for、while 和 do-while 语句。从理论上来说，这三个循环语句中的每一个都能作为上述四种类型的循环控制语句，但它们还是有各自最佳的应用场所。for 语句的最佳应用场所为计数循环，while 与 do-while 语句的最佳应用场所为条件循环、交互式循环与标志循环。

4.4.1　计数循环与 for 语句

计数循环的重复工作是由一个变量控制的，通常称该变量为循环控制变量。要实现计数循环，要赋予循环控制变量一个初值，还要有一个循环条件检测表达式，以及使循环控制变量从初值到终值迁移更新的机制。在循环条件检测表达式中要包含循环控制变量的终值，循环的次数能够通过终值体现出来。完成计数循环的最佳语句为 for 语句。for 语句循环的一般形式如下：

```
for(initialization; condition; increment) {statements;}
```

for 语句中用括号括住的三个表达式组成的部分称为循环控制部分，各表达式之间用分号隔开，initialization 表达式是循环控制变量初始化表达式，给循环控制变量赋初值；condition 表达式是循环条件检测表达式，一般情况下是逻辑表达式，主要进行循环终值判断；increment 表达式是循环控制变量更新表达式，一般也是一个赋值表达式或者增减量表达式，用来更新循环控制变量的值，使得循环向着结束的方向前进。后面的 statements 是循环体内的语句，如果循环体是由多个语句组成的复合语句，则花括号必不可少；如果是单个语句，则可以省略花括号。

图 4-6 给出了 for 语句循环的结构图，其执行过程如下：

(1) 求解 initialization。

(2) 测试 condition，如果 condition 的值为真，则执行第(3)步，否则退出循环。

(3) 执行花括号内的 statements 语句组后转到第(4)步。

(4) 执行 increment 后转到第(2)步。

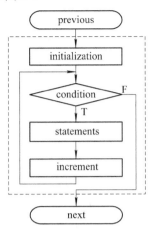

注：虚线内为循环范围

图 4-6 for 语句循环的结构图

由图 4-6 可见，condition 位置处的条件测试永远是在循环开始时进行的。这意味着当循环控制变量的初值不符合条件时，循环体中的代码不会被执行。for 语句的循环条件检测位置既是循环开始执行的入口又是退出循环的出口。

例 4-7　在屏幕上打印从 1 到 100 的整数。

设计分析：采用 for 语句循环，从 1 开始计数，每计一个数就输出，直到计数值达到 100 为止。假设计数的循环控制变量为 i。

程序编码：

```
#include "stdio.h"
int main()
{    int i;                    /* i 既是循环控制变量，又是输出变量*/
     for(i=1;i<=100;i=i+1)
          printf("%d ", i );
     return 0;
}
```

程序说明：程序一开始，由于循环控制变量 i 的初值为 1，且 i<=100，所以，进入循环体，先执行循环体中的 printf("%d ",i) 函数，打印出变量 i 的当前值，再执行表达式 i=i+1，使循环控制变量的值加 1，然后再次测试 i<=100 表达式。重复进行这个过程，直到 i<=100 为假，循环结束。

例 4-8　计算 $\sum_{i=1}^{n} i = 1 + 2 + 3 + \cdots + n$，假设 n 的值为 100。

设计分析：本题可采用计数循环方案解决，循环中要用两个变量，一个用于循环计数，令其为 i；另一个用于将每步的数值进行累加求和，令其为 sigma。累加和的表达式为 sigma=sigma+i，即将 sigma 的当前值与 i 的值相加后再存储到 sigma 中。

程序编码：

```
#include "stdio.h"
int main()
{    int i;                      /* i 既是循环控制变量，又参与运算*/
     int sigma=0;               /* sigma 用于存放累加和，初值为 0 */
     for(i=1;i<=100;i++)
         sigma=sigma+i;         /*计算各项值之和 */
     printf("sigma=%d\n",sigma); /*输出累加和 */
     return 0; }
```

程序说明：

(1) 程序中的第 7 行是需要反复执行的语句。

(2) 变量 i 既是循环控制变量，又参与问题的求解，这在编程中是一种常用的手法。

(3) 第 5 行的 sigma 是存放累加和的，所以在未进行累加运算之前必须初始化为 0。

4.4.2 条件循环与 while 语句

对于循环结构，在很多情况下并不能事先确定循环的确切次数，但是仍然可以设立一个条件来控制循环，当条件满足时，则执行循环体，当条件不满足时，则退出循环。条件循环和计数循环一样，也需要进行条件初始化、循环条件测试以及循环条件更新。

完成条件循环的最常用的语句是 while 语句，它的一般应用形式如下：

```
initialization;
while(condition) {
    statements;
}
```

图 4-7 为 while 语句循环的结构图，其执行过程如下：

(1) 求解 initialization (initialization 是用于条件初始化的语句，一般情况下是赋值语句，它不属于 while 语句，必须在 while 之前执行)。

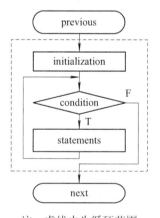

注：虚线内为循环范围

图 4-7 while 语句循环的结构图

(2) 测试 condition，如果 condition 的值为真，则执行第(3)步，否则退出循环(condition 为判断循环是否达到终点的逻辑表达式)。

(3) 执行花括号内的 statements 语句组。

(4) 转到第(2)步。

condition 位置处的条件测试永远是在循环开始时进行的，这意味着如果在循环开始时条件为假，则循环体中的代码不会被执行。while 语句循环的入口和出口也在 condition 位置。

statements 是循环体。如果循环体是由多个语句组成的复合语句，则花括号必不可少；如果是单个语句，则可以省略花括号。

从上述形式来看，while 语句不像 for 语句那样有一个固定的循环控制变量的更新表达式的位置。循环控制变量的更新表达式有时是一个独立的语句，有时隐含在循环体中其他语句里，究竟是哪种情况，要具体问题具体分析。

例 4-9 计算 $\sum_{i=1}^{\infty} \frac{1}{i} = 1 + \frac{1}{2} + \frac{1}{3} + \frac{1}{4} + ... + \frac{1}{i} + ...$，当通项 $\frac{1}{i}$ 的绝对值小于 10^{-5} 时求和结束。

设计分析：此问题是一个求数列的前 n 项和的问题，问题的通项为项数的倒数，所以此问题求解需要三个变量，用 i 表示通项的项数，用 item 表示通项的值，用 sigma 表示前 n 项的累加和。此问题采用循环解决方案时，循环判断的条件表达式为 item≥10^{-5}。

程序编码：

```
#include "stdio.h"
int main()
{
    int i=1;                    /*i 表示通项的项数*/
    double item=1.0;            /* item 存储通项及循环控制变量，初值为 1.0*/
    double sigma=0.0;           /* sigma 用于存放累加和，初值为 0.0 */
    while(item)>=1.0E-5){        /*检测循环结束条件*/
        item=1.0/i;             /*求第 i 项的通项值*/
        sigma=sigma+item;       /*求前 i 项的和*/
        i=i+1;                  /*将通项移到下一项*/
    }
    printf("sigma=%.9f\n",sigma);
    return 0;
}
```

程序说明：

(1) 本例中第 7～11 行是求和的核心程序段，程序执行时在第 7 行到第 11 行之间循环，直到 item 的值小于 10^{-5}。

(2) 每次循环时先检测通项 item 的值是否大于等于 10^{-5}，若大于等于，说明精度没有达到要求，则进入循环继续执行。循环检测表达式就是第 7 行 while 语句中的 item>=1.0E-5

程序设计基础

关系表达式。如果这个关系表达式被满足就进入循环体，若不满足则结束循环。

(3) 当程序进入第一轮循环后，第 8 行 item 中存放的是数列中的第一项的值，由于 sigma 的初值为 0.0，所以第 9 行执行完后 sigma 中只存放第一项的累加和。由于在变量定义时 i 的初值为 1，所以执行第 10 行后，i 的值变为 2，将作为下一项的分母。

(4) 第 10 行执行完后程序返回到第 7 行，若 item>=1.0E-5 仍然满足，则各变量在保持第一轮运行值的基础上重新执行循环体，计算新的累加和。

(5) 循环控制变量 item 值的更新实际上依赖于通项位置变量 i 的更新。

4.4.3 条件循环与 do-while 语句

for 循环与 while 循环都是在循环执行前对循环条件进行检查，这样能够在没有数据处理或者循环控制变量的值超过终值时，禁止进入循环，有可能循环体一次都不被执行。但是，在有些场合需要至少执行循环体一次。C 语言提供了一个 do-while 语句来完成这种功能。do-while 语句的一般形式如下：

```
do{
statement;
}while (condition);
```

图 4-8 为 do-while 语句循环的结构图。do-while 语句将循环条件检测放在循环体的尾部，所以要先执行循环体中的 statements 语句，然后测试 condition，如果 condition 为真，则重复执行循环体中的 statements 语句并再次测试 condition，当 condition 为假时，循环就退出，执行 do-while 后的其他语句。

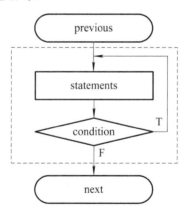

注：虚线内为循环范围

图 4-8　do-while 语句循环的结构图

例 4-10　将例 4-9 程序中的 while 语句更换成 do-while 语句。

程序编码：

```
#include "stdio.h"
int main()
{
    int i=1;                    /*i用于表示通项位置，并作为通项的分母*/
```

```
    double item=0.0;              /* item 用于存储通项的值并作为循环控制变量*/
    double sigma=0.0;             /* sigma 用于存放累加和,初值为 0.0*/
    do{
        item=1.0/i;              /*求第 i 项的通项值*/
        sigma=sigma+item;        /*将第 i 项的值添加到前 i-1 项和中*/
        i=i+1;                   /*将通项移到下一项*/
    }while(item>=1.0E-5);        /*检测循环结束条件*/
    printf("sigma=%.9f\n",sigma);
    return 0;
}
```

程序说明：本例中的第 7~11 行是一个 do-while 语句。do-while 语句总是先执行循环体一次后才判断循环是否继续。

4.4.4　标志循环与交互式循环

1．标志循环设计

标志循环实际上是条件循环的一种特例，其条件的表达方式与条件循环一致。标志循环是把标志值置入数据列表中，在循环时根据标志值的出现与否来决定是否继续进行循环。标志值的选择没有一个固定的方式，要根据实际问题而定。例如，在处理百分制考试成绩时，学生成绩的取值范围为 0.0 到 100.0，那么作为输入结束标志的数值可以用这个区间以外的数来设置，如选用 −1 或 101.0。一般情况下，考虑到程序的可读性，循环条件表达式中的标志值用宏常量来表示。

例 4-11　编写一个用于计算考试成绩平均分的程序。

设计分析：由于每次考试人数不同，程序循环次数是不确定的，因此在成绩中设置一个标志值，当成绩输入时遇到该标志即可结束循环。标志值可设为 −1，并且用宏常量来表示。

求平均值必须先求出成绩的总和，所以采用 while 循环边输入边进行成绩的累加求和，同时记录已输入成绩的总条数。存储累加和的变量用 sum，记录成绩总条数的变量用 i，接受输入成绩的变量用 score。成绩通过键盘输入，当成绩输入完后，输 −1 结束成绩的循环输入工作，转入平均值计算。

程序编码：

```
#include "stdio.h"
#define FLAG -1         /*用宏常量 FLAG 作为循环结束标志*/
int main()
{
    int score,i=0;      /* score 存放输入的成绩,i 记录考试人数*/
    double sum=0.0;     /*用于存放成绩的累加和*/
    double average;     /*用于存储平均成绩*/
    printf("Enter first score (or %d to quit):",FLAG);
```

```
        scanf("%d",&score);
        while(score!=FLAG)
        {
            sum=sum+score;      /*进行成绩的累加*/
            i++;                /*记录当前已经输入的人数*/
            printf("Enter next score (or %d to quit):",FLAG);
            scanf("%d",&score);
        }
        average=sum/i;          /*计算平均成绩*/
        printf("students=%d, sum=%.2f, average=%.2f\n",i,sum,average);
        return 0;
}
```

程序说明：

(1) 这个程序用宏定义指令 #define 将 −1 定义成一个宏常量 FLAG，将其作为循环结束标志。

(2) 程序的第 10～16 行为循环部分，在 while 处检测 score 变量的数据是否为 FLAG 的值，如果不是 FLAG 的值，则循环继续执行，如果是 FLAG 的值，则循环结束。

(3) 第 12 行语句"sum=sum+score"，用于进行成绩的累加和计算；第 13 行语句"i++;"用于统计已经输入成绩的条数。

2．交互式循环设计

交互式循环也是条件循环的一种特殊设计策略，一般用在数据输入场合，每输入一条数据后，便对是否继续输入进行询问，根据输入人员对询问的回答结果决定是否继续进行循环。处理这种循环的最佳语句为 do-while 语句。

例 4-12 将例 4-11 所示程序修改为用 do-while 语句实现的交互式循环输入程序。

程序编码：

```
#include "stdio.h"
int main()
{
    int score,i=0;                          /*score 存放输入的成绩，i 记录人数*/
    double sum=0.0,average=0.0; /*sum、average 分别用于存放成绩的累加和与平均值*/
    char ans=' ';
    do{
        printf("\nEnter first score:");     /*提示输入成绩*/
        scanf("%d",&score);                 /*实施输入*/
        getchar();                          /*消去输入数据后的回车符*/
        sum+=score;                         /*进行成绩的累加 */
        i++;                                /*记录当前已经输入的人数*/
        printf("\nAre you continue?(Y / N)"); /*询问是否继续输入*/
```

```
        ans= getchar();                              /*回答询问*/
    }while(ans=='Y'||ans=='y');
    average=sum/i;                                   /*计算平均成绩*/
    printf("students=%d, sum=%.2f, average=%.2f\n",i,sum,average);
    return 0;
}
```

程序说明: 程序的第 7~15 行是一个 do-while 语句,程序是否循环取决于在执行第 14 行语句时用户是否输入了字符"y"或者"Y",如果输入了则继续循环,否则结束循环。此程序中的循环是在一问一答中进行的。

4.4.5 流程控制结构的嵌套

分支结构以及循环结构在程序设计中往往都是互相嵌套的,例 4-6 三个数排序是一个典型的 if-else 语句嵌套结构。循环控制结构的嵌套包括一个外循环和至少一个内循环,内循环中还可以有更内层的循环。每当外循环重复执行时,都要重新进入所有的内循环。内循环的控制变量以及表达式都要重新求值。

例 4-13 for 循环嵌套示例,打印输出乘法口诀表。

设计分析: 乘法口诀表是按行、按列排成的一个直角三角形。由于行、列最大数均为9,第一行只有一个算式,第二行有两个算式,依次类推,第九行有九个算式,所以,可使用两个计数循环嵌套实现。外循环控制第一乘数和表中的行数,内循环控制第二乘数以及每行的算式个数,外循环控制变量的值从 1 到 9 变化,内循环控制变量的值从 1 到外循环变量的当前值之间变化,就可输出一个三角形的乘法口诀表。

程序编码:

```
#include "stdio.h"
int main()
{
    int i,j,k;                    /*i、j 提供两个乘数并控制行与列*/
    for(i=1;i<=9;i++)
    {
        for(j=1;j<=i;j++)         /*变量 i 决定内循环的次数*/
        {
            k=i*j;
            printf("%d*%d=%2d",i,j,k);
        }                         /*内循环 for 的末端*/
        printf("\n");
    }                             /*外循环 for 的末端*/
    return 0;
}
```

循环结构与选择结构进行嵌套也是程序设计中常用的一种嵌套手段。

例 4-14 从键盘随机输入若干正整数，统计其中奇数与偶数的个数。

设计分析：程序中采用循环的方式输入数据，对每个输入数采用 if 语句来判断它的奇偶性。判断奇偶性的方法是判断输入数除以 2 的余数是否为 1，如果是 1 则该数为奇数，余数为 0 则为偶数。另外，问题中没有给出要输入整数的具体个数，因此可采用标志值作为循环的结束条件，标志值设为 –1。

程序编码：

```c
#include "stdio.h"
#define FLAG -1                  /*将结束标记设置为-1*/
void main(){
    int x,i=0,j=0;               /*x 存放键盘输入的数，i、j 分别记录奇数与偶数的个数*/
    printf("Please input an integer number:");
    scanf("%d",&x);
    while(x!=FLAG)
    {
        if(x%2==1) ++i;    /*若 x 除以 2 的余数为 1，则给奇数的个数加 1*/
        else ++j;          /*若 x 除以 2 的余数为 0，则给偶数的个数加 1*/
        printf("Please input an integer number:");
        scanf("%d",&x);
    }
    printf("i=%d   j=%d\n",i,j);
}
```

4.5 案例研究

4.5.1 选举计票问题程序设计

1．问题描述

某选区要在 5 个候选人中选出一名人大代表。要求为这个选区编写一个计票程序，统计出每个人的得票数，并公布这些票数。

2．分析建模

统计选票的简单方法是为每个候选人分配一个编号和一个计票器，录入选举数据时只输入候选人的编号，根据编号为相应计票器累加 1；录入工作放在循环控制结构中进行，用 –1 作为循环结束标志。5 个候选人的编号分别为 1、2、3、4、5。

问题的输入：候选人的编号可以定义为变量 i。

问题的输出：5 个候选人的得票数分别存储在变量 a、b、c、d、e 中。

在编写程序时一定要对输入的数据进行检测，只有标志值和 5 个编号是合法数据。

3．算法设计

(1) 初始化 a、b、c、d、e。

(2) 输入一个整数到变量 i 中。

(3) 如果 i 等于 −1，则转入第(12)步。

(4) 如果 i 等于 1，则 a++。

(5) 如果 i 等于 2，则 b++。

(6) 如果 i 等于 3，则 c++。

(7) 如果 i 等于 4，则 d++。

(8) 如果 i 等于 5，则 e++。

(9) 如果 i < −1 或者 i > 5，则输出出错信息。

(10) 输入一个整数到变量 i 中。

(11) 转到第(3)步。

(12) 输出 a、b、c、d、e 的值。

(13) 结束。

4．程序编码

编码如下：

```c
#include "stdio.h"
void main()
{
    int a=0,b=0,c=0,d=0,e=0,i;
    scanf("%d",&i);
    while(i!=-1)
    {
        if(i==1) a++;
        else if(i==2) b++;
        else if(i==3) c++;
        else if(i==4) d++;
        else if(i==5) e++;
        else printf("error!\n");
        scanf("%d",&i);
    }
    printf("a=%d\n",a);
    printf("b=%d\n",b);
    printf("c=%d\n",c);
    printf("d=%d\n",d);
    printf("e=%d\n",e);
}
```

5．测试与分析

当输入 1、2、3、4、5 五个数据时，程序能正确计票；当输入 −2、6 等值时，程序显示 "error！"；当输入 −1 时，程序退出计票，输出各候选人的得票数。

4.5.2 快递运费计价问题程序设计

1．问题描述

某快递公司经营着从甲城市到乙城市的快递业务，它们的运费计价方式为：10 千克以下(含 10 千克)货物，首重 1 千克及其以下 20 元，续重每 1 千克及其以下加收 10 元；10 千克以上货物 10 元/千克，50 千克以上 8 元/千克，100 千克以上 7 元/千克，300 千克以上 6 元/千克。请为该快递公司编写一个计价程序。

2．分析建模

根据问题描述，快递计价的核心是将货物按重量分为 6 个段计价，其计算方法可以按照如下的分段函数进行，即

$$y = \begin{cases} 20 & (0 < x \le 1) \\ 10(x-1)+20 & (1 < x \le 10) \\ 10x & (10 < x \le 50) \\ 8x & (50 < x \le 100) \\ 7x & (100 < x \le 300) \\ 6x & (x > 300) \end{cases}$$

问题的输入：货物的重量可以定义为变量 weight。

问题的输出：货物的运费可以定义为变量 freight。

问题的常数：20、10、8、7、6 等数值。

在编写程序时一定要对输入的重量数据进行检测判断，只有重量大于 0 时才能运用上述分段计算公式进行计算。

另外，一个快递公司在一条运输路线上每天都有大量的运单产生，上述分段函数每天会被反复使用，因此，编写程序时应该将货物的输入、运费的计算以及运费的输出等放在一个循环中进行，循环控制变量定义为 again。

3．算法设计

1) 算法的顶层设计

(1) 将货物重量输入到变量 weight 中。

(2) 如果 weight>0，则转入第(3)步，否则转入第(5)步。

(3) 根据 weight 的值用分段函数来计算货物的运费 freight 的值。

(4) 输出 freight 的值。

(5) 输出错误提示信息(输入的重量值小于等于 0)。

(6) 将一个字符输入到变量 again 中(变量 again 的值决定程序是否循环)。

(7) 当 again 的值为 y 或者 Y 时，转入第(1)步，否则转入第(8)步。

(8) 结束。

2) 算法的细化

第(3)步中分段计算货物运费的细化如下：

(1) 如果 weight<=1，则 freight=20。

(2) 如果 weight<=10，则 freight=10*(weight-1)+20。

(3) 如果 weight<=50，则 freight=10*weight。

(4) 如果 weight<=100，则 freight=8*weight。

(5) 如果 weight<=300，则 freight=7*weight。

(6) 如果 weight>300，则 freight=6*weight。

4．程序编码

编码如下：

```
#include "stdio.h"
int main(){
double weight=0,freight=0;   /*weight 与 freight 分别存放重量与运费*/
char again;                  /*again 作为交互式循环的控制变量*/
do{                          /*此 do-while 循环体实现多订单数据处理*/
    printf("Please input the weight: ");
    scanf("%lf",&weight);              /*输入重量*/
    again=getchar();                   /*消去输入重量后的回车符 */
    if(weight>0){                      /*检测重量是否大于 0*/
        if(weight<=1) freight=20;
        else if(weight<=10) freight=10*(weight-1)+20;
        else if(weight<=50) freight=10*weight;
        else if(weight<=100) freight=8*weight;
        else if(weight<=300) freight=7*weight;
        else freight=6*weight;
    printf("freight=%f\n",freight);    /*输出运费*/
    }
    else printf("Invalid weight !\n");   /*当重量小于等于 0 时，输出无效数据提示*/
    /*以下 while 语句实现问答式输入来确定是否处理新订单*/
    /*回答 y 或者 Y，则处理新订单；回答 N 或 n，则结束处理*/
    while(again!='Y'&&again!='y'&&again!='N'&&again!='n'){
        printf("Have another order ?");   /*输入一个单字母信息 */
        again=getchar();                   /*消去上句输入后的回车符 */
        getchar();
    }
}while(again=='y'||again=='Y');           /*当 again 的值为'y'或者'Y'时，继续循环*/
return 0;

}
```

5．测试与分析

对货物重量分别选用 0.5、1.0、2.5、10.0、35.5、50.0、99.0、100.0、230.0、300.0、350.0 进行测试都能计算出正确结果；当输入小于等于 0 的数据时，程序能给出输入无效重量的提示信息，说明程序编写正确。

程序说明：在这个案例中有两个技巧。

(1) 第 8 行的"again=getchar();"语句一方面为第 21 行开始的循环进行条件初始化；另一方面将第 7 行进行输入时输入的回车符消去，以防后续程序中有关字符输入的函数将这个回车符当做正常输入的字符进行处理。第 24 行中的"getchar();"语句是为了消去在第 23 行进行输入时产生的回车符。

(2) 第 21 行中的条件检测语句是用来检查业务继续与否的，其回答限制在"y"、"Y"、"N"、"n"四个字符中，如果不是这四个字符之一，程序一直在第 21 行与第 25 行之间循环。

4.6 三个流程控制语句的使用

4.6.1 break 语句

break 语句用于终止包含它的 switch、while、do-while、for 循环语句的执行，跳转到这些结构后面的语句去执行。在循环体中，break 通常与 if 语句连在一起使用，当条件满足时，跳出循环。在多重循环嵌套的情况下，break 一次只能终止一个循环的执行。break 语句与 switch 语句的联合使用非常频繁。

例 4-15 计算 r=1 到 r=10 时圆的面积，直到面积 area 大于 100 为止。

程序编码：

```c
#include<stdio.h>
#define PI 3.14159
int main(){
    int r;
    float area;
    for(r=1;r<=10;r++){
        area=PI*r*r;
        if(area>100)   break;
        printf("r:%d    area is:%f\n",r,area);
    }
    return   0;
}
```

注意：在多层循环中，一个 break 语句只向外跳一层。

例 4-16 分析下面程序的输出。

程序编码：

```c
#include<stdio.h>
#define PI 3.14159
int main(){
    int i,j;
    printf("i   j\n");
    for(i=0;i<2;i++)
        for(j=0;j<3;j++){
            if(j==2)   break;
            printf("%d   %d\n",i,j);
        }
    return 0;
}
```

运行结果：

```
i   j
0   0
0   1
1   0
1   1
```

分析：当 i==0、j==2 时，执行 break 语句，跳出到外层的循环，i 变为 1。

4.6.2　continue 语句

continue 语句只能用于 while、do-while、for 循环中。如果循环在执行过程中遇到 continue 语句，则忽略从该 continue 语句到循环体末尾的所有语句，使得该循环提前结束本轮次的执行，准备进行下一轮次的执行。这一语句也被称为**循环短路语句**。

continue 语句的一般形式如下：

continue;

continue 语句的执行对于 while 和 do-while 语句来讲，意味着立即执行条件测试部分，而对于 for 语句来讲，则意味着立即执行循环控制变量的增量表达式。

例 4-17　输出 100 到 150 之间的不能被 3 整除的数，要求一行输出 10 个数。

程序编码：

```c
#include<stdio.h>
#define PI 3.14159
int main(){
    int i=0,n;
    for(n=100;n<=150;n++){
        if(n%3==0) continue;    /*当 n 除以 3 的余数为 0 时，重新循环*/
        printf("%5d",n);
        i++;
```

```
        if(i%10==0) printf("\n");
    }
    return 0;
}
```

4.6.3　switch 语句

if 语句用来处理两个分支，处理多个分支时需使用 if-else 的嵌套结构，但如果分支较多，if 语句的嵌套层次就越多，程序不但庞大而且理解也比较困难。因此，C 语言又提供了一个专门用于处理多分支结构的条件选择语句，即 switch 语句，又称**开关语句**。使用 switch 语句直接处理多个分支(包括两个分支)的一般形式如下：

```
switch(expression){
    case constant1: statement1;
    case constant2: statement2;
                ⋮
    case constantn: statementn;
    default:    statementn+1;
}
```

switch 后圆括号中的 expression 可以为任何数据类型，并且 expression 的类型应与 case 后面 constant 表达式的类型相同。

switch 语句的执行流程是：首先计算 switch 后圆括号中 expression 的值，然后用此值依次与各个 case 的常量表达式比较，若表达式的值与某个 case 后面的常量表达式的值相等，则执行此 case 后面的语句；若表达式的值与所有 case 后面的常量表达式的值都不相等，则执行 default 后面的 statement n+1，然后退出 switch 语句，程序流程转向开关语句的下一个语句。

case 及其后的 constant 表达式只起一个语句标号的作用，使得程序的执行流程能够根据 switch 后面 expression 的值找到匹配的入口，从此标号开始一直执行下去，执行完一个 case 后面的语句后流程会转移到下一个 case 继续执行。也就是说，一旦从某个 case 开始，其后的所有分支都会被执行，直至结束整个 switch 语句。

如果想让执行流程限制在某个 case 的分支范围内，而不转入下一个 case 分支，就必须在该 case 的可执行语句之后用一个 break 语句来达到此目的。

例如，对于程序段：

```
if(x==1)    printf("x=1\n");
    else    if(x==2) printf("x=2\n");
    else    if(x==3)    printf("x=3\n");
    else    printf("x!=1,2,3\n");
```

可将其 if 语句改写为 switch 语句：

```
switch(x){
        case 1: printf("x=1\n"); break;
```

```
case 2: printf("x=2\n"); break;
case 3: printf("x=3\n"); break;
default: printf("x!=1,2,3\n");
}
```

在使用 switch 语句时，应注意以下几点：

(1) 如果在 case 后面包含多条执行语句，则不需要像 if 语句那样加花括号，进入某个 case 后，程序会自动顺序执行本 case 后面的所有语句。

(2) default 总是放在最后，这时 default 后不需要 break 语句，且 default 部分也不是必需的。如果没有 default 部分，当 switch 后面圆括号中表达式的值与所有 case 后面的常量表达式的值都不相等时，则不执行任何一个分支，而直接退出 switch 语句。

(3) 在 switch 语句中，多个 case 可以共用一条执行语句。

例 4-18 成绩等级查询。在进行成绩评定时通常会将成绩分为几个等级，0～59 分为不合格，60～79 分为及格，80～89 分为良好，90～100 分为优秀。编程实现如下功能：输入一个成绩，给出对应的等级。

程序编码：

```
#include "stdio.h"
void main(){
    int num;
    float c;
    printf("\t 成绩登记查询\n 请输入成绩： ");
    scanf("%f",&c);
    num=(int)(c/10);
    switch(num){
        case 10:
        case 9:printf("等级为优秀！ \n");break;
        case 8:printf("等级为良好！ \n");break;
        case 7:
        case 6:printf("等级为合格。 \n");break;
        default:printf("等级为不合格。 \n");
    }
}
```

*4.7 流程控制中的常见错误

4.7.1 等式运算符与赋值运算符的误用

很多初学者习惯将赋值运算符 "=" 读做等号，而将等式运算符 "==" 也读做等号，这是造成等式运算符与赋值运算符误用的主要原因。因此，就会出现如下错误：

(1) 给变量 x 赋值为 3 错写成 x==3。

(2) "if(x=3) printf("hello！")；"等价于"if(3) printf("hello！")；"这里 if 后的条件是一个恒为真的表达式。

赋值运算符"="主要用于给变量进行初始化；而等式运算符"=="属于关系运算符，主要用于判断数据间的关系。

4.7.2 循环语句中的花括号问题

在程序设计中，用花括号"{}"括起来的多个语句称为复合语句。在程序中应把复合语句看成是单条语句，而不是多条语句。复合语句主要适用于分支、循环控制结构中连续执行多个步骤的情况。

初学者在编程时往往忘记使用{}，例如当半径 R>0 时，求圆的面积和周长。

```
if(R>0)
area=3.14*R*R;
cir=2*3.14*R;
else
printf("ERROR! R<0 或 R==0");
```

程序编译器会提示"error C2181: illegal else without matching if"，说明 if 与 else 不匹配。因为 if 与 else 的两个分支中嵌入的应该是一个简单语句或者复合语句，但这里是两个简单语句。解决的办法是将 if 后的这两个简单语句用花括号括起来，使其构成一个复合语句，即

```
if(R>0)
{
    area=3.14*R*R;
    cir=2*3.14*R;
}
else
printf("ERROR! R<0 或 R==0");
```

虽然复合语句可以看成是单条语句，但在语句体{}之后不需要加"；"，这也是经常出现的错误之一。除此之外，在 if 语句、while 语句、for 语句的()之后，一般情况下也不需要加"；"，除非执行的是空语句。do-while 语句的()之后需要加"；"。

4.7.3 if 语句与 while 语句的混淆问题

初学者经常将 if 语句与 while 语句混淆，这是因为这两个语句都有相似的形式结构，即

```
if(condition){statement;}
while(condition){statement;}
```

但是它们的作用却不相同。if 语句作为分支语句，如果条件成立，则其后的语句只执行一次；如果条件不成立，则其后的语句一次也不执行。另外，if 可以带有 else 子句。

While 语句一般作为循环语句，如果条件成立，则可反复执行循环体中的语句；如果

条件不成立，则执行循环体后的语句。

4.7.4　死循环与差 1 循环错误

循环程序设计中，经常会出现死循环和差 1 循环等错误。死循环就是一个无法靠自身的控制终止的循环。差 1 循环就是循环次数比需要的多执行一次或者少执行一次的循环。例如，下面的循环语句是执行了 n+1 次，而不是 n 次。

```
for(i=0;i<=n;i++)
    sum=sum+num;
```

可以通过循环边界检查(即循环变量的初始值和最终值)来确定循环次数是否正确。对于上例，如果需要执行 n 次，则可以做出如下两种修改：

```
for(i=0;i<n;i++)
    sum=sum+num;
```

或

```
for(i=1;i<=n;i++)
    sum=sum+num;
```

需要注意的是，如果变量 i 参与运算，则循环不纯粹是一个计数循环，需要根据实际情况选择循环变量的初始值和最终值。例如，求 $1 + 2 + \cdots + 100$ 之和，这时就需要根据 sum 的初值来确定循环变量 i 的初始值和最终值，即

```
sum=0;
for(i=0;i<=100;i++)
    sum=sum+i;
```

或

```
sum=1;
for(i=2;i<=100;i++)
    sum=sum+i;
```

4.7.5　其他常见错误

在进行 C 语言编程时，可能出现的错误种类很多，这里不便一一归纳或者分类，下面仅列举一些常见错误，供初学者参考。

(1) 表达式错误。在选择语句或循环语句中，经常要用到逻辑表达式或关系表达式，而这类表达式的 C 语言表示方法和数学表示方法是不一样的。例如，数学中的"$0 \leqslant x \leqslant 9$"。在 C 语言中应该写成"x>=0&&x<=9"。

(2) if 与 else 嵌套时不配对。else 语句总是与最近的 if 语句进行配对，所以在编程时，最好在写每个条件时用"{}"分别将每个分支先括起来，再添加其中的语句，以保证其配对不出错。

(3) switch()语句中的格式不正确。在 switch 语句后的()中的表达式一定是一些明确的值，不能是区间，并且这些值的数据类型只能是整型或字符型，而不能是浮点型。这是因

为浮点型数据之间不易进行相等比较(与浮点型数据在内存中的存放形式有关)。而 switch 语句执行的方式是：括号中的表达式与 case 后的常量相等时，执行其后的语句；表达式与常量不等时，执行 default 语句或者结束 swith 语句。

另外，括号中的表达式的所有可能结果要列在 case 后边，case 与常量之间有一空格，且不要丢掉必要的 break。

习　题　4

1. 什么是关系运算？什么是逻辑运算？"真"和"假"在 C 语言中是如何表示的？

2. 用 C 语言描述下列命题：

(1) a 小于 b 或小于 c；

(2) a 和 b 都大于 c；

(3) a 或 b 中有一个小于 c；

(4) a 是奇数。

3. 假设 a=2、b=3、c=4，计算下面各逻辑表达式的值。

(1) a<b&&b<c；

(2) a||b-c&&b+c；

(3) !(a<b)&&c||!(b>c)；

(4) c=a&&c=b&&0；

(5) !(a+b)+c-0&&c+c%2。

4. 有三个数 a、b、c，由键盘输入，输出其中最小的数。

5. 编写程序，要求：输入一个数，判断它能否被 3 或者被 5 整除，如至少能被这两个数中的一个数整除，则将此数打印出来，否则不打印。

6. 分段函数为

$$y = \begin{cases} \dfrac{\sin x + \cos x}{2} & (x \geq 0) \\ \dfrac{\sin x - \cos x}{2} & (x < 0) \end{cases}$$

编写程序，输入 x 的值，输出 y 相应的值。

7. 分段函数为

$$y = \begin{cases} \dfrac{40}{15}x + 10 & (0 \leq x < 15) \\ 50 & (15 \leq x < 30) \\ 50 - \dfrac{10}{15}(x-30) & (30 \leq x < 45) \\ 40 + \dfrac{20}{30}(x-45) & (45 \leq x < 75) \\ 60 - \dfrac{10}{15}(x-75) & (75 \leq x < 90) \\ \text{无意义} & (\text{其他}) \end{cases}$$

编写程序，输入 x 的值，输出 y 相应的值。

8．输入圆的半径 r 和一个整型数 k。当 k=1 时，计算圆的面积；当 k=2 时，计算圆的周长；当 k=3 时，计算圆的周长和面积。编程实现以上功能。

9．编写程序，将百分制成绩转换成五级制成绩，即：90 分以上为优秀，用 A 表示；80～89 分为良好，用 B 表示；70～79 分为中等，用 C 表示；60～69 分为及格，用 D 表示；60 分以下为不及格，用 E 表示。

10．输入一个不多于 4 位的整数，求出它是几位数，并逆序输出各位数字。

11．已知某公司员工的保底薪水为 500，某月所接工程的利润 profit(整数)与利润提成的关系如下(计量单位为元)：

Profit≤1000，没有提成；

1000＜profit≤2000，提成 10%；

2000＜profit≤5000，提成 15%；

5000＜profit≤10000，提成 20%；

10000＜profit，提成 25%。

编程实现输入某月利润，计算并输出员工本月薪水。要求：

(1) 用 if 语句编写程序；

(2) 用 switch 语句编写程序。

12．画出例 4-12 的程序流程图。

13．求 1 到 100 之间的奇数之和、偶数之积。

14．从键盘接收一个整数，判断该数是否为素数，如果是素数，则输出 Ture，否则输出 False。

15．编程输出 100 到 1000 之间能被 3 整除但不能被 5 整除的数。

16．编程计算 n!(n 的值通过键盘接收)。

17．利用下面式子的前 100 项求 π 的近似值。

$$\frac{\pi}{2}=\frac{2}{1}\times\frac{2}{3}\times\frac{4}{3}\times\frac{4}{5}\times\frac{6}{5}\times\frac{6}{7}\times\cdots$$

18．利用下面的公式求 e 的近似值，直到最后一项的绝对值小于 10^{-6}。

$$e=1+\frac{1}{1!}+\frac{1}{2!}+\frac{1}{3!}+\frac{1}{4!}+\cdots+\frac{1}{n!}$$

19．补充完成下面的程序。

(1) 以下程序的功能是：从键盘上输入若干个学生的成绩，统计并输出最高成绩和最低成绩，当输入负数时，结束输入。

```c
#include<stdio.h>
int main()
{
    float x,amax,amin;
    scanf("%f",&x);
    amax=x;
    amin=x;
```

```
    while_____
    {
        if(x>amax) amax=x;
        if_____amin=x;
        scanf("%f",&x);
    }
    printf("\namax=%f\namin=%f\n",amax,amin);
    return 0;
}
```

(2) 一球从 100 米高度自由落下，每次落地后反跳回原来高度的一半，再落下、再弹起……求它在第十次落地时，共经过多少米？第十次反弹多高？

```
#include<stdio.h>
int main()
{
    float Sn=100.0,hn=Sn/2;
    int n;
    for (n=2;n<= _____;n++)
    {
        Sn= _____ ;  hn= _____ ; }
        printf("第10次落地时共经过%f米\n",Sn);
        printf("第10次反弹%f米\n",hn);
        return 0;
    }
```

20. 编写程序，求 $1 - 3 + 5 - 7 + \cdots - 99 + 101$ 的值。

21. 求 100～200 间的全部素数之和。

22. 编程输出加法口诀表(如：$1 + 1 = 2$)。

23. 编写程序，输出从公元 2000 年至 2020 年所有闰年的年号，每输出 5 个年号换一行。判断公元年是否为闰年的条件是：

(1) 公元年如能被 4 整除，而不能被 100 整除，则为闰年；

(2) 公元年如能被 400 整除，也为闰年。

24. 编程输出下列图案：

AAAAAAAAAAA

BBBBBBBBBB

CCCCCCCC

DDDDDD

EEEE

FF

第 5 章　常用基础算法与程序设计

计算机最大的特点是在能量供给正常、机器无故障的情况下，重复地执行某些操作。程序设计的本质就是要借助计算机的这一特点，代替人脑来解决一些数据量大且复杂的问题，将这些复杂问题形式化、简单化。

通过第 4 章的讨论可以看出循环结构的要点是，通过重复表面上不变的语句和表达式实现对问题的求解。在循环结构中循环的条件、循环体中的语句和表达式，每次重复时保持形式上的不变，这一特性被称为**"循环不变式"**。

"循环不变式"主要是由含有变量的表达式来构成的一种形式化的结构。这个结构的每次重复并非简单的、完全相同的重复，每次重复时不变的是表达的形式结构以及其中变量的名称，而变量以及表达式的值在每次重复时都会发生变化，因此，数据处理是一个动态渐进的过程，它使得循环中变量的值向着循环终止、问题求解的方向变化。

建立问题的数学模型，根据数学模型设计算法是程序设计的重要环节。在含有循环结构的算法设计中，一个重要的任务就是如何运用问题的数学模型构造循环不变式。本章通过一些典型问题的求解，讨论以循环不变式为主要特征的算法设计与程序设计。

5.1　基于迭代策略的问题求解

迭代，顾名思义就是反复代入的意思，是一种在计算科学领域求高次方程代数解以及微分方程近似解常用的方法。迭代的种类较多，求解过程中会用到很多数学技巧，但其实质都是按照下列几个步骤用变量的旧值推出新值，从而构造一个收敛序列

$$x_0,\ x_1,\ x_2,\ \cdots,\ x_n$$

来逐次逼近方程的解。

(1) 确定某种迭代格式。即将原来的方程式 $F(x) = 0$ 变为 $x = f(x)$，进一步转换成迭代式 $x_n = f(x_{n-1})$，其中 $n = 0$，1，2，$\cdots$。

(2) 估计解区间，选取迭代初值 x_0；选取两个数 a、b，使得 $F(a)F(b) < 0$，则 [a, b] 可以作为解存在的区间，迭代初值就在 [a, b] 中选取。

(3) 进行迭代计算，构造近似解的序列。将 x_0 代入迭代式 $x_n = f(x_{n-1})$ 的右边计算出 x_1，即 $x_1 = f(x_0)$，由 x_1 算出 $x_2 = f(x_1)$，依次类推，由 x_{n-1} 算出 $x_n = f(x_{n-1})$。由此可以构造出一个解的序列

$$x_0,\ x_1,\ x_2,\ \cdots,\ x_{n-1},\ x_n$$

(4) 确定迭代结束条件。

如果上述序列收敛于 x* 且 x* 是方程的解，则 x_n 就可看做方程的近似解。但在一般情

况下这个精确解 x* 很难事先知道，因此常常采用序列的相邻两项之差的绝对值小于等于某个正有穷小数 δ 作为收敛的条件，即 $|x_n - x_{n-1}| \leqslant \delta$。

例如，为了求方程 $x^3 - 100x + 192 = 0$ 在 [0, 3] 区间的一个解，按照迭代法，先将方程变换成 $x = 0.01x^3 + 1.92$ 的形式，进一步将其变为 $x_n = 0.01x_{n-1}^3 + 1.92$，其中 $n = 0, 1, 2, \cdots$；设 $\delta = 10^{-4}$，选取迭代初值为 1，即 $x_0 = 1$，由关系式 $x_n = 0.01x_{n-1}^3 + 1.92$ 可以确定 $x_1 = 1.930\,000$，$x_2 = 1.991\,891$，$x_3 = 1.999\,031$，$x_4 = 1.999\,884$，$x_5 = 1.999\,996$，$x_6 = 1.999\,998$ 等。当计算到第六步时 $|x_6 - x_5| \leqslant \delta$，即 $x_6 = 1.999\,998$ 可以看做方程的近似解。(说明：事实上这个方程有一个精确解 2。)

迭代在计算科学领域是一门专门的学科，如迭代收敛性、收敛速度的证明以及误差分析等都有一整套严格的理论。我们可以运用迭代的思想策略来构造一些常见问题的算法模型并进行程序设计。下面分三部分来介绍迭代的一些典型衍生方法及其程序实现。

5.1.1 用递推法求解问题

前面介绍的迭代是用在方程求解中的严格方法，它的严格性在于：第一，迭代过程中前后两步之间有着严格的递推关系；第二，迭代所产生的序列中任意两项之间都是同一含义量的不同近似值；第三，要求序列必须是收敛的。如果只保持第一条的严格递推关系，放松第二条与第三条的要求，迭代就变成了一般的递推过程。

递推法是求解一系列的数据，并在推导过程中用等式给出运算的相邻两步之间存在的规律，从而将复杂的运算化简为若干重复运算的一种推导方法。这种方法中最简单的例子就是求等差数列或者等比数列中某项的值的问题或者前 n 项和等问题，这些数列的通项可用如下公式来描述：

$$a_n = a_{n-1} + d \quad \text{或} \quad a_n = a_{n-1}q$$

可以明显地看出，第 n 项与第 n − 1 项之间存在着一个固定关系，即前后项之间存在着一个常数差 d 或者常数因子 q，是典型的迭代模式。在问题求解时只要给出初项，即 a_1 的值，以及常数 d 或 q 和项数 n 的值，就可以迭代出前 n 项的值。项数大于 n 是迭代的结束条件。

另外，基本的累加与累乘问题也属于递推算法的典型例子，在数学上累加过程的递推公式为

$$S_n = S_{n-1} + A_n$$

其中：S_n 表示前 n 项的和；S_{n-1} 表示前 n−1 项的和；A_n 表示第 n 个累加对象。在用计算机求解这类问题时，如果只进行累加无需保存各个步骤的中间结果，则累加项用一个变量 a 存储，前 n 项和用 s 存储，这样可以将公式抽象成封装在循环中的式子：

$$s = s + a$$

例 4-8、例 4-9、例 4-10 都是递推求解问题的较简单的例子，下面再讨论几个典型问题的递推求解实例。

例 5-1   编程求 $\sum\limits_{i=1}^{n} i! = 1! + 2! + 3! + \cdots + n!$。

设计分析：求解这个问题时，必须先求解通项 i!。i! 与(i－1)!之间存在如下关系：

$$i! = i \times (i－1)!$$

这是一个典型的累乘问题，可以将其用递推式

$$M_n = M_{n-1} \times I_n$$

来表示。其中：M_n 表示前 n 项的积；M_{n-1} 表示前 n－1 项的积；I_n 表示第 n 个将要累乘的因子。在程序设计时，累乘式中的 M_n 和 M_{n-1} 均可用一个变量 m 来表示，I_n 用 i 来表示，则用下述表达式来循环地计算出 i 的阶乘，其中 i = 1，2，…，n。

```
m=m*i;
```

其次是一系列阶乘数的相加问题，这可以归结为累加问题，即

$$S_n = S_{n-1} + M_n$$

其中：S_n 表示前 n 个阶乘数的累加和；S_{n-1} 表示前 n－1 个阶乘数的累加和；M_n 表示将要累加进来的第 n 个阶乘数。在程序设计时，累加和用 S 存储，累加项用 m 存储，则用下述表达式来循环地计算出阶乘数的前 i 项之和：

```
s=s+m;
```

将上述的累乘式和累加式放进一个循环中，即可构造出一个循环不变式。在循环不变式中，循环控制变量是 i，循环终止的条件是 i > n，循环不变式如下：

```
for(i=1;i<=n;i++)
{
    m=m*i;              /*求 i 的阶乘*/
    s=s+m;              /*阶乘的前 i 项之和*/
}
```

程序编码：

```
#include "stdio.h"
#define N 10               /*假设最大项数 N 的值为 10*/
void main()
{
    long int i=0,m=1,s=0;
    for(i=1;i<=N;i++)
    {
        m=m*i;              /*求 i 的阶乘*/
        s=s+m;              /*阶乘的前 i 项之和*/
    }
    printf("%d!=%d, s=%d\n",N,m,s);
}
```

程序说明：由于 m 是存放累乘结果的一个变量，所以该变量必须初始化为 1，而 s 是存放累加结果的，则要初始化为 0。这种初始化方式也是编写累乘、累加问题的程序中必须采用的方式。

思考：能否将程序中的"m=m*i"与"s=s+m"合并成一个表达式"s=s+m*i"？为什么？

例 5-2 编程计算

$$sigma = 1 - \frac{1}{2} + \frac{1}{3} - \frac{1}{4} + \cdots + (-1)^{n-1}\frac{1}{n}$$

设计分析：这个式子有两个特点：第一，两个相邻加数后项的分母比前项的大 1；第二，奇数项的符号为正，而偶数项的符号为负。此例可以先归结为求通项为 $\frac{1}{n}$ 的前 n 项和的问题(例 4-8 中讨论过)。在求和的同时调节奇偶项的符号，可以考虑给通项增加一个因子 s，当通项为奇数项时 s 取值为 1，当通项为偶数项时 s 取值为 −1，将

```
s=-s;
```

放进循环中即可实现 s 在 1 与 −1 之间的变换。求解上述数列的前 n 项和的问题可以用一个循环不变式来解决，假设最大项数 N 的值为 100，则求解该问题的循环不变式如下：

```
for(i=1;i<=100;i++)
{
    s=-s                        /*s 的符号交替变换*/
    sigma=sigma+s*(1.0/i);      /*求解前 i 项之和*/
}
```

程序编码：

```
#include "stdio.h"
#define N 100
int main()
{
    int i;                  /* i 为项数计数器*/
    int s=-1;               /* s 用于调节通项的符号*/
    double sigma=0.0;       /*sigma 用于存放累加和，初值为 0.0*/
    for(i=1;i<=N;i++)
    {
        s=-s;                       /*调整通项的正、负号 */
        sigma=sigma+s*(1.0/i);   /*计算各项值的累加*/
    }
    printf("sigma=%.5f\n",sigma); /*输出累加和*/
    return 0;
}
```

程序说明：表达式中的"s*(1.0/i)"表示通项。从数学角度来说，计算结果应该是一个实数，为了保证计算结果为实数，i 分之一应当表示成"1.0/i"的形式。因为 1.0 是实数，当实数和整数混合运算时会把整数自动转换成实数。如果写成"1/i"，1 和 i 都是整数，则进行的是整数的除法运算，其商为 0，计算结果就不正确了。

思考：能否将程序中的"s=-s"放在"sigma=sigma+s*(1.0/i)"之后？为什么？若想调换它们的位置，要修改程序的什么地方？

例 5-3　编程求解兔子繁殖问题。一对兔子出生后第二个月进入成年，第三个月开始，每月生一对小兔子。新生小兔也从第三个月开始每月生一对小兔子。假设兔子只生不死，一月份抱来一对刚出生的小兔子，问这一年中每个月各有多少对小兔子，请按月份列出兔子数量。

设计分析：可采用逐月列举的办法找出兔子的繁殖规律。图 5-1 为前 7 个月兔子繁殖情况分析图，图中用空心圆表示幼年兔子，实心圆表示成年兔子，斜线表示每个兔子自身成长方向，水平线表示兔子繁殖方向，图中的一层表示一个月。每个月兔子的数量是该层所有圆之和。

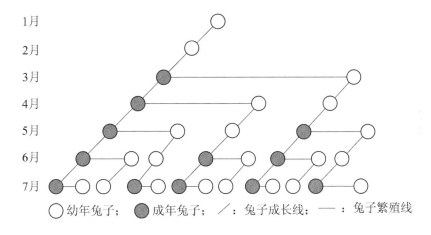

图 5-1　兔子繁殖情况分析图

观察前 7 个月每月小兔子的数量可以归纳出，从 3 月份开始，每月兔子的数量都是前两个月兔子的数量之和，因而各月份小兔子的数量见表 5-1。

表 5-1　各月份小兔子的数量

月份	1月	2月	3月	4月	5月	6月	7月	8月	9月	10月	11月	12月
数量	1	1	2	3	5	8	13	21	34	55	89	144

由表 5-1 可以列出每月份小兔子数量之间的递推关系式：

$$R_n = R_{n-1} + R_{n-2} \qquad (R_1 = R_2 = 1)$$

算法设计：先用变量 a 和 b 分别表示第一个月和第二个月小兔子的数量，c 表示当月小兔子的数量，则算法如下：

(1) 给 a、b 赋初值 1，给变量 i 赋初值 3。

(2) 如果 i 的值大于 12，则进入第(9)步。

(3) 执行 c=a+b。

(4) 执行 a=b。

(5) 执行 b=c。

(6) 输出 c 的值。

(7) i 的值增加 1。

(8) 转入第(2)步。

(9) 结束。

程序编码：

```c
#include "stdio.h"
#define N 12
int main(){
    int i,a=1,b=1,c=0;
    printf("%d %d ",a,b);
    for(i=3;i<=N;i++){
        c=a+b;
        a=b;
        b=c;
        printf("%d ",c);
    }
    printf("\n");
    return 0;
}
```

1202 年，意大利著名数学家斐波那契在他的《算盘书》中提出了兔子繁殖问题，此问题也被称为斐波那契数列问题。

例 5-4 用辗转相除法求两个整数的最大公约数。

设计分析： 设有两个整数 a、b 且 a > b，则 a 除以 b 商 q 余 r 的相除过程可用算式

$$r = a - bq$$

来表示。由算式可以看出：如果 r 为 0，那么除数 b 就是最大公约数；如果 r 不为 0，a 与 b 的最大公约数也是余数 r 的约数，于是求 a 与 b 的最大公约数的问题就可转换为求 b 与 r 的最大公约数的问题。依据上述算式($r_1 = b - rq_1$)递推地求 b 与 r 的最大公约数 r_1，如果 r_1 为 0，那么除数 r 就是最大公约数，如果 r_1 不为 0，b 与 r 的最大公约数也是余数 r_1 的约数，于是求 a 与 b 的最大公约数的问题就可进一步转换为求 r 与 r_1 的最大公约数的问题。依次类推，直到某个余数 r_n 为 0，前一步骤中的余数 r_{n-1} 就是题目所要求的最大公约数(注：r_{n-1} 在本步骤中是作为除数出现的)。

算法设计：

(1) 令 r=a%b。

(2) 如果 r 为 0，则 b 为最大公约数，转入第(6)步。

(3) 执行 a=b，b=r。

(4) 执行 r=a%b。

(5) 转入第(2)步。

(6) 输出 b 的值。

程序编码：

```
#include "stdio.h"
int main()
{
    int a=0,b=0,r;
    printf("Please input two integer numbers");
    scanf("%d%d",&a,&b);
    if(a!=0&&b!=0)                /*只有当 a、b 均不为 0 时，才能计算公约数*/
    {
        r=a%b;
        while(r!=0)              /*如果余数 r 不为 0，则进行递推式的求解*/
        {
            a=b;
            b=r;
            r=a%b;
        }
        printf("remainder=%d\n",b);
    }
    else printf("error!\n");      /*当 a、b 中有一个数为 0 时，输出错误信息*/
    return 0;
}
```

辗转相除法又名欧几里得算法(Euclidean algorithm)，是求两个正整数之最大公约数的算法。它是已知最古老的算法，可追溯至 3000 年前。辗转相除法首次出现于欧几里得的《几何原本》中，而在中国则可以追溯至东汉的《九章算术》。

5.1.2　用倒推法求解问题

倒推法是递推法的一种特殊形式，有些问题的初始状态就是欲求解的未知量。根据某种递推关系推到某一步后，问题呈现出了一个简单状态且有一个确定的解，然后再根据这个已知的解，沿原来的递推过程倒推回去，初始状态就有了解。

例 5-5　编程求解猴子吃桃问题。猴子第一天摘了若干桃子，当天吃掉一半后又多吃了一个，以后每天吃掉前一天剩下的一半加一个，到第 10 天时只能吃到一个。问猴子第一天总共摘了多少个桃子。

设计分析：为了简化问题，先假定第 5 天只能吃一个，这 5 天的初始量分别为 x_1、x_2、x_3、x_4、x_5。由题意可以看出，第二天的初始量就是前一天的剩余量，那么每天的初始量之间的递推关系如下：

$$x_1;\qquad x_2=\frac{x_1}{2}-1;\qquad x_3=\frac{x_2}{2}-1;\qquad x_4=\frac{x_3}{2}-1;\qquad x_5=\frac{x_4}{2}-1=1$$

于是，第 5 天的初始量已知，所以根据上述顺推关系进行倒推，即可求出第一天的初始量，倒推关系式如下：

$$x_5 = 1 ; \quad x_4 = 2(x_5+1) ; \quad x_3 = 2(x_4+1) ; \quad x_2 = 2(x_3+1) ; \quad x_1 = 2(x_2+1)$$

将上述倒推关系式抽象成如下的表达式：

x=2*(x+1)

将该式循环构成一个循环不变式，即可求出第一天的初始量。

算法设计：

(1) 初始化 x 为 1(最后一天的桃子总数)，循环计数变量为 i。

(2) 判断 i < 10 是否成立。如果大于等于 10，则转入第(6)步。

(3) 执行 x=2*(x+1)。

(4) 执行 i=i+1。

(5) 转入(2)步。

(6) 输出 x 的值(此时 x 的值就是所摘桃子总数)。

程序编码：

```c
#include "stdio.h"
int main()
{
    int i=1,x=1;
    while(i<10)    /*此处必须为 i<10,不能为 i<=10,否则就多算了一天*/
    {
        x=2*(x+1);
        i++;
    }
    printf("peach=%d\n",x);
    return 0;
}
```

5.1.3 用迭代法求解高次方程

5.1.1 节和 5.1.2 节讨论了迭代的衍生方法，本小节讨论如何采用严格的迭代法进行算法设计与编程实现。

牛顿迭代法是近似迭代方法中最有价值的一种方法，用来求解一元高次方程、微分方程等数值计算问题。其基本思想是：假设有一个函数 y = f(x)是可导的，方程 f(x) = 0 存在一个根 r，求解此根 r 的一般方法是，先估计一个根 x_0，然后通过迭代求出一个比 x_0 更接近 r 的值 x_1，用 x_1 作为一个新的估计值，继续使用迭代法求出一个比 x_1 更接近 r 的值 x_2，依次类推，直至求出一个值 x_n 满足求解的精度要求，则 x_n 就是方程 f(x) = 0 的近似根。

例 5-6 用牛顿迭代法解方程 $2x^3 - 4x^2 + 3x - 6 = 0$ 在 1.5 附近的根。

设计分析： 下面从几何角度和代数角度分别进行分析。

从几何角度分析： 图 5-2 给出了牛顿迭代的具体做法。在 x = x_0 处作曲线 y = f(x)的切线，使得切线的延长线与 x 轴相交于点 x_1，x_1 是一个比 x_0 更接近 r 的值，然后继续作曲线在 $x = x_1$ 处的切线，切线的延长线与 x 轴交于点 x_2，x_2 是一个比 x_1 更接近 r 的值，继续用 x_2 作为新的估计值，依次类推，最终会在某个 x_n 处达到要求，此时就可以用 x_n 作为 r 的近似值。(说明：牛顿迭代法必须在证明 $f(x) = 0$ 有解的情况下使用。)

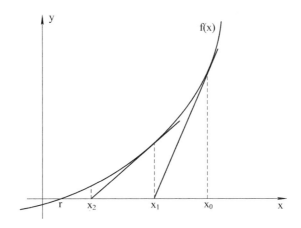

图 5-2　牛顿迭代法示意图

从代数角度分析：在 x_0 处切线的求法，是 x_0 处切线的斜率为 $f'(x_0)$，切线的点斜式方程为

$$y - f(x_0) = f'(x_0)(x - x_0)$$

设此切线与 x 轴的交点为 $(x_1, 0)$，再将这个交点代入到上述方程中去，有

$$0 - f(x_0) = f'(x_0)(x_1 - x_0)$$

只要 $f'(x_0) \neq 0$，则可解出 x_1，其解析式为

$$x_1 = x_0 - \frac{f(x_0)}{f'(x_0)}$$

重复上述过程可以得到

$$x_2 = x_1 - \frac{f(x_1)}{f'(x_1)}$$

$$\vdots$$

$$x_n = x_{n-1} - \frac{f(x_{n-1})}{f'(x_{n-1})}$$

关于求解精度的要求，一般是当两个相邻的估计值接近到一定的程度(如 $|x_n - x_{n-1}| \leqslant 10^{-5}|$)时，就算达到了要求，计算即可停止。

用 x0、x1 分别表示迭代过程中的旧值与新值；f、f1 分别存储函数在估计点的函数值及其导数值。

算法设计：

(1) 将初始估计值 1.5 赋给 x0 与 x1。

(2) 执行 x0=x1。

(3) 执行 f=((5*x0-4)*x0+3)*x0-6。

(4) 执行 f1=6*x0*x0-8*x0+3。

(5) 执行 x1=x0-f/f1。

(6) 判断 |x1-x0| <=10^{-5} 是否成立，若不成立则转入第(2)步，若成立则结束循环，转入第(7)步。

(7) 输出计算结果。

程序编码：

```c
#include "stdio.h"
#include "math.h"
#define EPSILON    1.0E-5
int main()
{
    double x0=1.5,x1=1.5;
    double f,f1;
    do{
        x0=x1;
        f=((5*x0-4)*x0+3)*x0-6;
        f1=(6*x0-8)*x0+3;
        x1=x0-f/f1;
    }while(fabs(x1-x0)>EPSILON);
    printf("Root=%f\n",x1);
    return 0;
}
```

求解高次方程的迭代方式除了牛顿迭代法以外，还有弦截法、二分法等。这些方法均可采用循环不变式来编程求解。

5.2 基于穷举策略的问题求解

穷举就是通过把问题的所有可能情况一一列举出来，逐一尝试，从而找出符合条件的解。穷举策略是一种常用的问题求解策略。从理论上来说，所有问题都可用穷举策略来解决，对于一些规模较小的问题用人工求解是能够做到的，但是对于规模较大的问题用穷举策略来解决，耗费的时间代价非常大，这就需要发挥计算机善于循环的特点。运用穷举策略解决问题需要从以下两方面入手：

(1) 找出约束条件：分析问题中的各个参量之间的约束条件。

(2) 确定穷举范围：分析问题所涉及各参量可能的取值范围。

在运用穷举策略求解问题时，有些问题的穷举范围比较大，且其中有些数据明显不符合问题的要求，这就需要进一步排除一些不合理的情况，缩小穷举范围。为了避免重复，已经穷举过的数据不再列举。本节重点讨论穷举法解方程组、求解数字与数值问题以及求解逻辑问题。

5.2.1 穷举法解方程组

多元方程组的求解问题宜采用穷举策略，尤其对具有多个解的不定方程求解是一个比较好的方法。

例 5-7 鸡兔同笼问题。《孙子算经》中记载了一个有趣的问题："今有雉兔同笼，上有三十五头，下有九十四足，问雉兔各几何？"

设计分析：问题中头的总数为 35，脚的总数为 94。按照常识鸡有一头两脚，而兔有一头四脚。设鸡为 x 只，兔为 y 只，则可列出如下二元一次方程组：

$$\begin{cases} x+y=35 \\ 2x+4y=94 \end{cases}$$

假设笼中全部是鸡或者全部是兔，那么由第一个方程可以看出鸡、兔各自的数量最大不会超出 35 只；由第二个方程可以看出鸡的数量不超过 47，兔的数量不超过 23 只。由此可见，同一问题有两种不同的取值范围，可以折中这两种情况取最小值，因此 x 的取值范围为 0～35，y 的取值范围为 0～23。

在 x、y 各自的取值范围中取出一值，构成一个组合代入上述方程组，来验证两个等式是否同时成立，如果成立，则说明 x 与 y 的这组取值就是其中的一组解，否则再取一组 x 与 y 的值继续验证。

算法设计：根据分析，可以采用两重循环，其控制变量 x 从 0 到 35 变化，y 从 0 到 23 变化，分别检验上述方程组中两个等式是否同时成立，如果同时成立，则为所要求的解。

(1) 令 x、y 均为 0。

(2) 如果 x>35，则进入第(9)步。

(3) 如果 y>23，则进入第(7)步。

(4) 如果(x+y==35)&&(2*x+4*y==94)，则输出 x、y 的值。

(5) y 的值加 1。

(6) 返回到第(3)步。

(7) x 的值加 1。

(8) 返回到第(2)步。

(9) 结束计算。

程序编码：

```
#include "stdio.h"
int main()
{
    int x,y;
    for(x=0;x<=35;x++)
    {
```

```
        for(y=0;y<=23;y++)
        {
                if((x+y==35)&&(2*x+4*y==94))
                        printf("%d %d\n",x,y);
        }               /* for(y=0;y<=23;y++)的尾部*/
    }                   /* for(x=0;x<=35;x++)的尾部*/
    return 0;
}
```

例5-8 中国古代算书《张丘建算经》中有一道著名的百鸡问题："今有鸡翁一，值钱伍；鸡母一，值钱三；鸡雏三，值钱一。凡百钱买鸡百只，问鸡翁、母、雏各几何？"

设计分析：设公鸡、母鸡、小鸡分别为 x、y、z 只，由题意得

$$\begin{cases} x+y+z=100 \\ 5x+3y+\dfrac{1}{3}z=100 \end{cases}$$

这个方程组共有两个方程，三个未知量，属于不定方程。根据题意全部买成公鸡最多20只，全部买成母鸡最多33只。将公鸡数 x 从 0 到 20 之间变化，母鸡数 y 从 0 到 33 之间变化，每给出一个确切的 x 和 y 值由第一个方程算出 z，然后将 x、y、z 代入第二个方程验证等式是否成立，若成立，则问题的解之一就求出，若不成立，则可以给 x 和 y 换一组值继续进行上述过程。

为了在运算时避免一个小鸡值三分之一钱导致运算时产生小数，在程序中将第二个方程用两边同时乘以 3 的形式来表示，即 15*x+9*y+z==300。

算法设计：

(1) 令 x=0。

(2) 如果 x>20，则转入第(11)步。

(3) 令 y=0。

(4) 如果 y>33，则转入第(9)步。

(5) 执行 z=100-x-y。

(6) 如果 15*x+9*y+z==300，则输出 x、y、z 的值。

(7) 执行 y=y+1。

(8) 转入第(4)步。

(9) 执行 x=x+1。

(10) 转入第(2)步。

(11) 结束计算。

程序编码：

```
#include "stdio.h"
int main()
{
    int x,y,z;
```

```
        for(x=0;x<=20;x++)
        {
                for(y=0;y<=33;y++)
                {
                        z=100-x-y;
                        if(15*x+9*y+z==300)
                                printf("%d %d %d\n",x,y,z);
                }
        }
        return 0;
}
```

5.2.2　求解数字与数值问题

许多数字和数值问题也是用穷举法来求解的。

例 5-9　设有两个三位数 ABC 与 CBA 的乘积为 646 254。问 A、B、C 各为多少？

设计分析：在三位数 ABC 中，A 在百位上，B 在十位上，C 在个位上，那么数 ABC 可表示为 $A \times 100 + B \times 10 + C$，同理 CBA 可表示为 $C \times 100 + B \times 10 + A$。于是，ABC × CBA = 646 254 就可以表示为

$$(A \times 100 + B \times 10 + C) \times (C \times 100 + B \times 10 + A) = 646\ 254$$

在十进制数中每个数位上的数只能是 0～9 中的任意一个，那么 A、B、C 的取值范围均为 0～9，所以用穷举法来求解。

由于 A 与 C 都在最高位出现，所以 A 与 C 不会为 0，令 A、C 分别从 1 到 9 变化，B 从 0 到 9 变化，每列举出一组值就带入上式左侧表达式中，判断表达式的值是否为 646 254，如果是 646 254，则 A、B、C 的解之一就找到了。如此逐一列举，就会找出所有可能的解。

算法设计：

(1) 给 A 和 C 赋值为 1，B 赋值为 0。

(2) 如果 A < 10，则转入第(3)步，否则转入第(13)步。

(3) 如果 B < 10，则转入第(4)步，否则转入第(11)步。

(4) 如果 C < 10，则转入第(5)步，否则转入第(9)步。

(5) 令 result=(A*100+B*10+C)*(C*100+B*10+A)。

(6) 如果 result==646254，则输出 A、B、C 的值。

(7) C 的值增加 1。

(8) 转入第(4)步。

(9) B 的值增加 1。

(10) 转入第(3)步。

(11) A 的值增加 1。

(12) 转入第(2)步。

(13) 结束程序。

程序编码：

```
#include "stdio.h"
void main()
{
    int a,b,c,result;
    for(a=1;a<=9;a++)
    {
        for(b=0;b<=9;b++)
        {
            for (c=1;c<=9;c++)
            {
                result=(a*100+b*10+c)*(c*100+b*10+a);
                if (result==646254)
                    printf("A=%d , B=%d , C=%d\n",a,b,c);
            }
        }
    }
}
```

例 5-10　"水仙花数"是一个三位数，其各位数的立方和等于该数本身。编程输出所有的"水仙花数"。

设计分析：假设一个三位数为 ABC，那么要验证该数为"水仙花数"，只需判断表达式

$$ABC = A^3 + B^3 + C^3$$

是否成立。要验证这个表达式成立与否的关键是如何将 A、B、C 从 ABC 中分离出来。

分离的办法是，将 ABC 用 10 整除取余，即分离出 C；然后将 ABC 用 10 整除取商，即得到两位数 AB，对 AB 用 10 整除取余，即可分离出 B；对 ABC 整除 100 取商即得 A。

由于"水仙花数"是一个三位数，那么它的可能取值范围为 100~999。所以，将上述表达式验证 900 次才能找到所有的"水仙花数"。因而在 100~999 的区间进行穷举。

算法设计：

(1) 给变量 i 赋值 100。

(2) 如果 i≥1000，则转入第(9)步。

(3) 执行 c=i%10。

(4) 执行 b=(i/10)%10。

(5) 执行 a=i/100。

(6) 如果 a*a*a+b*b*b+c*c*c==i，则 i 就是水仙花数，输出 i。

(7) i 的值增加 1。

(8) 转入第(2)步。

(9) 计算结束。

程序编码:

```c
#include "stdio.h"
int main()
{
    int i,a,b,c;
    for(i=100;i<1000;i++)
    {
        c=i%10;                          /*分离出个位 */
        b=(i/10)%10;                     /*分离出十位 */
        a=i/100;                         /*分离出百位 */
        if(a*a*a + b*b*b + c*c*c == i)   /*判断 i 是否为水仙花数*/
            printf("%d\n", i );
    }
    return 0;
}
```

> 思考: 此算法是求水仙花数的方法之一,请读者考虑是否还有其他算法?

例 5-11　找出 N 以内的所有素数(假设 N = 10 000)。

设计分析: 素数又称质数。一个大于 1 的自然数 n,除了 1 和它本身外,不能被其他自然数整除,n 就是一个素数。按照素数的定义,检验 n 是否是素数的方法是用从 2 到 n – 1 之间的所有自然数去除 n,如果都不能整除 n,则说明 n 是素数;如果有一个数能整除 n,则说明 n 是合数。因此按照定义检验一个数是否是素数是非常直接的。由题目的描述可知,求解此问题要从两方面来考虑:一是如何验证一个数是素数;二是如何以最快的速度找出所有素数。

由素数的定义可知,检验素数的方法就是典型的穷举策略,当 n 的值特别大时,例如 n 为 9973 时,要验证 n 为素数必须进行 9971 次除法运算才能断定,计算量太大。这中间肯定有许多不必要的除法运算,应找出这些不必要的运算,在进行验证时将这些不必要的运算排除掉。很明显,如果 n 是合数,则 n 的最大约数不会超过 $\lceil n/2 \rceil$[1],于是 n 的所有约数都在 2 到 $\lceil n/2 \rceil$ 之间。如果在该区间能找一个数是 n 的约数,则说明 n 是合数;如果找不到,则说明 n 是素数。另外,除了 2 以外,质数不会出现在偶数中,所以在验证时,没有必要用 2 到 $\lceil n/2 \rceil$ 之间的偶数来验证,这样又进一步地排除了一些不必要的运算。

前面分析了验证素数的方法,现在讨论如何找出 N 以内的素数。要找出 N 以内的所有素数仍然采用穷举策略,即将 2 以后的所有数一一列举出来,每列举一个就用上述讨论的方法去检验该数是否是素数。在列举时,可以考虑将明显不是素数的偶数排除掉。

算法设计: 根据上述分析可以设 N = 10 000,n(3 < n < N)是需要验证为素数的数,下

---

[1]　符号 $\lceil\ \rceil$ 表示向上取整运算, $\lceil n/2 \rceil$ 表示大于 n/2 的最小整数。

面采用自顶向下的方法设计算法。

初始算法:

(1) 输出素数 2、3,

(2) 给 n 赋值 5。

(3) 如果 n≥N,则转入第(7)步。

(4) 判断 n 是否是素数,并输出 n 的值。

(5) n 的值增加 2(每次增加 2,保证找素数的范围限制在奇数中)。

(6) 转入第(3)步。

(7) 结束。

细化算法:

初始算法给出了一个找到 N 以内素数的算法,这个算法中的第(4)步是一个抽象的判断,不具体,需要进一步细化。设 i 为 n 的约数,则算法如下:

(1) 给 i 赋初值 3。

(2) 如果 $i > \lceil n/2 \rceil$,则转入第(6)步。

(3) 如果 n%i==0,则转入第(6)步。

(4) i 的值增加 2(每次增加 2,保证用于检验素数的数在奇数中)。

(5) 如果 $i > \lceil n/2 \rceil$,则 n 是素数,输出 n。

(6) 转入初始算法中的第(5)步。

这个算法的设计遵循了先抽象、后具体,先顶层、后底层的策略。也就是说,初始算法中的第(4)步抽象地描述了"判断 n 是否是素数,并输出 n 的值"而不涉及具体的素数判断方法,以求得整体设计思路的清晰,不被一些细节问题所干扰。这就是抽象的顶层设计。然后对第(4)步进一步细化,使得抽象的素数判断落到实处,这就是具体的底层设计。这种方法在程序设计中称为自顶向下的程序设计方法。

程序编码:

```c
#include <stdio.h>
#include <math.h>
#define N 10000              /*N 为要找素数的范围上界*/
void main()
{
    int n,i,k;               /*n 表示要被检验为素数的数*/
    printf("%8d%8d",2,3);     /*输出素数 2、3*/
    for(n=5;n<=N;n=n+2)
    {
        k=n/2.0+0.5;          /*k 是当 n 为合数时的最大因数*/
        for(i=3;i<=k;i=i+2)   /*在 3~k 的范围内找 n 的因数,若找到,则 n 为合数*/
            if(n%i==0) break;
        if(i>k) printf("%8d",n); /*在此范围内找不到 n 的因数,则 n 为素数*/
    }
```

```
        printf("\n");
    }
```

思考：根据数的整除理论，任何一个大于 1 的合数 n 可以分解成多个质因数之积，且必有一个不大于 $\sqrt{n}$ 的质约数。如何修改本例中的算法及程序使得穷举的范围更小，找素数的速度更快？

例 5-12 完数问题求解。一个数恰好等于它的所有质因数(不包含自身的所有因子)之和，那么这个数就是完数。编写程序找出任意给定的正整数 N 之内的所有完数。

设计分析： 由题意知，完数是一个合数，那么验证一个数是否完数，关键是要找到这个数的所有质因数。这就涉及因数分解问题。求解一个数的质因数，要从最小的质数除起，一直除到结果商是质数为止。按照这个方法求出所有的质因数，然后将这些质因数求和，即可验证这个数是否为完数。

采用穷举策略从 1 到 N 按照上述方式逐一验证，就可以找到 N 以内的所有完数。

算法设计： 设 n(n > 0)是查找完数的范围，k(k≤n)是需要验证是否为完数的数，则找出完数的算法如下：

初始算法：

(1) 输入查找范围 n，并将变量 k 初始化为 2。

(2) 如果 k > n，则转入第(7)步。

(3) 分解出 k 的所有质因数并求各质因数的累加和。

(4) 如果 k 的质因数之和等于 k，则输出 k(即 k 为完数)。

(5) k 的值增加 1。

(6) 转入第(2)步。

(7) 计算结束。

初始算法给出了一个利用穷举法找出所有完数的算法。但是在第(3)步只说做了质因数分解，并没有进行分解的具体做法，因此第(3)步还是一个抽象的方法，需要给出一个具体的质因数分解方法和各个质因数的累加求和方法。设 k 是欲被分解的数，用 i 表示 k 的因数，s 用于存放各个质因数之和，则第(3)步细化如下：

细化算法：

(1) 令 s=0，i=1。

(2) 如果 i>k，则转入第(6)步。

(3) 如果 k%i==0，则令 s=s+i。

(4) 执行 i=i+1。

(5) 转入第(2)步。

(6) 进入初始算法中的第(4)步。

这个算法的设计遵循了先抽象、后具体，先顶层、后底层的设计策略。

程序编码：

```c
#include "stdio.h"
int main()
```

```
{
    int i,k,n,s;
    scanf("%d",&n);
    for(k=2;k<=n;k++)        /*在此 for 循环内寻找小于 n 的完数*/
    {
        s=0;
        for(i=1;i<=(int)(k/2.0+0.5);i++) /*在 1 到大于 k/2 的最小整数间找 k 的所有因子*/
        {
            if (k%i==0)    /*如果 i 能够整除 k,则 i 为 k 的因数*/
                s=s+i;     /*对 k 的各因数求累加和*/
        }
        if(k==s) printf("%d is a perfect number.\n",k);
    }
    return 0;
}
```

程序说明：如果一个数的所有因数之和小于该数，则称该数为亏数；如果一个数的所有因数之和大于该数，则称该数为盈数。

5.2.3 求解逻辑问题

逻辑问题的求解也能采用穷举法。利用计算机善于重复的特点，在诸多的逻辑变量中找到使逻辑表达式成真的赋值。

例 5-13 在某次学术交流会间休息时，三名学者与王教授聊天，根据王教授的口音判断王教授是哪里人。

甲说：王教授不是苏州人，是上海人。

乙说：王教授是苏州人，不是上海人。

丙说：王教授既不是上海人，也不是杭州人。

听完这三个人的判断后，王教授笑着说，你们三人中，有一人说的全对，有一人说对了一半，有一人全说错了。请编程分析王教授到底是哪里人。

设计分析：通过对问题的描述进行分析，可以分离出三个学者对王教授是哪里人共有三个基本命题。对这三个基本命题分别用三个逻辑变量表示，当逻辑变量的值为 1(真)时表示基本命题成立，为 0(假)时表示基本命题不成立。

假设用 p 表示王教授是苏州人，用 q 表示王教授是上海人，用 r 表示王教授是杭州人，那么，在 p、q、r 这三个变量中有一个取值为 1(真命题)，两个取值为 0(假命题)。如果能找出这个真命题，就知道王教授是哪里人了。要找出这个真命题，只有通过一系列的逻辑演算来进行。

下面将甲、乙、丙以及王教授的判断用 p、q、r 三个变量分别表示出来，进行逻辑演算。

甲、乙、丙的判断如下：

甲：a=!p&&q;

乙：b=p&&!q;

丙：c=!q&&!r;

王教授对三个人对话的确认比较复杂，他对三个人的判断均可分为肯定、半肯定和否定三种可能的确认。

对于甲的三种可能确认：

肯　定：a1=!p&&q;

半肯定：a2=(!p&&!q)||(p&&q);

否　定：a3=p&&!q;

对于乙的三种可能确认：

肯　定：b1=p&&!q;

半肯定：b2= (p&&q) || (!p&&!q);

否　定：b3=!p&&q;

对于丙的三种可能确认：

肯　定：c1=!q &&!r;

半肯定：c2=(!q && r)||(q&&!r);

否　定：c3=q&&r;

根据题意，王教授最后的确认可以用下述逻辑表达式来表示：

d=(a1&&b2&&c3)||(a1&&b3&&c2)||(a2&&b1&&c3)||
(a2&&b3&&c1)||(a3&&b1&&c2)||(a3&&b2&&c1)

由于 p、q、r 三个变量各自取值要么为 0，要么为 1，于是将三个变量的不同取值组合带入上式中计算 d 的值，那么，当 d 的值为 1(真)时，p、q、r 值的组合就是王教授是哪里人的答案了。

根据上述分析可以用一个三重循环，按照 p、q、r 的值分别从 0 到 1 变化，穷举每种组合情况来逐一判断，即可找到答案。

程序编码：

```
#include "stdio.h"
int main(){
    int p,q,r;        /*表示是苏州人、上海人、杭州人三种基本命题*/
    int d;            /*表示王教授的判断和确认*/
    /*以下九个变量分别表示王教授对三个人判断的三种不同的可能确认*/
    int a1,a2,a3,b1,b2,b3,c1,c2,c3;
    for(p=0;p<=1;p++)
        for(q=0;q<=1;q++)
            for(r=0;r<=1;r++)
            {
                a1=!p&&q;                 /*对甲的肯定*/
                a2=(!p&&!q) || (p&&q);    /*对甲的半肯定*/
```

```
                a3=p&&!q;                /*对甲的否定*/
                b1=p&&!q;                /*对乙的肯定*/
                b2=(p&&q)||(!p&&!q);     /*对乙的半肯定*/
                b3=!p&&q;                /*对乙的否定*/
                c1=!q&&!r;               /*对丙的肯定*/
                c2=(!q&&r)||(q&&!r);     /*对丙的半肯定*/
                c3=q&&r;                 /*对丙的否定*/
                /*以下连续三个表达式计算王教授的确认值*/
                d=(a1&&b2&&c3)||(a1&&b3&&c2);
                d=d||(a2&&b1&&c3)||(a2&&b3&&c1);
                d=d||(a3&&b1&&c2)||(a3&&b2&&c1);
                if(d==1) printf("p=%d   q=%d   r=%d\n",p,q,r);
            }
    return 0;
}
```

测试结果:

p=0   q=1   r=0

从这个结果来看王教授是上海人。

*5.3 程 序 调 试

　　程序调试是将编好的程序在投入实际运行前,用手工或编译程序等方法进行测试,修正语法错误和逻辑错误的过程。这是保证计算机信息系统正确性的必不可少的步骤。编写完程序代码必须进行程序调试。

　　程序调试主要有两种方法,即静态调试和动态调试。程序的静态调试就是在程序编写完以后,由人工模拟计算机,对程序进行仔细检查,主要检查程序中的语法规则和逻辑结构的正确性。实践表明,有很大一部分错误可以通过静态调试来发现。通过静态调试,可以大大缩短上机调试的时间,提高上机的效率。程序的动态调试就是在计算机上进行调试,它贯穿在编译、链接和运行的整个过程中。根据编译、链接和运行时计算机给出的错误信息进行程序调试,这是程序调试中最常用的方法。在此基础上,通过"分段隔离"、"设置断点"、"跟踪打印"进行程序的调试。实践表明,对于查找某些类型的错误来说,静态调试比动态调试更有效,对于某些类型的错误来说刚好相反。因此,静态调试和动态调试是互相补充、相辅相成的,缺少其中任何一种方法都会使查找错误的效率降低。

　　在 Visual C++ 6.0 中,可以通过 Debug 工具栏进行调试。Debug 工具栏如图 5-3 所示。

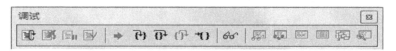

图 5-3　Debug 工具栏

5.3.1　常用的调试命令

常用的调试命令如下：

(1) step over 命令：快捷键为 F10，单步执行每条语句，在遇到函数的时候，自动执行其中的内容，而不进入函数内部单步执行。

(2) step into 命令：快捷键为 F11，单步执行每条语句，在遇到函数的时候，系统将进入函数，单步执行其中的语句。

(3) run to cursor 命令：快捷键为 Ctrl + F10，系统将自动执行到用户光标所指的语句前。

(4) go 命令：快捷键为 F5，系统将编译、链接、自动运行程序，但是会在程序设置的断点(breakpoint)处停下。

(5) stop debug 命令：快捷键为 Shift + F5，用来终止动态调试过程。

5.3.2　动态调试的主要方法

在调试过程中，只要程序运行到断点(breakpoint)处，系统就会自动暂停。断点通常和 go 命令、step over 命令一起使用。一旦设置了断点，不管是否需要调试程序，每次程序执行到断点处都会暂停。因此程序调试结束后应取消定义的断点。

1. 设置断点的方法

在程序代码中，将光标移动到需要设置断点的那一行上，按 F9 键，代码行的左端出现一个红色的圆点，即 VC++ 中断点的标志。程序在调试过程中，每次执行到这里都会停下，方便用户观察当前变量的状态。图 5-4 为设置了断点的界面。

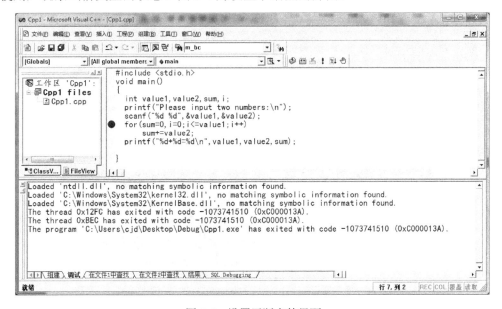

图 5-4　设置了断点的界面

2. 去除断点

该命令与设置断点的命令相同，在已设置断点的地方，再次按下 F9 键，左端的红色圆点消失，表示断点被去除了。

有的时候，"暂时"不需要断点，这时可以在已设置断点的地方按 Ctrl + F9 键，原本实心的圆点变成了一个空心的圆圈——断点暂时失效了。恢复断点功能也是按 Ctrl + F9 键。这个功能在有多个断点的时候尤其有用。图 5-5 是断点暂时失效的界面。

图 5-5　断点暂时失效

设置好断点后，就可以启动程序，按"F5"键进入调试状态。图 5-6 所示为程序运行到断点处时的界面。

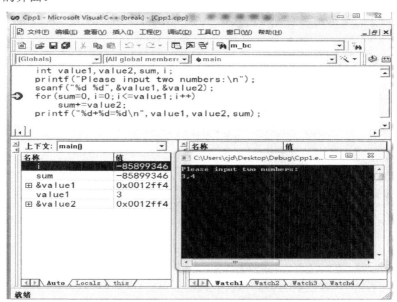

图 5-6　程序运行到断点处时的界面

用户可以通过窗口查看程序运行到断点处各个变量的值，根据变量值可以判断程序运行到此处是否正确。调试结束后，可以通过 Shift + F5 键结束调试。然后在已设置断点的地方，再次按 F9 键取消该处的断点。

如果一个程序设置了多个断点，按一次 Ctrl + F5 键，执行程序会暂停在第一个断点，再按一次 Ctrl + F5 键，程序会继续执行到第二个断点处暂停，依次执行下去，可以查看每个断点出现时的相应变量的值。

习 题 5

1. 用泰勒展开式求 sin(x) 的近似值：

$$\sin(x) = \frac{x}{1!} - \frac{x^3}{3!} + \frac{x^5}{5!} - \frac{x^7}{7!} + \cdots + (-1)^{n-1}\frac{x^{(2n-1)}}{(2n-1)!}$$

2. 有一分数序列：2/1，3/2，5/3，8/5，13/8，21/13，…，编程序求数列的前 20 项之和。

3. 猴子分食桃子：五只猴子采得一堆桃子，猴子彼此约定隔天早起后再分食。但在半夜里，一只猴子偷偷起来，把桃子均分成五堆后，发现还多一个，它吃掉这个桃子，并拿走了其中一堆。第二只猴子醒来，又把桃子均分成五堆后，还是多了一个，它也吃掉这个桃子，并拿走了其中一堆。第三只、第四只、第五只猴子都依次如此分食桃子。那么桃子数最少应该有几个呢？

4. 用牛顿迭代法求方程 $x^3 + 2x^2 + 3x + 4 = 0$ 在 1 附近的一个实根。

5. 用一元五角人民币兑换 5 分、2 分和 1 分的硬币共 100 枚，问共有多少种兑换方案？每种方案中，每种硬币各多少枚？

6. 若口袋里放 12 个彩球，4 个红的，4 个白的，4 个黄的，从中任取 8 个球，编写程序列出所有可能的取法。

7. 有一个四位正整数，组成这个四位数的四个数字各不相同，如果把它们的首尾互换，第二位与第三位互换，组成一个新的四位数。原四位数为新四位数的 4 倍，请找出一个这样的四位数。

8. 两位数 13 和 62 具有很有趣的性质：把它们个位数字和十位数字对调，其乘积不变，即 $13 \times 62 = 31 \times 26$。编程序求共有多少对这种性质的两位数（个位与十位相同的数除外，如 11、22，重复出现的不在此列，如 13×62 与 62×13）。

9. 幼儿园有大、小 2 个班的小朋友。分西瓜时，大班 4 个人一个，小班 5 个人一个，正好分掉 10 个西瓜；分苹果时，大班每人 3 个，小班每人 2 个，正好分掉 110 个苹果。编写程序，求幼儿园大班、小班各有多少个小朋友。

10. 两个乒乓球队进行比赛，各出三人，甲队为 A、B、C 三人，乙队为 X、Y、Z 三人，已通过抽签确定了比赛名单。有人向队员打听比赛的名单，A 说他不和 X 比，C 说他不和 X、Z 比，请编程序找出三对比赛选手的名单。

第6章　模块化程序设计技术

到目前为止，我们讨论过的程序都是基于一些简单的算法，用一个程序模块(主函数)就可以完成这些算法的功能。然而在实际应用中，有些用于解决问题的算法比较抽象而且复杂，程序开发人员在设计解决问题的方案时，需要逐级降低问题的抽象程度和复杂程度，将一个抽象问题分解成多个抽象级别较低的子问题，在解决每个子问题时，又可引入抽象层次更低的子问题。这种由高到低逐层降低问题的抽象程度，增强问题的具体性，直到全部问题被解决的分析过程和设计方法被称为自顶向下的设计方法。实现自顶向下的程序设计的一种重要手段是将一个大的程序分解成若干个具有关联关系的程序模块，每个模块独立编写成一个子程序。子问题进行独立编码的方法称为模块化程序设计方法。C 语言中实现模块化程序设计的工具就是函数。

前几章讨论并使用过的 printf()、scanf()、sqrt()等都是 C 语言系统自带的函数，但是，读者并不知道这些函数是如何编写出来的。本章重点讨论编写函数的方法，以及数据在函数中的传递方式，并利用函数作为工具来实现模块化程序设计。

6.1　函数的定义及其原型声明

6.1.1　函数的定义

函数是实现问题求解的一个功能独立程序段，它有自己的特有结构。函数的定义就是按照一定的结构编写一段具有独立功能的程序段。例如，编写一个计算平面上两点之间距离的函数的形式如下：

```
double distance(double x1, double y1, double x2, double y2)
{
    double dx=x1-x2;
    double dy=y1-y2;
    return sqrt(dx*dx+dy*dy);
}
```

上述程序段第 1 行定义了一个名为 distance 的函数，该函数有 4 个 double 型的参数，其中 x1 与 y1 为线段第一个端点的坐标，　x2 与 y2 为第二个端点的坐标，4 个参数之间用逗号 "，"分开；函数的计算结果为 double 型。函数体用一对花括号括起来，第 3、4 两行分别定义了存储两端点的横坐标之差的变量 dx 与纵坐标之差的变量 dy，这两个变量均为 double

型变量；第 5 行用于计算两点之间的距离并将距离值返回给调用函数。

从上述函数的书写可以看出，函数定义的一般形式结构如下：

```
FunctionType FunctionName(FormalParameterList){
    VariableDeclaration;              /*变量声明部分*/
    ExecutableStatements;             /*可执行语句部分*/
    return expression;                /*函数计算结果返回语句*/
}
```

函数的定义可以分为函数头的定义和函数体的定义两部分。

1. 函数头的定义

函数的名称、形式参数以及函数的返回值(计算结果)都在函数头定义。

FunctionType 位置定义了函数计算结果的数据类型，也称为返回值类型，它可以是 C 语言允许的任何基本数据类型、指针类型以及结构类型。在定义函数时也可以省略函数返回值类型，此时系统默认为 int 类型。如果函数只是为了完成某种操作而不需要输出结果，则函数的类型可定义为 void 类型。

FunctionName 位置定义了函数的名称，它是函数将计算结果向外界输出的通道，其后的一对圆括号是该函数名的特征符号。函数的命名遵循标识符的命名规则。

FormalParameterList 称为形式参数定义列表，放在函数名后的一对圆括号中。形式参数是函数接受外界向其传输数据的一个通道。形式参数之间用逗号"，"分开。每个形式参数都有其数据类型和名称。形式参数只能是变量，不能为常量或者表达式。如果函数只是为了完成某种操作，不需要外界为其传输数据，则此时形式参数可以定义为 void 类型或者省略不写，这样的函数称为**无参函数**。省略形式参数时，形式参数两边的圆括号不能省略，否则，函数定义与变量定义就没有区别了。

2. 函数体的定义

函数体用一对花括号括起来。函数体的内容可以分为两大部分：VariableDeclaration(变量声明部分)和 ExecutableStatements(可执行语句部分)。这两部分都是由前面几章讨论过的变量声明语句、赋值语句、流程控制语句等组成的。

如果函数的返回值类型不是 void 类型，说明要将计算结果传向函数外部，这时在函数体的可执行语句中要有一个 return 语句用于将函数计算结果返回给调用它的函数。如果函数不需要将计算结果向外传输，则不需要任何 return 语句。

C 语言规定一个函数的定义是独立于其他函数的。假设有两个函数 Function1 和 Function2，那么 Function1 和 Function2 之间在定义时没有隶属关系，即 Function2 定义可以写在 Function1 之前，也可以写在 Function1 之后，不允许写在 Function1 内部。

例 6-1　两个函数在定义时没有从属关系。

程序编码：

```
#include <stdio.h>
int max(int,int);          /*声明一个函数 max()的原型 */
void main()                /*定义主函数 */
{
```

```
    int a,b,c;
    scanf("%d,%d",&a,&b);
    c=max(a,b);
    printf("max=%d\n",c);
}
int max(int x,int y)        /*定义函数 max()实现的功能 */
{
    if(x<y) return y;
    else return x;
}
```

该例中定义了两个函数，一个是 main()函数，另一个是求两个数中最大值的函数 max()，尽管在 main()中调用了函数 max()，但是 max()在定义时是在 main()函数的外部定义的，max()独立于 main()函数。

6.1.2 函数原型声明

1. 函数原型声明

在 C 语言中，对变量和函数的使用规则是先定义、后使用。然而，对函数来说，有了定义不一定就可以使用。假设有两个函数 Function1 和 Function2，由于实际问题的某种需要 Function2 在 Function1 之后编写，但 Function1 却要先调用 Function2(此时称 Function1 为主调函数，Function2 为被调函数)，在编译 Function1 时却没有获得 Function2 的相关信息，会导致编译失败。为了解决这类问题，无论是库函数，还是自定义函数，都要在调用它的函数之前进行原型声明，以便在编译主调函数时提前获得被调函数的相关信息。函数原型声明的一般形式如下：

FunctionType FunctionName(FormalParameterTypeList);

其中：FunctionType 指定的是函数结果的数据类型；FunctionName 声明函数名；一对圆括号中的 FormalParameterTypeList 说明函数参数的数据类型、排列顺序及其数量。由于函数声明是 C 语言中的一种语句，所以函数声明以一个分号";"结束。例如：

double scale(double,int);

该语句告诉 C 语言的编译器，该函数的名称为 scale；总共有两个参数，第一个参数的类型为 double 型，第二个参数的类型为 int 型；函数值的类型为 double 型。

在函数原型声明时，函数的类型、函数名以及形式参数的顺序及其类型要与定义时的严格一致，唯一的区别是在函数声明时形式参数列表可以只列出对应参数的数据类型，而不写出参数名称，例 6-1 程序的第 2 行声明函数 max()的原型就是如此。

C 语言库函数的原型声明按照函数的功能和作用分类存放在一些头文件中，在编写程序时，只需要在程序的前面用预编译指令"#include"将相关头文件包含到程序中来。例如，printf()、scanf()等函数的原型是在"stdio.h"头文件中说明的；sqrt()和 pow()等函数的原型是在"math.h"中说明的，所以在程序的开始处书写了"#include "stdio.h""、"#include "math.h""两条预编译指令。

2．函数在程序中的位置

C 语言规定一个程序有多个函数时，先执行 main()函数，其他函数要通过 main()函数来调用，当其他函数执行完后，程序的流程要返回到 main()函数。只有 main()函数执行完毕，整个程序才算执行完毕。自定义函数的书写位置与 main()之间有两种关系：一是书写在 main()函数之前；二是书写在 main()函数之后。究竟是写在主函数之前还是之后，C 语言并没有做出任何强制性规定。C 语言只规定了后定义的函数被先定义的函数调用时，必须对后定义的函数原型向前声明。也就是说，要在主调函数之前声明被调函数。这样就出现了将所有自定义函数放在 main()函数之前、放在其后或两个都有的混合风格。本书采用将自定义函数全部放在 main()函数之后，在 main()之前声明所有函数原型的风格，这种风格能够解决一切后编写先调用函数的问题。按这一编程风格编程时，函数的各要素之间的顺序如下：

(1) 用#include 预编译指令将程序中要用到的库函数的头文件包含到程序中来。

(2) 对程序中所有需要用到的自定义函数的原型进行声明。

(3) 编写 main()函数。

(4) 编写所有自定义函数。

例 6-2 函数在程序中的位置及原型声明。

程序编码：

```
/*************************************************/
/* 函数功能：函数子程序在程序中的位置*/
/*************************************************/
#include "stdio.h"
#include "math.h"
double scale(double,int);              /* scale()函数原型说明*/
/*******main()函数实现函数子程序的调用测试******/
int main()
{
    double real,result;
    int exp;
    printf("Enter a real number & an integer number in format( real int ) :");
    scanf("%lf%d",&real,&exp);
    result = scale(real,exp);
    printf("Result of the function scale is %.3f\n",result);
    return 0;
}
/*************************************************/
/* 函数功能：计算 10 的某次幂与一个实数的乘积 */
/*************************************************/
double scale(double m, int n)
```

```
{
    double k;
    k=m*pow(10,n);   /* 用 pow()函数计算 10 的 n 次幂的值*/
    return k;
}
```

该例展示了一个包含函数子程序的完整程序,程序中的第4~6行对用到的函数原型进行了声明,其中 printf()、scanf()和 pow()的原型是通过将"stdio.h"和"math.h"包含到程序中来声明的,第6行对自定义函数 scale()的原型进行了声明;程序中的第8~17行是 main()函数的实体部分,对 scale()的调用是在 main()函数中(第14行)进行的;程序中的第21~26行是 scale()函数的实体定义部分。

6.2　数据在函数中的传递方式

6.1 节讨论了函数的定义方法、函数的原型声明以及自定义函数在程序中的位置。本节讨论函数的调用方式、函数参数的传递方式、函数值的返回方式等。

6.2.1　函数的调用方式

函数的调用就是为完成某种特定任务而采取的由一个函数调用另一个函数的过程。函数调用的一般形式如下:

```
FunctionName(PracticalArguments);
```

其中:PracticalArguments 称为**实际参数**列表,简称**实参**。如果调用的是无参函数,Practical-Arguments 可以没有,但是括号不能省略。如果 PracticalArguments 中有两个以上的参数,则参数之间用逗号","分开。无论自定义函数还是库函数,在程序中的调用方式都有三种。

1. 语句调用

语句调用是把函数调用作为一个独立的语句,例如 printf()、scanf()函数就是通过这种方式来调用的。函数以这种方式在程序中出现也称为函数语句。在这种调用方式下,可以不要求函数有返回值,只要求函数完成一些特定的操作,即便函数有返回值,其值也不会对后续操作有任何影响。

2. 表达式调用

表达式调用是指函数出现在一个表达式中,例如:

```
k=m*pow(10,n);
result = scale(real, exp);
```

在表达式调用方式中,函数的返回值要参与表达式的运算,这时要求所编写的自定义函数必须要有一个确切的返回值。

3. 参数调用

函数可以作为另一个函数的实际参数,例如可以把例 6-2 中的第 14、15 行合并为

```
printf("Result of the function scale is %.3f\n", scale(real,exp));
```

此时，scale(real,exp)是作为 printf()函数的实际参数来被使用的。参数调用实际上是表达式调用的一种特例，因为函数的实际参数本来就是一个表达式。

6.2.2 函数参数的传递方式

为什么在编写函数时，函数的参数被称为形式参数，而在调用时，函数的参数被称为实际参数？函数调用时，实际参数与形式参数之间是如何进行数据交换的？

定义函数时，函数参数所代表的真正数据对象是不可知的，编程者只知道其可能的数据类型及取值范围，参数将作为相应类型数据的载体或者数据传递的管道，在需要时负责将真正的数据对象从函数外部运送到函数内部，所以在定义函数时，这个参数不是一个具有真正数值的数据对象，只是在形式上具有承载数据对象功能的一个变量，因此将函数定义时的参数称为**形式参数**，简称**形参**。例 6-2 中定义的计算 $m \times 10^n$ 的函数头为

```
double scale(double m, int n)
```

在定义时没有给 m 和 n 赋予任何确切值，只是在形式上占据了一个数据对象的位置，在函数调用时 m 与 n 会分别将主调函数中的一个 double 型与 int 型数据运送到函数内部，以便这两个数据能参与函数内部的运算。

形参相当于数学函数中的自变量(例如 sin(x)中的 x)，在具体使用时要给它一个确切的数值(例如 x = π/4)。主调函数在调用一个已定义的函数时，给函数形参指定的具体数值被称为函数的**实际参数**，简称**实参**。也可以说，实参是在函数调用时用来给形参赋初值的。例如例 6-2 中的第 14 行

```
result = scale(real,exp);
```

就是将变量 real 与 exp 的值分别作为形参 m 与 n 的初值，real 与 exp 是实实在在的数据对象，因此 real 与 exp 被称为实参。

函数在定义时使用形参，在调用时使用实参，实参与形参在数据传递时有着严格的对应规则。C 语言规定实参与形参的结合方式是按位置结合，即第一位置的实参必须与第一位置的形参结合，第二位置的实参必须与第二位置的形参结合，依次类推。除此而外，对应位置上的实参与形参的类型必须一致或者兼容，否则在编译时就会出错。图 6-1(a)中的两条带箭头的虚直线为实参与形参之间数据的传递关系，即实参 real 与形参 m 结合，实参 exp 与形参 n 结合。

根据以上对实参与形参概念的解释以及它们的结合规则可以看出，在函数调用时实参是将它的值传递给了形参，这种参数的传递方式称为**值传递**。由于实参是主调函数中的局部变量，形参是被调函数中的局部变量，它们在内存中占据着不同的存储单元(如图 6-1(b)所示)，当传值工作完成后，实参与形参之间就没有联系了，在函数内部对形参的任何操作都不会影响实参。

例 6-2 中计算 $m \times 10^n$ 的函数 scale()的形参是 m 和 n，但是在第 14 行调用时实参是 real 和 exp。在调用函数时，real 将其值赋给形参 m，exp 将其值赋给形参 n。图 6-1(b)中两条向右下的带箭头的虚直线表示函数之间的参数在存储单元中的传递关系。函数 scale()一旦被调用，即获得了执行权，scale()与 real 和 exp 之间就再没有联系了，即 scale()不能对 real

和 exp 进行访问。

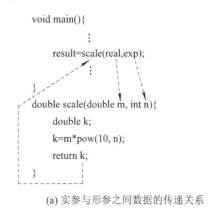

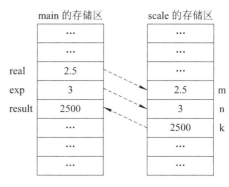

(a) 实参与形参之间数据的传递关系   (b) 函数之间的参数在存储单元中的传递关系

图 6-1   参数传递示意图

6.2.3   函数值的返回方式

函数对问题求解的结果是通过 return 语句来返回到主调函数中的。return 语句有两个用途：一是结束函数的执行；二是将函数求解的结果带回到主调函数中去。例 6-2 中的第 25 行的 "return k;" 语句就起到了这样的作用。return 语句的一般格式为

> return expression;

expression 是一个表达式，要求其数据类型和函数的数据类型一致或者兼容。如果函数不需要返回值，return 语句只起到结束函数执行的作用，那么 expression 表达式完全可以省略。图 6-1(a)中的带箭头的虚折线给出了函数返回值的传递方向，return 语句将表达式的值通过函数名带回给调用它的函数。

return 语句在一个函数中出现的数量和位置可以是任意的，编写函数时应当根据问题的实际需要而决定，但是，无论一个函数中有多少个 return 语句，真正能够结束函数运行的只是其中的一个。return 语句只能返回一个结果值。

一般情况下，函数需要将三种含义的值返回给主调函数：

第一类是数值计算型函数，函数运用变量进行一系列的计算，并返回计算结果的值。例如，上述的 scale()函数返回的就是它的计算结果。

第二类是信息处理型函数，函数对有关信息进行一系列的处理，处理完毕，也返回一个值，这个值是表示信息处理成败的标志。例如，标准函数 scanf()的返回值是成功输入数据项的个数，当输入出错时，返回值为 0；printf()函数的返回值是成功输出的字符个数。

第三类是过程型函数，函数只完成一系列的操作，但不返回值，这种函数一般被定义成 void 型。例如，文件读/写指针的复位函数 void rewind(FILE *fp)被定义成 void 型。这类函数一般很少用，在编程实践中，程序设计人员常常需要将函数的执行状态返回给用户，因此这类函数往往会被设计成第二种类型。

例 6-3   从键盘任意输入一个整数，然后输出该整数的绝对值。

程序编码：

> #include "stdio.h"

```
    int absolute(int);              /*对求绝对值函数进行原型声明 */
    void main()
    {
        int a;
        printf("Please enter a number: ");
        scanf("%d",&a);
        printf("The absolute value of %d is %d.\n",a,absolute(a));
    }
    /****** 计算一个整数绝对值的函数 ******/
    int absolute(int x)
    {
        if(x>=0)      /*判断自变量的值是否大于等于 0 */
            return x;
        else
            return -x;
    }
```

程序说明：根据问题的需要，函数 absolute()在两处使用了 return 语句返回函数的值，即一处是在 if 语句中嵌套了一个"return x；"语句，另一处是在 if 的子句 else 中嵌套了一个"return -x；"语句。

6.2.4   函数中的自动局部变量

在定义函数时，除在函数体声明了变量外，还在函数头部声明了形参。无论是变量还是形参，其作用范围都被局限于所定义的函数内部，不能在定义函数外部发挥作用，因此函数中的变量都是**局部变量**。也就是说，函数中的变量并不是在整个程序中的任何地方都能用的。

例 6-2 中有两个函数，主函数 main()中定义了三个变量 real、result、exp，而函数 scale()也有三个变量，即两个形参变量 m、n 和一个变量 k。变量 real、result、exp 的作用范围只局限于主函数中，函数 scale()不能对它们三个进行引用或者操作。同样，scale()中的变量 m、n、k 的作用范围也只局限于 scale()的内部，主函数也不能对这三个变量进行引用或者操作。

函数中的变量还有另外一个性质，即**自动性**。当一个函数在被调用执行时，系统才会为它的局部变量分配存储空间；当函数中的所有语句执行完毕，退出函数时，这些变量立即被撤销，程序将自动释放这些变量占据的存储空间。例如，例 6-2 中的主函数还没有被调用前，它的三个变量 real、result、exp 是不占据存储空间的；当主函数开始执行时，这三个变量才会获得存储空间；当程序结束时，real、result、exp 占据的存储空间被释放，不再归本程序所有。同样，在 scale()未被主函数调用之前，变量 m、n、k 也不占据任何存储空间；当主函数调用了 scale()，在进入 scale()函数时，系统才会为 m、n、k 分配存储空间；当从 scale()函数退出后，它的所有局部变量被释放，它所占据的存储空间不再归本函数所有。

由函数中变量的局部自动性来看，函数是一个封闭体。在函数执行期间，它的变量不会被其他函数引用或修改。函数获取外界数据的唯一通道就是参数。实参是主调函数中的局部数据对象，而形参是被调函数中的局部变量，主调函数中的数据对象要想在被调函数中发挥作用，只有将它的值传递给被调函数的形参，形参承载着实参的值在被调函数中参与运算。由函数内部数据对象的局部性可知，一个函数的计算结果也只能是该函数的内部数据对象，它不会自动被调用它的函数直接利用，因此，函数必须运用某种机制将它的计算结果运送到调用它的函数中，以便主调函数能够利用这一结果。根据以上分析，我们也就不难理解函数参数的"值传递"方式以及为什么要用 return 语句将函数的值返回给主调函数了。

这里要进一步强调的是，虽然主函数 main()在程序中有着特殊的地位，它可以调用任何函数，而其他函数却不能调用它，但是，它在变量的局部自动性方面并没有特殊性，它的变量只在主函数内部有效。同理，主函数也没有直接引用其他函数中变量的特权。

6.3　函数与指针

6.2 节讨论了将函数实参传递给形参的传递方式以及函数值的返回方式，这些方式传递的都是数据对象的值。本节讨论在函数之间传递一个数据对象地址的方法与作用，以及指向函数的指针的作用等问题。

6.3.1　用指针作为函数的形式参数

由 6.2.2 节可知，函数的实参是主调函数中的局部变量，形参是被调函数中的局部变量，它们在内存中占据不同的存储单元，这样在被调函数中对形参的任何改变都不会影响与其相对应的实参。然而，有些问题希望在函数内部对形参的改变也能反映到与其对应的实参中；另外，由 6.2.3 节可知，函数只能返回一个计算结果，但有时人们希望函数一次性地将多个计算结果返回到主调函数中。例如，在程序设计中常常会遇到交换两个变量 a、b 的值，通常的做法是借助第三个变量 t 进行辗转赋值(t=a;a=b;b=t;)，使得 a、b 的值都发生了变化。如果用函数来实现交换，这就涉及如何用主调函数中的局部变量 a、b 作为函数的实参，在被调函数内部对形参的操作能直接反映到主调函数的局部变量 a、b 中来(这时相当于被调函数向主调函数返回了两个值)的问题。

为了实现上述想法，C 语言允许用指针作为函数的形参，将主调函数中相关变量的地址作为实参传递给被调函数，这种参数传递方式通常被称为**传址方式**。此种传递的实质仍然是值传递，但此时形参必须是一个指针变量，与之对应的实参则必须是一个变量的地址。在函数调用时，实参将主调函数中相关变量的地址值传递给被调函数的形参，此时形参就指向了主调函数中的相关变量，函数内部对形参指针所指向的存储单元进行的操作就直接反映在与实参相关联的变量中，从而使得被调函数与主调函数共享实参的存储单元，也实现了主调函数与被调函数之间进行双向传递数据的功能。当一个函数具有多个指针类型的形参时，此函数就能返回多个值到主调函数中。

例 6-4　函数的传址调用示例。程序中的函数 swap()用于实现两个变量 a、b 值的相互交换。

程序编码：

```
#include "stdio.h"
void swap(int*,int*);              /*对交换函数进行原型声明*/
void main()
{
    int a,b;
    printf("Please Enter two numbers: ");
    scanf("%d%d",&a,&b);
    if (a>b) swap(&a,&b);    /*若 a>b，对 a、b 中的数据进行交换*/
    printf("%d %d\n",a,b);
}
/* **以下函数对两个变量进行数据交换** */
void swap(int *x,int *y)
{
    int t;
    t=*x;
    *x=*y;
    *y=t;
}
```

程序说明：

(1) 第 12～18 行定义了一个没有返回值的函数 void swap(int *x, int *y)，该函数有两个形式参数，它们都是指向整数的指针变量。

(2) 用指针作为函数的形参，要求实参的值必须是地址，所以在第 8 行中用 swap(&a, &b) 来调用函数。

(3) 当函数 swap()调用后，swap()中的指针变量 x 和 y 分别指向了 main()函数中的变量 a 和 b，这时 *x 与 *y 分别为 a、b 在 swap()中的名称，对 *x 和 *y 所进行的操作就是对 a 和 b 进行的操作。图 6-2 中的 5 个分图展示了在 swap()调用期间实参与形参所占据的存储单元的变化情况，由此可以看出，在 swap()调用执行期间，形参 x 与 y 始终指向了实参 a 和 b，交换 *x 与 *y 的值就是交换 a 与 b 的值。swap()通过指针 x 和 y 操纵着 main()函数中的 a 和 b，这是非指针参数无法做到的。

(4) 由于 swap()定义时形参是指针变量，所以第 2 行用 "void swap(int*, int*)" 语句对函数进行原型声明，其中的 "int*" 表明所在位置处的变量是一个指向整型的指针变量("*"不能省略，若省略了 "*"，该处的变量即为普通变量)。

(5) 用三个赋值语句就能完成两个变量交换数据的功能，但是本例中却将其编写成函数，从表面看有点小题大做。其实两个变量进行数据交换在程序设计中的使用频度是非常高的，如果将它的功能独立出来编写成函数，在需要它的地方调用，可以实现一次编写多次调用，从整个程序设计工作的全局来说可节约资源。

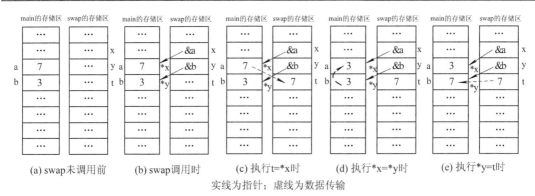

(a) swap未调用前　　　　(b) swap调用时　　　　(c) 执行t=*x时　　　　(d) 执行*x=*y时　　　　(e) 执行*y=t时

实线为指针；虚线为数据传输

图 6-2　在调用 swap 函数期间实参与形参所占据的存储单元的变化情况

6.3.2　返回指针值的函数

指针类型的数据可作为函数的参数，也可作为函数的返回值。也就是说，函数的值可以是一个变量的地址。返回指针值的函数定义形式如下：

FunctionType * FunctionName(FormalParameterTypeList)
{　　functionbody;　　　}

从上述一般形式来看，返回指针值的函数定义和普通函数定义的不同之处是在类型标识符和函数名之间有一个 "*"。"*" 表示该函数是一个返回指针值的函数。

当函数返回指针值时，函数体中 return 语句后的表达式必须是一个指针变量或者地址值。

例 6-5　返回指针值的函数编写测试实例。

程序编码：

```c
#include "stdio.h"
#include "stdlib.h"
int * plus(int, int);                /*声明求两数和函数的原型 */
void main()
{
    int a=5,b=7,*pf;
    pf=plus(a,b);                    /*计算 a、b 之和并将存储和值的地址赋给 pf*/
    printf("a=%d, b=%d, *pf=%d\n", a, b, *pf);
}
int * plus(int x, int y)             /*求两个数之和*/
{
    int *p;
    p=(int*)malloc(sizeof(int));     /*动态申请存储单元*/
    *p=x+y;                          /*将 x 与 y 的和存储在动态存储单元中*/
    return p;                        /*向主调函数返回动态存储单元的地址*/
}
```

程序说明：函数 plus()实现两个数 x 与 y 的加法运算，其运算结果存储在用指针 p 指向的一个整型动态存储空间中，函数结束时将指针 p 的值(存放和值的单元地址)作为函数值返回给主调函数，在主调函数中用指针 pf 获得了 plus()中变量 p 的值，于是 pf 也就指向了 plus()中动态建立的存储空间，即指向存放两数之和的地址。

　　该例仅仅是作为一个实现返回指针值的函数的测试实例。返回指针值的函数有广泛的用途，在后续章节将会逐渐地认识其重要的应用价值。

6.3.3　指向函数的指针

　　函数是具有独立功能的程序片段，它在计算机中占用了一段内存，这段内存的起始位置就是函数的入口地址，函数在被调用时就是从这个地址开始执行的。C 语言用函数名称来代表函数的入口地址，它是一个地址常量。C 语言允许将函数的首地址赋给一个指针变量，定义指向函数的指针变量的一般形式如下：

```
FunctionType (*pointer)(ParameterTypeList);
```

这里 pointer 是指向函数的指针变量，FunctionType 是 pointer 所指向的函数的返回值类型，ParameterTypeList 是函数的参数类型列表。在定义指向函数的指针变量时，(* pointer)两边的括号不能少，它规定了 pointer 先与*结合成为一个指针变量，然后再与后面括住 ParameterTypeList 的括号结合表示这个指针变量指向了一个函数。例如，一个指向具有两个整型参数且返回值为整型的函数的指针变量定义如下：

```
int (*pf)(int,int);
```

　　在声明了指向函数的指针变量后，只要某函数的参数类型列表及其返回值的特征与 pointer 的相应特征匹配，就可以用 pointer 来调用这个函数。假设一个函数的原型为 int max(int,int)，若要通过指向函数的指针变量调用这个函数，应先将该函数的地址赋给指针变量：

```
pf=max；
```

此后就可以通过 pf 来调用函数 max()了。例如：

```
c=pf(a,b);
```

语句表示通过 pf 调用函数 max()，并将函数值赋给变量 c。

　　例 6-6　编写一个函数 max()，求 a 和 b 中的最大者，然后在主调函数中用指向函数 max()的指针变量来调用函数。

　　程序编码：

```
#include"stdio.h"
int max(int,int);            /*声明求最大值函数的原型*/
void main()
{
    int a,b,c;
    int (*pf)(int, int);     /*定义一个指向函数的指针变量 */
    pf=max;
    scanf("%d%d",&a,&b);
```

```
        c=pf(a,b);               /*用指针变量调用它指向的函数*/
        printf("a=%d, b=%d, max=%d\n",a,b,c);
}
int max(int x, int y)           /*求两个数中的最大者*/
{
        if (x>y) return x;
        else return y;
}
```

程序说明：

(1) 程序的第 3～11 行是 main 函数，第 12～16 行是 max 函数的函数体；第 6 行用"int (*pf)(int,int);"语句定义了一个指向函数的指针 pf；第 7 行将 max()函数的入口地址赋给指向函数的指针 pf；第 9 行通过 pf(a,b)形式实施了对 max 函数的调用，即求解 a、b 中的最大值。

(2) 在定义指向函数的指针 pf 时，"int (*pf)(int,int);"语句表明了指针 pf 不是固定指向某一个函数，而是能够指向具有两个整型参数且返回值为整型的一类函数。

(3) 由于指针是存放地址的变量，函数名代表函数的入口地址，所以给指向函数的指针赋值时只需要将函数名直接赋给它就可以了。

(4) 用赋了值的指针调用函数时，只需要在指针后面的括号内直接填入相应的实际参数。

例 6-7 用指针调用函数的典型示例：一个简单的计算器程序。

程序编码：

```
#include"stdio.h"
#include "math.h"
double add(double, double);      /*声明求和函数的原型 */
double sub(double, double);      /*声明求差函数的原型 */
double mul(double, double);      /*声明求积函数的原型 */
double div(double, double);      /*声明求商函数的原型 */
void   main()
{
        double a,b,c;   /*a、b 用于存储运算数，c 用于存储运算结果*/
        char ch='q';    /*ch 用于存储 +、-、*、/ 四个运算符，初值'q'为不进行运算的标志*/
        double (*pf)(double,double);   /*定义一个指向函数的指针变量*/
        printf("Please enter an arithmetic expression!\n");
        scanf("%lf%c%lf",&a,&ch,&b);   /*输入一个算术表达式*/
        while(ch!='q')               /*当运算符为 q 时，结束循环，终止运算*/
        {
                switch(ch)               /*根据变量 ch 的值来确定运算方案*/
                {
                        case '+': pf=add;break;   /*当 ch 的值为 + 号时，运算方案为加法运算*/
```

```
        case '-': pf=sub;break;      /*当 ch 的值为 - 号时，运算方案为减法运算*/
        case '*': pf=mul;break;      /*当 ch 的值为 * 号时，运算方案为乘法运算*/
        case '/': pf=div;break;      /*当 ch 的值为 / 号时，运算方案为除法运算*/
        default: printf("You enter an error operator!!\n");
    }
    c=pf(a,b);              /*用指针变量调用它指向的函数，进行相应的运算*/
    printf("%.3f %c %.3f = %.3f\n",a,ch,b,c);
    printf("Please enter an arithmetic expression!\n");
    scanf("%lf%c%lf",&a,&ch,&b);    /*输入一个算术表达式*/
    }
}
double add(double x,double y)        /*求和函数的定义 */
{
    return x+y;
}
double sub(double x,double y)        /*求差函数的定义 */
{
    return x-y;
}
double mul(double x,double y)        /*求积函数的定义 */
{
    return x*y;
}
double div(double x,double y)        /*求商函数的定义 */
{
    if (fabs(y)>1.0E-8) return x/y;  /*if 语句用于判别除数是否为 0*/
    else {printf("Error: divide by zero!\n");return -1;}
}
```

该例是一个典型的采用指针调用多个具有相同类型形参、相同类型返回值但功能不同的函数的示例。

6.4　递归问题程序设计

在数学上常常会遇到这样的问题，在解决一个规模为 n 的问题时可以将这个问题分解或转化为一个或多个规模降低到 n−1 时的同类问题，然而在解决每个规模为 n−1 的子问题时会发现，虽然规模降低了，但每个子问题的结构与特征与规模为 n 时的相似或者完全一样，这样的问题常常称为**结构自相似**问题。对这类结构自相似问题，如果继续不断地分解并降低这些问题的规模，最终会在某个规模级别上得到确切的解，在这个解的基础上再逐步回推到规模为 n 时的解，这样全部问题便得到了解决。例如，n! 的解依赖于(n − 1)!的解并且存在关系 n! = n(n − 1)!。

递归是一种用来解决结构自相似问题的基本方法之一。由上述描述可以看出，解决整个问题可分两部分进行：

(1) 特殊情况，即规模降低到一定程度后出现的直接解。

(2) 与原问题相似，但比原问题的规模小。

在程序设计中，递归就是函数直接调用自己或者通过一系列调用语句间接调用自己。编写实现递归的函数必须要做到两个基本点：

(1) 设置边界条件：即给出递归的特殊情况，确定递归到何时终止。

(2) 给出递归模式：即给出将大问题分解成小问题的模式，也就是给出规模为 n 时的解与规模为 n − 1 时的解之间的关系，也称为递归体。

递归函数只有具备了这两个要素，函数才能在有限次调用后得到结果。

例 6-8　用递归法编程求 n!(假设 n=10)。

设计分析：n! 可以分解为 n(n − 1)!，而(n − 1)! 又可分解为(n − 1)(n − 2)!，其中(n − 2)! 又可分解为(n − 2)(n − 3)!，依次类推，直到 1!。1! = 1 是问题规模降低到此程度的解，也是由递推向回推转化的拐点。由此再向回推，依次求解 2! = 2 × 1!，3! = 3 × 2! 直至 n! = n(n − 1)!，就得到了最终的解。因此递归的两个基本要素是：

① n = 1 时，1! = 1 是递归的边界条件。

② n! = n(n − 1)! 是递归模式。

设计一个函数 long int fact(int n)来求解 n!，在这个函数内部以 n*fact(n − 1)的模式求解 n!，其中的 fact(n − 1)是一个以 n − 1 为参数来求(n − 1)! 的函数调用。函数内部要有一个结束调用(递推)实现回归的转折机制，这就要在每次调用之前判断 n 的值是否降为 1，如果 n 降为 1，则立即停止调用，开始逐级回归，将每次调用的结果逐层向主调层返回，直至所有函数调用结束。

根据上述分析可以设计函数如下：

```
long fact(long n){
    if (n<=1) return 1;          /*递归的边界条件 */
    else return n*fact(n-1);     /*递归模式*/
}
```

程序编码：

```
#include "stdio.h"
long fact(long n);
void main()
{
    printf("%ld\n",fact(10));
}
long fact(long n)
{
```

```
    if (n<=1) return 1;              /*递归的边界条件 */
    else return n*fact(n-1);         /*递归模式*/
}
```

例 6-9　例 5-3 中的兔子繁殖问题是一个 Fibonacci 数列，它的第 n 项为第 n − 1 项与第 n − 2 项之和，已知第 1、2 两项均为 1。要求用递归法编程求解 Fibonacci 数列的第 n 项（假设 n = 16）。

设计分析：假设用 fibo(n)表示 Fibonacci 数列问题的通项，则第 n 项的解 fibo(n)可以归结为第 n − 1 项的解与第 n − 2 项的解之和，即 fibo(n − 1) + fibo(n − 2)，而 fibo(n − 1)又可以表示成 fibo(n − 2) + fibo(n − 3)，fibo(n − 2)可以表示成 fibo(n − 3) + fibo(n − 4)，依次类推，直至 fibo(3) = fibo(2) + fibo(1)。因为 fibo(2) = 1，fibo(1) = 1，所以 Fibonacci 数列问题适合用直接递归方式来解决。递归的两个基本要素是：

① fibo(2) = 1，fibo(1) = 1 是递归的边界条件。

② fibo(n) = fibo(n − 1) + fibo(n − 2)是递归模式。

设计一个函数 long fibo(long n)来求解 Fibonacci 数列的第 n 项，函数内部第 n 项的值可以表示为 fibo(n − 1) + fibo(n − 2)，这样分别调用了 fibo(n − 1)和 fibo(n − 2)，即可求解第 n 项的值。依次类推，直至 n 的值为 1 或者 2，调用结束，转为回推过程。

程序编码：

```
#include "stdio.h"
long fibo(long n);
void main(){
    printf("%ld\n",fibo(16));
}
long fibo(long n){
    if (n==1||n==2) return 1;           /*递归的边界条件 */
    else return fibo(n-1)+fibo(n-2);    /*递归模式*/
}
```

在例 6-8 与例 6-9 所涉及的结构自相似问题中，原问题的解与较低规模子问题的解之间有某种依赖关系，这种依赖关系的极端情况是某个子问题的解就是原问题的解。

例 6-10　运用递归算法编写一个求两个整数的最大公约数的程序。

设计分析：假设用 gcd(a, b)来表示最大公约数，r 表示 a%b，则该问题的较低规模的问题为 gcd(b, r)，这个问题的两个基本要素是：

(1) 递归的终止条件：r=a%b，当 r 为 0 时，最大公约数为 b，递归结束。

(2) 递归模式：当 r!=0 时，gcd(a,b)问题变为 gcd(b, r)问题。

可以把上述递归模式及其终止条件封装在一个函数中。

程序编码：

```
#include <stdio.h>
int gcd(int,int);
void main()
```

```
{
    printf("%d\n",gcd(10,8));
}
int gcd(int a,int b)
{
    int r=a%b;
    if (r!=0) b=gcd(b,r);
    return b;
}
```

思考：例 5-4 中运用递推策略求解了最大公约数问题，但是该问题没有用一个独立的函数编码实现，读者现在可以考虑将其用函数进行编码实现。

6.5　模块化程序设计技术

6.5.1　使用函数的好处

1. 问题解决的封装性

函数只有一个数据入口(即参数传递机制)和一个数据出口(即函数值的返回机制)，函数的入口和出口控制着一个函数与其他函数之间的数据交换，函数内部的诸变量在函数之外是无法被访问的，从而提高了函数解决问题的内聚程度，降低了函数与外界的耦合程度。因此，只要严格按照函数的数据出入机制行事，用函数解决问题时，便不会受到外界干扰。

如果对一个函数内部进行算法的重建或修改，只要函数的出入口不改变，就不会影响其他函数及整个程序。例如，在解决 n!问题时，例 6-8 中的函数 fact()采用递归算法，下面的同名函数采用递推算法也可解决该问题：

```
long fact(int n)
{   long m=1,i;
    for(i=1;i<=n;i++)
        m=m*i;
    return m;
}
```

只要将函数头设计成 long fact(int n)，函数内部无论采用递推算法还是递归算法都不会对调用它的函数造成任何影响。读者可以编写一个主函数分别调用由这两种方式编写的求阶乘的函数，观测其封装性。

2. 模块化程序设计

函数技术为逐步降低算法的抽象级别，按模块、按层次设计程序提供了强有力的手段。函数允许将一个大型复杂的问题分解成许多子问题，不同的子问题独立编写成函数。有些子问题比较复杂，还可以进一步分解成一些较小的子问题，同样对这些较小的子问题也可将其编写成函数，以此方式层层分解、层层编写函数，这样 main()函数可以编写成为一系列函数的调用，被 main()函数调用的函数也可以调用更低层次的函数。将具体问题放在单独的函数里每次只关注一个问题，比将所有问题都放在 main()函数中一次性编写完程序要简单得多。因此，函数改变了问题求解的编程方式。对于编写大型程序的团队来说，函数简化了编程任务的分配。团队中的每个成员负责完成某些特定的函数。开发团队还可以重用一些已有的函数，将其作为模块来构造新的程序。

关于如何对一个问题进行模块化的分析与设计将会在 6.5.2 节进行讨论。

3. 实现程序的复用

求解问题时，若某个算法在程序中不同的地方要多次用到，可将这个算法编写成一个独立的函数，在使用该算法的程序处调用相应的函数，这样既提高了算法的独立性又降低了程序编写的工作量。C 语言的库函数就是基于这样的思想编写出来的。例如，某些科学计算程序中要在不同的地方反复使用正弦函数 sin(x)，而实现该函数的程序段只有一个。函数的这种利用方式也称为**程序的复用**。因此，建议在编写程序时尽量将实现一个独立功能的算法编写成一个函数，以便程序的其他地方也能共享这个算法；如果一个函数的用途非常广泛，则可以将它存储到一个独立的文件中，供其他程序调用。

实现程序复用的函数中的算法应具有基础性和通用性。基础性就是指该算法常常作为其他算法中基本的运算；通用性就是指在相关的问题领域中使用比较频繁。例如，求解 n!的算法，求两个数的最大公约数的算法，判断一个数是质数还是合数的算法，两个变量交换其值的算法等都具有很强的基础性与通用性。

6.5.2 模块化程序设计方法

模块化程序设计方法是实现自顶向下程序设计理论的一个主要手段，函数则是实现模块化程序设计技术的工具。大型程序可按其功能进行模块划分，先考虑全局，后考虑局部，先考虑程序框架，后考虑细节问题。程序设计时，先从最上层总目标开始，逐层对目标进行分解，使问题具体化、模块化。

图 6-3 给出了用结构图来展现原始问题与子问题之间关系的分解方法。原始问题位于顶层（即第 0 层）；第 1 层是分解后的三个子问题，这三个子问题比顶层问题具体一些；第 2 层是第二个子问题分解成的三个较低层次的子问题，这一层的子问题较第 1 层的子问题更加具体。

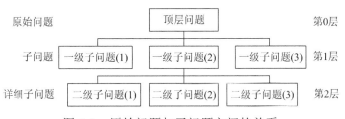

图 6-3 原始问题与子问题之间的关系

结构图中模块的基本单元具有的特征如下：

(1) 有唯一的入口和唯一的出口。

(2) 由三种基本流程控制 (顺序、选择、循环) 结构组成。

(3) 无死语句，即基本程序单位中不能出现永远执行不到的语句。

(4) 无死循环，即基本程序单位中不能出现永无终止的循环。

(5) 每个模块可以用一个函数来完成。

例 6-11 编写一个找出自然数中前 N 个素数(设 N=1000) 的程序。

1. 问题分析：

从 1 开始在自然数中找出 N 个素数，这就要求从 0 开始列举每一个正整数，判断其是否是素数，如果是就打印出该数，然后再继续列举，如果不是则换一个数再进行判断，直至找到 N 个素数为止。

例 5-11 要求找出 N 以内的所有素数，虽然与当前问题有微小的差异，但它们的共同之处是如何一一列举一个数以及如何对列举出来的数进行是否是素数的判断。在例 5-11 中虽然采用了自顶向下、逐步细化的分析与设计方法，但是所有代码都写在主函数中，没有分模块进行设计。本例采用自顶向下、逐步求精的策略来分析与设计，对功能相对独立的程序段按模块进行编码。类比例 5-11，可将这个问题逐层分解为三个层次来解决：顶层问题就是找到 N 个素数并输出，该顶层问题只有一个较低层次的子问题，即找出某个自然数之后的那个素数；二层子问题是从某自然数开始向后逐一列举每个数并验证是否是素数，直至某个数是素数为止(如何列举在本层很容易解决，而如何验证一个数是否为素数是一个较低层的子问题)；底层问题只需要解决如何验证一个数是否是素数即可解决全部问题。

根据上述分析，这个问题可以分为三层结构来解决，在算法设计时每层只用一个模块来完成，其结构如图 6-4 所示。

图 6-4 找素数的程序结构图

2. 算法设计

初始算法：顶层分析与设计。

将顶层问题(输出 N 个素数)放在 main()函数中来解决。在循环控制下，从某个数开始每找到一个素数，就输出其值。找素数的任务由一个函数来完成，其算法暂用一个抽象的函数 FindNextPrime()来表示。顶层问题的算法编码如下：

```
int i,a=0;  /*a 代表欲判断是否为素数的数，它的初值为 0*/
for (i=1;i<=N,i=i+1)
{
    a= FindNextPrime(a+1)        /*找出 a 后的一个素数*/
```

```
    printf("%5d",a);                  /*输出找到的素数 */
}
```

在这个算法中，找素数的函数 FindNextPrime()的功能还是抽象的，需要进一步细化求精。

第二步求精：FindNextPrime()函数的分析与设计。

查找素数必须要给出一个起始位置。在循环控制下，从这个起始位置的数开始，往后每取一个数判断是素数还是合数，若是合数则继续找，若是素数则结束循环并返回其值。此时，判断素数的算法暂用一个抽象的函数 IsPrime()来表示。FindNextPrime()函数算法编码如下：

```
int FindNextPrime(int x)
{
    while(!IsPrime(x)) x=x+1; /*找素数，若找到就结束循环*/
    return x;
}
```

在这个算法中，判断素数的函数 IsPrime()的功能仍然是抽象的，需要进一步细化求精。

第三步求精：IsPrime()函数的分析与设计。

IsPrime()函数的功能为判断参数传递过来的数是否为素数。函数的基本算法是穷举法，亦即让从 2 到 $\lceil x/2 \rceil$ 的数去整除 x，如果其中的某个数 i(i = 2, 3, ⋯, x − 1)能够整除 x，则说明 x 是合数，如果所有数都不能整除 x，则说明 x 是素数。IsPrime()函数算法编码如下：

```
int IsPrime(int x)
{
    int i,k=x/2.0+0.5;
    if(x==2||x==3||x==5) return x;
    else if (x<=1||x==4) return 0;
    for(i=3;i<k;i=i+2)
        if (x%i==0) return 0;
    return x;
}
```

当函数 IsPrime()的值为 0 时，说明 x 为一个合数；当函数的值为非 0 值时，说明 x 为素数。

经过三次逐步求精，每次运用一个模块来实现算法，顶层模块中的算法调用底层模块，层层调用使得所有的问题都变成了具体且可解的问题。

3．程序编码

程序如下：

```
#include "stdio.h"
#include "math.h"
int IsPrime(int);           /*对判断素数的函数进行原型声明*/
int FindNextPrime(int);   /*对找素数的函数进行原型声明 */
#define N 1000                /*用符号常量控制输出素数的个数*/
```

```
int main()
{
    int i,a=0;
    for(i=1;i<=N;i=i+1)
    {
        a=FindNextPrime(a+1);
        printf("%5d",a);
    }
    printf("\n",a);
    return 0;
}
/*以下函数完成找出某自然数后的一个素数*/
int FindNextPrime(int x)
{
    while(!IsPrime(x)) x=x+1; /*找素数,若找到就结束循环*/
    return x;
}
/*以下函数完成判断一个数 x 是否为素数的任务*/
int IsPrime(int x)
{
    int i,k=x/2.0+0.5;
    if(x==2||x==3||x==5) return x;
    else if (x<=1||x==4) return 0;
    for(i=3;i<k;i=i+2)
    if (x%i==0) return 0;
    return x;
}
```

6.6 案例研究——分数运算的解决方案

1. 问题描述

对两个分数进行加、减、乘、除等运算，并将其结果化成简分数。

2. 设计分析

分数是由两个整数构成的一个数，它表示两个整数 p 与 q 的比例关系，其中的一个整数 p 称为分子，另一个整数 q 称为分母，数学上通常采用 $\frac{p}{q}$ 或 p:q 的形式来表示。为了便于在计算机上输入与显示，在此采用 p:q 的形式来表示分数的一般形式。另外，约定用分子为负的分数作为负分数，即用 –p:q 来表示负分数。

分数的加、减、乘、除运算问题实际上是 4 个整数进行的一系列加、减、乘、除的综合运算后得到两个整数的结果。按照分数的原始计算方法，程序中应当编写 4 个计算函数，分别实现分数的加、减、乘、除运算；另外，还要编写分数化简函数。

分数的减法问题可以归结为一个分数与另外一个负分数的相加，分数的除法问题可以归结为一个分数与另一个分数的倒数相乘，因此，分数的减法与除法运算可通过重用分数的加法与乘法运算函数来实现。

编程时，可以采用交互循环的形式来进行多个分数的计算。

问题的输入：

int n1,d1　　　　　　/*第一个分数的分子与分母 */
int n2,d2　　　　　　/*第二个分数的分子与分母 */
char op　　　　　　　/*运算符 +、-、*、/ */

问题的输出：

int n,d　　　　　　　/*结果的分子与分母*/

3．算法设计

通过自顶向下逐步细化的方法来进行设计。

1) 初步算法：顶层问题设计

(1) 获得一个分数问题，即输入分数。

(2) 对两个分数进行运算。

(3) 显示分数的运算式及运算结果。

(4) 如果还有分数问题要解决，则转入第(1)步。

(5) 结束。

2) 步骤(1)的细化

(1) 获取第一个分数。

(2) 获取运算符。

(3) 获取第二个分数。

3) 步骤(2)的细化

(1) 根据运算符选择一个运算任务。

① '+'：将两个分数进行相加。

② '-'：一个分数与另一个分数的负数相加。

③ '*'：两个分数相乘。

④ '/'：一个分数与另一个分数的倒数相乘。

(2) 将计算结果进行化简。

① 找出分子与分母的最大公约数(gcd)。

② 用 gcd 约简分子与分母。

4．编码实现

将算法中一些基本求解方法编写成函数，如分数输入函数 get_fraction()、运算符获取函数 get_operator()、两个分数相加函数 add_fraction()、两个分数相乘函数 mult_fraction()、分数的化简函数 reduce_fraction()、求最大公约数函数 get_gcd()、分数的显示函数 display_fraction()。

程序如下：

```
#include<stdio.h>
#include<stdlib.h>
#include<math.h>
void formate_fraction(int *p,int*q);
void get_fraction(int *p,int *q);
char get_operator(void);
int add_fraction(int p1,int q1,int p2,int q2,int *p,int *q);
int multi_fraction(int p1,int q1,int p2,int q2,int *p,int *q);
int get_gcd(int p,int q);
void reduce_fraction(int *p,int *q);
void display_fraction(int p,int q);
void main()
{
    int status=0;          /*status 记录函数执行的状态*/
    int n1,d1;             /*第一个分数的分子与分母*/
    int n2,d2;             /*第二个分数的分子与分母*/
    char op;              /*运算符 +、-、*、/ */
    int n,d;              /*结果的分子与分母*/
    char again;           /*交互式循环控制变量 */
    do{
        /*以下三句获取一个分数问题，即取得两个分数与一个运算符*/
        get_fraction(&n1,&d1);
        op=get_operator();
        get_fraction(&n2,&d2);
        /*以下实施对两个分数的计算以及对结果的化简*/
        switch(op)
        {
            case '+':status=add_fraction(n1,d1,n2,d2,&n,&d);break; /*调用分数的加法函数*/
            case '-':status=add_fraction(n1,d1,-n2,d2,&n,&d);break;
            case '*':status=multi_fraction(n1,d1,n2,d2,&n,&d);break;/*调用分数的乘法函数*/
            case '/':status=multi_fraction(n1,d1,d2,n2,&n,&d);
        }
        if(status==0)
        {
            reduce_fraction(&n,&d);                    /*对分数实施化简*
```

```
                printf("\n");                    /*以下实施对分数问题以及结果的显示*/
                display_fraction(n1,d1);
                printf(" %c ",op);
                display_fraction(n2,d2);
                printf(" = ");
                display_fraction(n,d);
            }else printf("警告：计算结果的分母为 0!!\n");
            /*以下决定是否继续计算其他问题*/
            printf("\n 还要计算其他分数问题吗?(y/n)>");
            again=getchar();                     /*获取字母 y 或者 n*/
            getchar();                           /*丢弃输入多余的字符*/
        }while(again=='y'||again=='Y');
}
/* 函数 formate_fraction()将分数规范成分子为负数、分母为正数的形式*/
void formate_fraction(int *p,int*q)
{
        int sign;
        if(*p * *q>=0) sign=1;
        else sign=-1;
        *p=sign*abs(*p);
        *q=abs(*q);
}
/*get_fraction()函数获得一个分数，将分子、分母分别通过指针 p 与 q 传输到主调函数*/
void get_fraction(int *p,int *q)
{
        int status,error;
        do{
            error=0;
            printf("请以:号将两个整数分开的形式输入一个分数(例如：2:3) >");
            status=scanf("%d:%d",p,q);
            getchar();                           /*丢弃输入多余的字符 */
            if(status<2)
            {
                error=1;
                printf("输入的分数缺少分子或者分母!\n");
            }
            else if(*q==0)
            {
                error=1;
```

```
            printf("输入的分母为 0!\n");
        }
        formate_fraction(p,q);          /*规范分数的符号 */
    }while(error);         /*error 为 1 时说明输入的分数有错误，继续循环重新输入*/
}

/*get_operator()函数获得运算符(+、-、*、/ )，运算符通过函数值返回*/
char get_operator(void)
{
    char op;
    printf("请输入一个算术运算符(+ ,- ,*, / )>");
    do{
        scanf("%c",&op);
    }while(op!='+'&&op!='-'&&op!='*'&&op!='/');
    return op;
}

/* add_fraction()函数实现两个分数相加，和的分子与分母分别通过指针 p 与 q 返回*/
int add_fraction(int p1,int q1,int p2,int q2,int *p,int *q)
{
    int error=0;
    *p=p1*q2+p2*q1;
    *q=q1*q2;
    if(*q==0) error=-1;
    formate_fraction(p,q);
    return error;
}

/* multi_fraction()函数实现两个分数相乘，积的分子与分母分别通过指针 p 与 q 返回*/
int multi_fraction(int p1,int q1,int p2,int q2,int *p,int *q)
{
    int error=0;
    *p=p1*p2;
    *q=q1*q2;
    if(*q==0) error=-1;
    formate_fraction(p,q);
    return error;
}
```

```
/*get_gcd()函数用于计算两个数 p 与 q 的最大公约数，结果通过函数值返回*/
int get_gcd(int p,int q)
{
    int r;
    q=abs(q);
    p=abs(p);
    r=p%q;
    while(r!=0)              /*如果余数 r 不为 0，则进行递推式的求解*/
    {
        p=q;
        q=r;
        r=p%q;
    }
    return q;
}


/*reduce_fraction()函数对分数进行化简，其结果的分子、分母分别通过指针 p 与 q 返回*/
void reduce_fraction(int *p,int *q)
{
    int r;
    r=get_gcd(*p,*q);       /*获得两数的最大公约数*/
    if(r)                   /*当公约数 r 不为 0 时，分子、分母同时除以公约数 r*/
    {
        *p=*p/r;
        *q=*q/r;
    }
}
/****display_fration()显示一个分数****/
void display_fraction(int p,int q){
    printf("%d:%d",p,q);
}
```

*6.7　函数编程的常见错误与程序测试

6.7.1　函数编程的常见错误

在利用 C 语言进行函数编程时，首先要确定哪些函数是库函数，哪些函数是用户自定义函数；其次要知道函数定义、函数声明、函数调用之间的意义与区别；还需要知道主调函数与被调函数的区别，以及值传递与地址传递的区别。使用库函数之前，需要包含相应的头文件；使用用户自定义函数之前，一般需要函数向前声明。函数编程的常见错误列举如下：

(1) 函数定义时，函数头多加了分号，而函数声明的地方忘了加分号。

(2) 函数的形参与实参的个数、数据类型不一致。

(3) 递归时忘了设置边界条件，这样易造成无限调用。

(4) 使用函数之前未声明(包括 C 库函数的声明)。建议初学者将所定义的一切函数都在程序开始的预处理命令后加上函数原型的声明，这样做不仅可以避免错误，而且整个程序的结构看起来更清楚。

(5) 函数中的形参与函数内部的局部变量重复定义。

(6) 使用函数库中的函数，而未包含相应的头文件。

6.7.2 程序测试

编写程序时，一定要反复调试保证程序能够编译通过。编译没有通过的代码肯定是不能求解问题的代码。编译通过的代码，只能说明它的语法是正确的，而无法保证它的语义一定正确，测试程序的目的就是要发现程序中的语义错误，而调试的目的是要去除这些错误。5.3 节讨论了 VC6 提供的一些调试手段，本节讨论如何测试程序。

1. 设计测试用例

测试工作要根据程序的功能选择适当的数据，人工分析处理这些数据后应当输出的结果是什么，依此结果来判断程序运行是否正确，这些用于测试的数据称为测试用例。测试用例的选取决定了程序中的错误能否被发现。测试用例的选取必须要有正常与不正常数据集。

使用不正常的数据集可以测试程序的健壮性。测试时使用不正常的数据集应该得到错误的结果，如果得到了正确的结果，则说明程序的健壮性很差。例如，对 6.5 节中判断素数的函数 IsPrime()进行测试时，给其形参传递小于等于 1 的值，而函数的返回值若为非 0 值，则属于不合理的结果。要避免这种不合理的结果发生，就要选择不正常的数据集进行测试。

对正常数据集中的数据要选取中间数据和边界数据作为测试用例，尤其是要重视边界数据的选取，这样才能充分体现程序的全貌。例如，在测试例 4-4 中求解一元二次方程的程序时，a、b、c 三个数据一定要选取多组测试用例：一组能使方程得出具有两个相同的实数根；一组能使方程得出具有两个不同的实数根；一组能使方程得出具有两个复数根的结论；另外也要选取一组使得 a 为 0 的数据，测试二次方程退化为一次方程后能否得出具有一个实数根的情况，其中 a=0 就是边界条件。

测试用例无论选取的是正常数据集中的数据还是非正常数据集中的数据，都要有针对性。

2. 常用查错方法

根据测试用例发现程序存在问题后，就要找到程序出错的地方，并改正错误。查找错误有以下几种常用方法。

(1) 人工跟踪法。对于比较小的程序，可以用人脑模拟计算机的执行过程，将程序在自己的大脑中执行一遍，从而发现程序错误的所在位置。对初学者来说，必须学会用这种方法进行查错，这种方法能够训练人们按照计算机的逻辑进行思维的能力。

(2) 中间数据输出法。在程序中适当的位置加入输出语句，将一些变量在计算过程中的中间值输出，观测这些值是否正常。例如，测试某个变量在循环过程中的值是否正常，可在循环前后各加入输出语句输出相关变量的值，如果循环前这些变量的值不正常，则说明问题出在循环前，如果循环后这些变量的值不正常，则说明问题出在循环过程中，于是可进一步在循环内部加入输出语句，以测试循环的每一步是否存在问题。测试并除错后，将相关的输出语句删除。

(3) 设置断点法。运用 5.3 节介绍过的动态调试方法，用 F9 键设置断点，用 F5 键执行程序，在 VC6 的调试状态下的相关窗口中观测程序里有关变量的中间值。

(4) 单步跟踪执行法。运用 5.3 节介绍的 step over 与 step into 功能单步执行程序中的每一句，每执行一句，程序暂停，以便人们在调试窗口中观察程序里各个变量值的变化情况，从而发现错误。

3. 单元测试

单元测试就是验证一段程序代码的行为是否与设计的期望一致。在 C 语言编程实践中，单元测试就是判断某个特定条件下某个特定函数的行为，目的在于发现各模块内部可能存在的各种错误，找出错误原因，并对错误加以修改。一个程序是由多个函数构成的，每编写一个函数，即为该函数选择一组或多组测试用例，对该函数进行单独测试。通过设定一些测试用例，观察每组参数传入函数并经加工处理后，函数的返回值是否在问题的结果域中。

单元测试的指标要求如下：
(1) 对程序模块的所有独立路径至少覆盖一次。
(2) 对各种逻辑判断、真假条件至少覆盖一次。
(3) 在循环的边界和限定范围内执行循环体。
(4) 测试程序定义的各种数据结构是否有效并被调用。

习　题　6

1. 补充完成下面程序：

(1) 以下 Check 函数的功能是对 value 中的值进行四舍五入计算，若计算后的值与 ponse 值相等，则显示" WELL　DONE!! "，否则显示计算后的值。已有函数调用语句 "Check(ponse,value)；"，请填空。

```
viod    Check ( int ponse, float value)
{
    int val;
    val=_____;
    printf ("计算后的值: %d", val);
```

```
        if (val==ponse) printf("\n WELL DONE!! \n");
        else printf ("\nSorry the correct answer is %d\n", val);
    }
```

(2) 用递归方法求 n 阶勒让德多项式的值，递归公式如下：

$$P_n = \begin{cases} 1 & (n=0) \\ x & (n=1) \\ ((2n-1) \cdot x \cdot p_{n-1}(x) - (n-1) \cdot p_{n-2}(x))/n & (n>1) \end{cases}$$

请把程序补充完整。

```
    #include<stdio.h>
    int main()
    {
        float pn();
        float x,lyd;
        int n;
        scanf("%d%f",&n,&x);
        lyd=_____
        printf("pn=%f",lyd);
        return 0;
    }
    float pn(float x,int n)
    {
        float temp;
        if (n==0) temp=_____
        else if (n==1) temp=_____
            else temp=_____
        return(temp);
    }
```

2. 编写一个函数，计算任一输入的整数的各位数字之和。主函数包括数据的输入、输出及调用。

3. 已有函数调用语句 "c=add(a,b);"，请编写 add 函数，计算两个实数 a 和 b 的和，并返回求到的和值。

```
    double    add (double x, double y)    {        }
```

4. 已有变量定义语句 "double a=5.0；int n=5；" 和函数调用语句 "mypow (a, n)；" 用以求 a 的 n 次方，试编写 double mypow (double x, int y)函数。

```
    double mypow (double x, int y) {        }
```

5. 已有变量定义和函数调用语句 "int a, b；b=sum (a)；"，且 sum()函数用以求 $\sum_{k=1}^{n} k$，和数作为函数值返回。若 a 的值为 10，经 sum()函数计算后，b 的值是 55。试编写 sum()

函数。

　　　　sum(int n) {　　　　　　}

　　6. 已有变量定义和函数调用语句 "int a=1, b=-5, c；c=fun (a,b)；"，且 fun()函数的作用是计算两个数之差的绝对值，并将差值返回调用函数，试编写 fun()函数。

　　　　fun (int x, int y) {　　　　　　}

　　7. 已有变量定义和函数调用语句 "int x=57；isprime (x)；"，且 isprime()函数用来判断一个整型数 a 是否为素数，若是素数，函数返回 1，否则返回 0。试编写 isprime()函数。

　　　　isprime (int a) {　　　　　　}

　　8. 打印出 3～1100 的全部素数(判断素数由函数实现)。

　　9. 写两个函数，分别求两个整数的最大公约数和最小公倍数，用主函数调用两个函数，并输出结果，两个整数由键盘输入。

　　10. 编写一个函数，输入 n 为偶数时，调用函数求 1/2 + 1/4 + … + 1/n，当输入 n 为奇数时，调用函数求 1/1 + 1/3 + … + 1/n(利用指针函数实现)。

第7章 批量数据处理程序设计

程序设计的核心任务之一就是数据的组织与存储。到目前为止，我们在进行程序设计时所涉及的数据量都非常小，数据之间基本没有内在关系，用于存储这些数据的变量都是简单变量。然而，像集合、数列、矩阵等重要数学概念所涉及的数据都是批量出现的，而且数据之间存在紧密的内在关系。在程序中如何表示这些数学概念，如何组织与存储这些概念中的数据并对其进行操作，是程序设计不可回避的问题。

很多程序设计语言都提供了对集合、数列、矩阵等概念的表示与布局方式，这些概念中的数据按照一定的结构聚合在一起，构成了一个集合，并采用统一的方法来访问。数组就是利用这一方法所构造出的具有相同类型的数据集合，其实质就是一组数据的连续存储空间，其中每个数据及其存储空间被称为元素。不同于多个普通变量的罗列，数组中各元素所占据的存储空间是连续的，且所有元素只有一个名字——数组名，其中的元素由数组名及元素在数组中的位序来唯一标识。元素的位序称为数组元素的下标。数组元素可以根据下标来单独进行访问。按照下标个数的多少可以将数组分为**一维数组、二维数组**以及**多维数组**。本章主要讨论用一维数组和二维数组来表示不同概念的批量数据以及编程处理这些数据的方法。

7.1 一 维 数 组

一维数组中的元素一个接一个地排成序列，元素在序列中的位序用下标来表示。

7.1.1 一维数组的定义和引用

数组与简单变量一样也是先声明、后使用的。声明包括数组的类型、数组名以及数组元素的个数。数组的一般声明形式如下：

```
DataType ArrayName[ElementNumber];
```

其中：DataType 为数组的类型，指出了数组中每个元素的类型，可以是简单类型，也可以是复杂类型；ArrayName 为数组名；数组名后面的一对方括号为数组的特征标识符，说明了 ArrayName 为数组而不是普通变量；方括号中的 ElementNumber 为数组元素的个数，它只能是整数类型的常量，界定了数组中最多能存储 ElementNumber 个数据。例如：

```
double a[10];
int k[20];
```

定义了两个一维数组，其中一个是名为 a 的 double 型数组，用它最多可以存储连续的 10

个 double 型数据；另一个是名为 k 的 int 型数组，用它最多可以存储连续的 20 个 int 型数据。

要想在数组中存取数据，可以通过指定数组名和元素下标的方法来访问数组元素。数组元素的一般访问形式如下：

ArrayName[Subscripting];

其中：ArrayName 为数组名；Subscripting 为元素的下标表达式，即元素在数组中的位序。表示下标的表达式必须用一对方括号括起来，C 语言把这对方括号定义为下标运算符。Subscripting 只能是一个整数类型的表达式。数组元素的下标值始终从 0 开始计数，如果数组元素的个数为 n，那么 Subscripting 的取值范围为 $0 \leqslant$ Subscripting $\leqslant n-1$。

上述的数组 a 含有 10 个元素，则它的所有元素可以依次表示成 a[0]，a[1]，…，a[9]，这样就可以像简单变量一样对数组元素进行数据存取。例如：

```
a[0]=90.0;
a[9]=10.0;
b=(a[0]+a[9])/2;
```

其中的前两个语句表示给数组 a 的首元素赋值 90.0，给末元素赋值 10.0，第三个语句表示将数组 a 的首元素与末元素之和除以 2 后再赋给变量 b。

用常量作下标对数组进行访问，实际上是将元素一个个地列举出来，而当数组中元素的个数较多时，一个个列举是不现实的。用变量作下标，并用循环控制访问数组元素是程序设计的一种常用方式。例如：

```
int square[10],i
for (i=0;i<10;i++)
    square[i]=i*i;
```

这个程序段中定义了一个具有 10 个元素的整型数组，并且在数组 square 中存入 0 到 9 的平方数。

7.1.2 一维数组的初始化与赋值

1. 一维数组的初始化

一维数组和变量一样在定义后并没有确定的值，所以要根据实际需要给数组中的每个元素赋予确定值，这称为数组初始化。数组初始化既可以在定义时进行，也可以在定义后运用赋值语句单独进行。在定义数组时给数组元素赋初值有以下四种方式。

(1) 对所有元素初始化。例如：

double a[5]={10.0,20.0,25.0,31.0,26.0 };

赋值号的右边是初值的列表，这个列表用一对 "{}" 括起来，各个初值之间用逗号隔开。这种赋初值的方式相当于：

```
double a[5];
a[0]=10.0;a[1]=20.0;a[2]=25.0;a[3]=31.0;a[4]=26.0;
```

(2) 只对部分元素赋初值。例如：

```
double a[5]= {10.0,20.0,25.0 };
```

这里定义了 5 个元素的数组，但是只给前 3 个元素分别赋了初值 10.0、20.0 与 25.0，对于后 2 个元素，系统自动为其赋初值 0.0。

(3) 将所有元素初始化为 0。例如：

```
double a[5]={0.0};
```

(4) 由初值的个数来确定数组元素个数。例如：

```
double a[]={10.0,20.0,25.0,31.0,26.0 };
```

用这种方式定义数组时可以不指定元素的个数，由初值的实际个数来确定数组元素的个数。

数组元素赋什么样的初值，要依据问题而定，其原则为必须是所解决问题需要的数据或者是对该问题有意义的数据。

2. 数组之间相互赋值

对于简单变量来说，可以将一个变量的值赋给另一个变量，这个赋值工作都是由变量名来完成的，例如：

```
int x=2,y;
y=x;
```

但是，两个数组之间进行赋值时不能用数组名进行整体赋值，只能元素之间一对一地进行赋值。设有两个数组：

```
double a[8]={ 24.0,20.0,25.0,31.0,26.0,36.0,40.0,37.0},b[8];
```

如果想将数组 a 中全体元素的值赋给数组 b 中的所有元素，使得数组 b 与 a 有相同的元素，只能在循环的控制下逐个进行，例如：

```
int i
for (i=0;i<8;i=i+1)
b[i]=a[i];
```

例 7-1 用数组进行统计计算。从键盘输入 N 个人的某门课考试成绩(设 N=10)，并将成绩存入到一维数组中，然后求出总成绩和平均分。

程序编码：

```
#include "stdio.h"
#define N 10
void main()
{
    double a[N]={0.0};          /*定义存储成绩的数组并初始化全部元素为 0.0*/
    double sum=0, average;       /* sum 为总分，average 为平均分*/
    int i;
    for (i=0;i<N;i=i+1)          /*此循环控制成绩的输入*/
    {
        printf("Please enter the %d people's result>>",i);
        scanf("%lf",&a[i]);
```

```
    }
    printf("\n");
    for (i=0;i<N;i=i+1)              /*此循环控制求出总成绩*/
        sum=sum+a[i];
    average=sum/N;                   /*求平均分数*/
    printf("sum = %.2lf, average = %.2lf\n",sum,average);
}
```

程序说明：程序中的第 5 行定义了一个具有 N(N=10)个 int 型元素的数组 a，并将其值全部初始化为 0.0；第 8～12 行在循环控制下通过键盘为每个元素输入数据；第 14～15 行在循环控制下将数组中的所有值累加到变量 sum 中；第 16 行求平均成绩。

例 7-2　重新编写 4.5.1 节中的选举计票程序,要求将候选人的得票数放在一个数组中。

设计分析：将 5 个候选人分别编为 0、1、2、3、4 号，可以考虑用一个具有 5 个元素的一维整型数组 a 来作为 5 个候选人得票的计数器，数组元素分别按照下标的顺序对应 0、1、2、3、4 号候选人。当输入某个候选人的编号后立刻给相应下标的元素加 1。录入工作放在循环结构中进行，循环结束标志为-1，即用-1 作为结束计票工作的标志。

程序编码：

```
#include "stdio.h"
#define N 5                    /*宏常量 N 代表候选人数*/
void main()
{
    int a[N]={0},i;            /*将数组 a 的所有元素值初始化为 0* /
    scanf("%d",&i);            /*键盘输入候选人编号并存入 i */
    while(i!=-1)
    {   if(i>=0&&i<N) a[i]++;   /*给第 i 个候选人计票*/
        else printf("error!\n");
        scanf("%d",&i);        /*键盘输入候选人编号并存入 i */
    }
    for(i=0;i<N;i++)           /*输出每个候选人的得票数*/
    printf("a[%d]=%d\n",i,a[i]);

}
```

程序说明：此计票程序巧妙地将数组下标与候选人编号统一起来，实现了数组元素的访问，准确地为每个候选人计票。与 4.5.1 节的程序相比，只需要修改第二行处的宏常量 N 的值，就能够很容易地移植到不同数量候选人的选举场合。这得益于数组这种具有一定结构数据对象的运用。

7.1.3　指向数组元素的指针

C 语言编译系统会将数组的所有元素放在若干连续的存储单元中，而且是按照下标从小到大的顺序来排列的。下面以 double 型数组为例来讨论数组的存储结构与指向数组元素的指针变量之间的关系。

1. 一维数组的存储结构及数组名

例如：该数组的存储结构如图 7-1(a)所示。

double a[8]={24.0,20.0,25.0,31.0,26.0,36.0,40.0,37.0};

在定义了数组 a 后，系统为 a 分配了 8 个连续的 double 型存储单元，用于存放 a 的 8 个元素 a[0]～a[7]。数组中的每个元素在内存中都有相应的地址，其地址可以通过取地址运算符"&"来获得。例如，&a[0]是 a[0]的地址，&a[3]是 a[3]的地址。存储数组的这些连续存储单元的开始地址称为数组的基地址，也就是首元素的地址&a[0]。C 语言把数组名定义为数组的基地址标识。也就是说，数组名 a 单独使用时代表了数组的基地址，在图 7-1(a)中 a 就指向了数组的第一个元素。数组一旦被分配了存储空间，那么它在内存中的位置就固定了，因而，基地址就是一个常数值，即数组名是一个指向数组的指针常量。

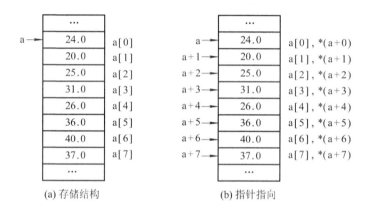

图 7-1 一维数组的存储结构及指针指向

相对于基地址，数组中所有元素的存储位置都有一个偏移量，该偏移量的单位与数组元素的类型是相关的。如果数组元素为 double 型，则它的单位偏移量为一个 double 型元素的存储单元数；如果数组元素为 int 型，则它的单位偏移量为一个 int 型元素的存储单元数。数组元素的下标就是该元素相对于基地址的偏移量。如在上述数组 a 中，元素 a[0] 相对于基地址 a 的偏移量为 0 个 double 型存储单元，a[1] 相对于基地址 a 的偏移量为 1 个 double 型存储单元，a[i] 相对于基地址 a 的偏移量为 i 个 double 型存储单元(i=0，1，2，…，7)。这也是数组下标总是从 0 开始计数的原因。

数组名 a 是一个指针常量，如果 a 和某个整数 i 相加其结果将会是另外一个指针，即 a+i 指向了数组的第 i 个元素，并非简单地将 a 的值和 i 相加。因此，a+0 指向了 a[0]，a+1 指向了 a[1]，a+i 指向了 a[i] (i=0，1，2，…，7)，图 7-1(b)给出了指针的这种指向。

有了指针的指向后，就可以通过在指针变量前面加指针运算符"*"的办法换算出指针所指变量的内容，即*(a+0)等价于 a[0]，*(a+1) 等价于 a[1]，…，*(a+i) 等价于 a[i] (i=0，1，2，…，7)。因此，数组元素也可以通过指针运算得到。

根据以上讨论，对数组元素的访问有以下两种形式：

(1) 下标法：如 a[i]的形式，是数组定义的原始方法。

(2) 指针法：如 *(a+i)的形式，是根据数组的基地址及元素的位序推算元素的地址，再运用指针运算符进行换算的一种方法。

2. 通过简单指针访问一维数组元素

指针和变量一样也是 C 程序设计中的核心概念之一。指针既可指向简单变量，也可指向数组元素。若将指针指向数组的首元素，那么指针就获得了数组的基地址。例如：

```
double a[8]={24.0,20.0,25.0,31.0,26.0,36.0,40.0,37.0};
double *p;
p=a;
```

把 a 赋给了指针变量 p 后，p 获得了该数组的基地址，同时 p 也指向了数组元素 a[0]，p+1 指向了数组元素 a[1]，p+i 指向了数组元素 a[i] (i=0, 1, 2, …, 7)。既然 p+i 指向了数组第 i 个元素，那么*(p+i)就是第 i 个元素 a[i]。例如，*(p+0)等价于 a[0]，*(p+3)等价于 a[3]，等等。

C 语言也允许指向数组的指针变量在访问数组元素时带有下标,例如 p[i]与*(p+i)和 a[i] 都是等价的。根据以上讨论，通过指针访问数组也有以下两种形式：

(1) 下标法：如 p[i]的形式。

(2) 指针法：如*(p+i)的形式。

例 7-3 用指针法和下标法访问数组元素示例。

程序编码：

```
#include "stdio.h"
#define N 8                     /*宏常量 N 代表常数 8 */
void main()
{
    double a[N]={24.0,20.0,25.0,31.0,26.0,36.0,40.0,37.0};
    double *p=a;                /*指针 p 指向数组的基地址*/
    int i;
    /*以下循环表示用数组名带下标的方法访问数组元素*/
    for (i=0;i<N;i=i+1)
        printf("%.1f ",a[i]);
    printf("\n");
    /*以下循环表示用指针带下标的方法访问数组元素*/
    for (i=0;i<N;i=i+1)
        printf("%.1f ",p[i]);
    printf("\n");
    /*以下循环表示用数组名加偏移量的方法访问数组元素*/
    for (i=0;i<N;i=i+1)
        printf("%.1f ",*(a+i));
    printf("\n");
    /*以下循环表示用指针加偏移量的方法访问数组元素*/
```

```
    for (i=0;i<N;i=i+1)
        printf("%.1f ",*(p+i));
    printf("\n");
}
```

程序说明： 本程序中四个循环的功能完全相同，都是从头到尾将数组 a 中的元素输出，但是它们各自采用了不同的策略来访问数组元素。

以上讨论的用指针访问数组的方法是将指针指在数组基地址上不动，然后利用偏移量进行访问的方式。如果想让指针在数组中通过移动来访问数组元素，可用如下方式：

```
    p=p+i;
```

此语句的作用是将 p 的指向在当前位置的基础上向后移动 i 个元素。

```
    p=p-i;
```

此语句的作用是将 p 的指向在当前位置的基础上向前移动 i 个元素。

例 7-4　在数组中移动指针，遍历数组中的元素。

程序编码：

```
#include "stdio.h"
#define N 8                      /*宏常量 N 代表常数 8 */
void main()
{
    double a[N]={24.0,20.0,25.0,31.0,26.0,36.0,40.0,37.0};
    double *p=a;                 /*指针 p 指向数组的基地址*/
    int i;                       /*i 为循环控制变量*/
    for (i=0;i<N;i=i+1)
    {
        printf("%.1f ",*p); /*输出指针指向的元素*/
        p=p+1;                   /*使指针指向下一个元素，也可以采用 p++来实现*/
    }
    printf("\n");
}
```

上述讨论的指针 p 的基类型以及数组的类型都是 double 型的，如果指针的基类型及其指向的数组为 int 型，则偏移量的单位就是一个 int 型元素的存储单元。若指针指向其他类型的数组，则偏移量的单位应随着元素类型的不同而不同。

> **说明：** 用指向数组的指针来访问数组没有用数组原型方便，尤其是当数组和指针的定义处于同一函数中时，用指向数组的指针来访问数组显得多此一举。但是当数组的定义处于主调函数中，而指针的定义处于被调函数中时，用指针来访问数组就达到了被调函数与主调函数共享数组的目的，此时才能体现出指针的优越性。

最后需要特别说明的是，对于数组 a 和指针变量 p 来说，由于指针 p 是变量，所以 p=a 与 p=p+1 或者 p++ 都是正确的操作；而数组名 a 是一个指针常量，所以 a=p 与 a=a+1 或者

a++ 都是错误的操作。

7.1.4　将一维数组传递给函数

C 语言中函数参数的传递是"值传递"，对简单变量来说，这种方式高效且方便。按照这一理论，用数组作为函数的形参和实参时，实参数组会将它的所有元素的值一个接一个地传递给对应的形参数组的元素，当数组的元素非常多时，会导致函数调用过程中参数传递时间开销很大。另外，同一批数据在主调函数与被调函数中有两个副本同时存在，也会导致内存开销量增大。

C 语言在将数组传递给函数时采用了一种既不违反值传递理论又不需要将数组中的每个元素都传递到函数中去的巧妙方法。该方法是将数组的基地址传递给一个指针类型的形式参数，这样形参指针就指向了主调函数中的数组，运用形参指针即可在被调函数中访问主调函数中的数组及其元素。这种参数的传递仍然是值传递。所以，在定义函数时用于传递数组的形式参数是用指针变量来承担的。例如：

```
int max(int *a,int n)
{
    int i;
    int m=0;
    for(i=0;i<n;i=i+1)
        if (a[i]>m) m=a[i];
    return m;
}


int max(int a[],int n)
{
    int i;
    int m= 0;
    for(i=0;i<n;i=i+1)
        if (a[i]>m) m=a[i];
    return m;
}
```

上述两个同名函数的功能都是查找数组中的最大元素。第一个函数的第一个形参为指针类型的变量 a，它告诉人们将一个地址传递到了被调函数中；第二个函数的第一个形参为 int a[]，一种省略了数组大小的表示形式，说明此形参是为了传递一个数组地址，在这里从形式上强调了数组的概念。事实上，这两个形参的本质都是指针，只不过外在表现形式不同。在编程实践中，用指针作形参是一种最普遍的做法。

用指针作形参，仅仅是将数组的基地址传递给了函数，函数无法获知数组元素的个数，所以在设计函数时还应该另外设计一个形参，用来将数组元素的个数也传递给函数。上述两个函数的第二个形参 n 就是用来向函数传递数组元素个数的。

在函数内部对数组的访问均可采用下标法或者指针法。上述两个函数在其内部都是采用下标法对数组进行处理的。

例 7-5 改编例 7-1，把求平均分的那段程序用函数来书写。

程序编码：

```
#include "stdio.h"
#define N 8
double average(double* a,int n);
void main()
{    double a[N]={24.0,20.0,25.0,31.0,26.0,36.0,40.0,37.0};
     double aver;
     aver=average(a,N);        /*调用求平均分的函数，计算数组的平均值*/
     printf("average = %.2lf\n",aver);
}
/***以下函数用于求指针 p 所指的具有 n 个元素的数组的平均值***/
double average(double* p,int n)
{
     double sum=0;
     int i;
     for (i=0;i<n;i=i+1)
          sum=sum+p[i];        /*累加器 */
     return sum/n;             /*求平均分*/
}
```

程序说明： average()函数具有很强的独立性和通用性，只要给形参 p 和 n 分别传递数组的基地址以及数组元素的个数，即可求解任何 double 型数组的平均值。

在编写处理数组的函数时，用指向数组的指针作形参，同时将数组的大小也作为形参，能够使函数具有很强的独立性和普遍适用性。例如，上述的两个 max()函数都能够在任何一个 int 型数组中找出最大元素的值，例 7-5 中的 average()函数能够求解任何一个 double 型数组的平均值。这种编写涉及数组函数的方式应作为一个值得提倡的原则，本书后续章节将会始终坚持和贯彻这种原则。

7.2   一维数组的应用

一维数组为集合数据提供了一个线性的存储结构，对这个存储结构可以编程来搜索集合，判断某个值是否为集合中的元素或者确定某个特定值在集合中的位置，以及对无序集中的元素按照升序或者降序进行排序。

7.2.1   集合搜索

集合搜索就是对给定的集合及一个目标值，按照一定的方法来判定该目标值是否在此集合中。例如，在一个人员名单中查找某个名字是否在该名单中，名单就是一个数组，欲查找的名字就是目标值。在数学中有一个抽象集合运算 $x \in S$，表示元素 x 在集合 S 中。集合的搜索方法很多，有顺序查找法、折半查找法等。

1．顺序查找法

顺序查找法是采用穷举策略将集合中的所有元素逐一列举出来与目标值进行对比，从而判断目标元素是否在集合中。程序设计中常常用数组来表示集合。搜索的方法是对于一个给定的目标值，从数组的一端向另一端逐个元素地与目标值进行比较，如果有与目标值匹配的元素，则搜索成功；如果所有元素都不能与目标值匹配，则搜索失败。

例 7-6 用顺序查找法编程实现 $x \in S$（假设 S 中的数据均为整数）。

设计分析： $x \in S$ 是判断元素 x 在集合 S 中的一种抽象的数学表示，在人工计算时，从集合 S 列表的最左端开始，将 x 的值从左到右逐个地与 S 中的元素比较，当遇到某个元素的值与 x 相等时，则说明 x 是 S 的元素，当比较完所有的元素都没有找到与 x 值相等的元素时，则说明 x 不是 S 的元素。

在编程时，集合 S 考虑用一维数组来表示；将 $x \in S$ 编写成一个函数 int IsIn(int x, int *S, int Size)，如果 x 在 S 中，则函数的返回值为逻辑真值 1，否则为逻辑真值 0。函数的形参从左到右分别为目标值、传递数组地址的指针、数组的大小值。函数内部采用顺序法实现元素的比较判断。

算法设计：

这里的算法只涉及 int IsIn(int x, int *S, int Size)函数的实现算法。

(1) 给出 x、指向数组的指针 S 以及数组的大小 Size。

(2) 令 i=0。

(3) 如果 i>Size，则转入第(7)步。

(4) 如果 x==S[i]，则终止比较，并返回 x 为集合中元素的信息。

(5) 执行 i=i+1。

(6) 转入第(3)步。

(7) 结束函数，返回 x 不是集合中元素的信息。

程序编码：

表示集合的数组放在主函数 main()中，假设表示集合的数组为

```
int S[9]={8,6,3,4,5,2,7,1,9};
```

完整程序编码如下，其中第 15～21 行为实现 $x \in S$ 的函数编码。

```
#include "stdio.h"
int IsIn(int x,int *S,int Size);
void main()                    /*判断 5 和 –1 是否是集合中的元素*/
{
    int S[9]={8,6,3,4,5,2,7,1,9};
    int x=5;
    if(IsIn(x,S,9)) printf("%d is in the set S\n",x);
    else printf("%d is not in the set S\n",x);
```

```
        x=-1;
        if(IsIn(x,S,9)) printf("%d is in the set S\n",x);
        else printf("%d is not in the set S\n",x);
    }
    /***************以下函数用于判断元素是否在集合中***********/
    /*形参 x 传递目标元素，S 为指向数组的指针，Size 为 S 中元素的个数*/
    int IsIn(int x,int *S,int Size)
    {
        int i=0;
        for(i=0;i<Size;i++)
                if(x==S[i]) return 1;
        return 0;
    }
```

思考：上述程序中的 IsIn()函数的返回值只是简单地告诉主调函数目标值 x 是否在数组 S 中，而没有告诉主调函数目标值在数组中的位置。如果想让 IsIn()函数既能告诉主调函数目标值是否在数组中又能告诉目标值在数组中的位置，如何改写这个函数？

顺序查找法是典型的穷举查找法，是一种简单而直接的解决问题的方法，常常基于问题的描述，是一种容易想到的方法。这种方法既适合在无序集合中进行查找又适合在有序集合中进行查找，是一种普遍使用的查找算法，但是当集合中的元素数非常多时，这种算法的时效性是比较低的。

2．折半查找法

折半查找法的前提是集合中的元素必须有序，查找的基本思想是：将目标值与数组的中间元素进行比较，若两者匹配，则搜索成功；若目标值小于中间值，则将搜索区间缩小到中间元素左边的那半个区域内继续搜索；若目标值大于中间值，则将搜索区间缩小到中间元素右边的那半个区域内继续搜索。不断重复上述过程，直到搜索成功，或者所搜索的区域内无匹配元素。

例如，有序集合 A={8,14,18,21,23,27,29,32,34,36,40,43,47,50,56}，图7-2 给出了查找目标值 k=40 在 A 中折半查找成功情况下的查找过程，图中 L 表示区间的左端点，R 表示右端点，M 表示中间点。从图中可以看出，仅经过四次比较就找到了目标值 k=40。如果采用顺序查找法，则需要 11 次比较才能找到目标值。

从折半查找成功的过程可以看出，比较的关键点是相应区间的中间元素，每比较一次，下次比较的区间就会减半，减半的方法是以当前区间的中间元素位置将区间分隔为左、右两个子区间。如果目标值大于中间元素的值，则下次在中间元素位置右边的区间进行，区间的右端点保持不变，而左端点变成了中间元素右边的那个元素的位置,即 L=M+1 的位置；如果目标值小于中间元素的值，则下次在中间元素位置左边的区间进行，区间的左端点保持不变，右端点变成了中间元素左边的那个元素的位置，即 R=M−1 的位置。无论哪种情况，新的中间元素的位置均为 M=(L+R)/2 的位置。

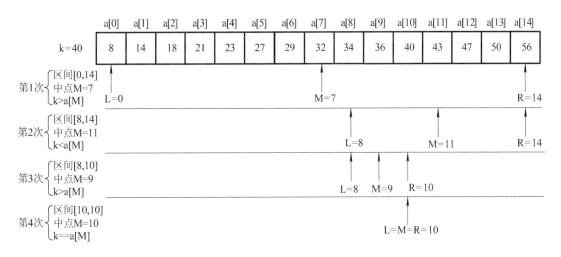

图 7-2 折半查找成功情况下的查找过程

如果要查找 k=38 的值是否在有序集合 A 中，前三次比较与图 7-2 中的比较完全相同。第四次比较的区间为[10，10]，中间点 M=10，比较的结果是 k < a[M]，那么第五次比较的区间的左端点不变，即 L=10，而右端点为 R=M−1，即 R 为 9。此时，R < L，即左、右端点错位，说明查找失败，即 k=38 不在有序集合 A 中。由此可以断定，当区间减半，直至左、右端点出现错位，则说明搜索的目标值不在集合中。

由上述分析可以看出，折半查找法是一种分而治之的问题求解方法，是将原问题分解为多个子问题，原问题的解就在其中某个子问题中，并且子问题与原问题又具有结构自相似性。从查找过程中区间端点的变化规律来看，这一方法又有迭代策略的特点。因此，在实际编程时既可以采用递归法来实现，也可以采用迭代法来实现。

例 7-7 用折半查找法编程实现 x∈S，S 中所有元素都是有序的(假设 S 中的元素均为整数)。

设计分析： 采用函数 int IsIn(int x, int *S, int Size)来判断 x 是否在集合 S 中，如果在，则函数的返回值为逻辑真值 1，否则为逻辑真值 0。函数的形参从左到右分别为目标值、传递数组的指针、数组的大小。在函数内部，折半查找法可采用迭代策略来编写。

程序编码： 假设表示集合的数组为

```
int S[14]= {8,14,18,21,23,27,29,32,34,36,40,43,47,50,56};
```

下面判断 40 和 37 是否是集合中的元素。完整程序编码如下，其中第 14~24 行为实现 x∈S 折半查找法的函数编码。

```
#include"stdio.h"
#define N 14
int IsIn(int k,int *S,int Size);
void main(){
    int S[N]= {8,14,18,21,23,27,29,32,34,36,40,43,47,50,56}
    int x=-1;
    if(IsIn(x,S,N)) printf("%d is in the set S\n",x);
```

```
        else printf("%d is not in the set S\n",x);
        x=14;
        if(IsIn(x,S,N)) printf("%d is in the set S\n",x);
        else printf("%d is not in the set S\n",x);
}
/*********以下函数表示用折半查找法判断元素是否在集合中*******/
int IsIn(int x,int *S, int Size){          /*形参 Size 为 S 中的元素个数*/
        int Left=0,Right=Size-1;           /*折半区间的左端与右端的初值 */
        int Mid=(Right+Left)/2;            /*确定区间的中间位置 */
        while (Right>=Left){
                if(x==S[Mid]) return 1;              /*找到匹配元素, 函数返回值为 1*/
                else if(x<S[Mid]) Right=Mid-1;       /* Mid-1 的位置元素作为新区间的右端*/
                    else Left=Mid+1;                 /* Mid+1 的位置元素作为新区间的左端*/
                Mid=(Right+Left)/2;                  /*确定新区间的中间位置*/
        }
        return 0;
}
```

程序说明： 此程序中判断目标值是否在集合中的函数 int IsIn(int x, int *S, int Size)与例 7-6 中的函数名称、参数及功能均相同，都是查找某个值 x 是否在集合 S 中，但其内部采用了不同的实现策略，在例 7-6 中采用的是穷举策略，而本例中采用的是折半策略。穷举策略适合对任何集合中的元素进行搜索，而折半策略仅适合对有序集合中的元素进行搜索。

思考： 请读者将折半查找法用递归法来实现。

折半查找法的时效性是非常高的，但是它只适合有序集合。如何使一个无序集合转化成一个有序集合，是排序算法要解决的问题。

7.2.2 集合中元素的排序

排序是将一个无序集合中的元素进行重新排列，使得所有元素的排列满足升序或者降序。对集合中的元素进行排序的方法有多种，穷举策略中最著名的两个方法是选择排序法和冒泡法。本小节重点讨论选择排序法。

下面按照升序排列来讨论选择排序法的思想。选择排序法是基于查找和交换技术进行排序的方法，具体的做法是：首先，在整个数组中查找最小元素，将找到的最小元素与数组的第一个元素进行位置交换，从而将最小元素放到它的最终位置上；然后，再从数组的第二个元素开始，在剩下的 n － 1 个元素中找到最小元素，再将该最小元素和数组的第二个元素进行位置交换，这样第二小元素就放到了最终位置上。一般来说，从数组的第 i 个元素开始，在数组剩余的 n － i + 1 个元素中找到最小元素，并和第 i 个元素进行位置交换，如此第 i 小元素就放到了最终位置上。如此反复，经过 n － 1 遍的查找与交换后，整个数组中的元素就按照升序排列好了。

例 7-8 设无序集合 A = {6, 7, 8, 10, 4, 11, 2, 12, 3, 14}，编程将 A 中的所有元素按升序排列。

设计分析：用数组来表示集合。数组排序可采用函数 void SelectSort(int *Set ,int SetSize) 来实现，函数的形参从左到右为指向准备排序的数组的指针以及数组中元素的个数。实现排序的函数内部采用选择法编写代码。在排序过程中若遇到元素位置交换，可以编写一个独立的函数 void Swap(int *p,int *q) 来实现交换功能。

算法设计：设数组 S 为一个 int 型数组，其大小为 Size；用 i、j 遍历数组元素，用 k 记录每轮查找过程中找到的最小元素的下标，这三个变量的初值均为 0。选择排序法的算法步骤如下：

(1) 当 i≥Size 时，转入第(11)步。

(2) 执行 k = i。

(3) 执行 j = i + 1。

(4) 当 j > Size−1 时，转入第(8)步。

(5) 如果 S[j] < S[k]，则执行 k = j。

(6) j 的值增加 1。

(7) 转向第(4)步。

(8) 当 k ≠ i 时，交换 S[k] 与 S[i] 的值。

(9) i 的值增加 1。

(10) 转向第(1)步。

(11) 结束。

程序编码：

```c
#include"stdio.h"
#define N 10
void SelectSort(int *Set,int SetSize);
void Swap(int *p,int *q);
void main(){
    int S[N]={6,7,8,10,4,11,2,12,14,3};
    int i;
    BubbleSort(S,N);            /*对集合 S 中的元素进行排序*/
    for(i=0;i<N;i++) printf("%d ",S[i]);
    printf("\n");

}
/********函数 SelectSort()表示用选择法对集合中的元素进行排序*******/
void SelectSort(int *Set,int Size){    /*形参 Size 为 Set 中元素的个数*/
    int i=0,j=0,k=0;
    for(i=0;i<Size-1;i++){
        k=i;
```

```
        for(j=i+1;j<=Size-1;j++)
                if (Set[j]<Set[k]) k=j;
                if (k!=i) Swap(&Set[i],&Set[k]);
    }
}/********函数 Swap()用于实现两个数据存储位置的交换***************/
void Swap(int *p,int *q){
    int t;
    t=*p;
    *p=*q;
    *q=t;
}
```

7.3 二 维 数 组

二维数组可以用来表示矩阵、表格、棋盘等一些二维事物。

7.3.1 二维数组的定义及引用

二维数组的定义形式如下:

DataType ArrayName[RowNumber][ColNumber];

其中: DataType 为数组元素的类型, 它可以是简单数据类型, 也可以是复杂数据类型; ArrayName 为数组名, 其后有两对方括号, 表示该名称被定义成了二维数组; RowNumber 和 ColNumber 分别表示数组的行数和列数, 且只能是整数类型的常量。例如:

double a [3][4];

表示这个二维数组有 3 行 4 列, 总共 12 个元素, 每个数组元素都是一个 double 类型的值。上述定义的二维数组可以表示一个 3 行 4 列的矩阵, 如图 7-3 所示。

$$a[0][0] \quad a[0][1] \quad a[0][2] \quad a[0][3]$$
$$a[1][0] \quad a[1][1] \quad a[1][2] \quad a[1][3]$$
$$a[2][0] \quad a[2][1] \quad a[2][2] \quad a[2][3]$$

图 7-3 用二维数组表示矩阵

数组定义好后, 数组中的元素可以通过指定行下标和列下标的方法来访问。其一般形式如下:

ArrayName[RowSubscripting] [ColSubscripting];

其中: ArrayName 为数组名; RowSubscripting 和 ColSubscripting 分别为数组元素所在的行下标和列下标表达式。无论是行下标还是列下标都是从 0 开始计数, 所以, 对一个 m 行 n 列的数组来说, 最大行下标为 m−1, 最大列下标为 n−1。下标表达式只能是一个整数类型的表达式, 且必须用下标运算符 "[]" 括起来。同一维数组一样, 二维数组的元素既可以出现在表达式中, 又可以出现在赋值号的左边。如:

```
a[1][3]=5.0;
b=a[1][2]+a[2][3];
```

其中：第 1 行是将 5.0 赋给数组 a 的 1 行 3 列的元素；第 2 行是将数组 a 的 1 行 2 列元素的值与 2 行 3 列元素的值相加后赋给变量 b。

7.3.2　二维数组的初始化

二维数组也可以在定义时进行初始化。它的初始化通常按行将数据成组列出。对二维数组进行初始化的方法如下：

(1) 对数组中的全部元素初始化。例如：

```
int a[3][4]={{2,3,1,5},{3,4,8,2},{4,7,9,6}};
```

其中，赋值号右边的初值列表用了两层花括号括起来，最外层的是整个初值列表的定界符，内层的第一对花括号是第 0 行初值列表定界符，第二对花括号是第 1 行初值列表定界符，第三对花括号是第 2 行初值列表定界符。这种方式是按逐行赋值的方式进行的，虽然括号的层次多，但是概念清楚。对上述方式也可以简化如下：

```
int a[3][4]={2,3,1,5,3,4,8,2,4,7,9,6};
```

这种方式是将所有初值放在一个花括号内，在数值分配时根据列数将其中的数据每 4 个一组，按第一组 4 个数赋给第 0 行的 4 个元素，第二组的数赋给第 1 行的 4 个元素等。

(2) 对每行的前几个元素初始化，其余元素初始化为 0。例如：

```
int a[3][4]={{2},{3,4},{4,7,9}};
```

这个语句只对第 0 行的第 0 列元素、第 1 行的前两个元素、第 2 行的前三个元素赋了非 0 初值，其余的元素赋初值为 0。

(3) 将全部元素初始化为 0。例如：

```
int a[3][4]={0};
```

(4) 由初值的个数确定二维数组的行数，这种赋初值的方式不指定二维数组的行数，只指出列数。在编译时，系统会根据二维数组的列数以及初值的个数自动计算出行数。例如：

```
int a[][4]={ 2,3,1,5,3,4,8,2,4,7,9,6};
int a[][4]={{2,3,1,5},{3,4,8,2},{4,7,9,6}};
```

采用这种方式也可以对部分元素赋初值，但必须采用按行赋初值的方式。例如：

```
int a[][4]={{2,3},{},{4,7,9,6}};
```

这样的写法，在编译时能够构造出一个 3 行 4 列的二维数组，第 0 行的前两个元素赋了初值 2 与 3，其余元素为 0，第 1 行的元素全部为 0，第 2 行的元素分别为 4、7、9、6。

例 7-9　找出一个 4 行 3 列数组中的最大元素和最小元素。

程序编码：

```
#include "stdio.h"
void main()
{
```

```
    int a[4][3]={{6,2,3},{4,5,1},{7,14,9},{10,11,8}};/*定义并初始化数组*/
    int Max,Min;         /* Max、Min 分别用于存储最大值和最小值*/
    int i,j;             /*i 控制行下标，j 控制列下标*/
    Max=Min=a[0][0];     /*最大元素与最小元素的初始值为 a[0][0]*/
    for(i=0;i<4;i++)     /*该双重循环用于查找最大元素和最小元素*/
    {
        for(j=0;j<3;j++)
        {
            if (a[i][j]>Max) Max=a[i][j];
            else if (a[i][[j]<Min) Min=a[i][j];
        }
    }
    printf("Max=%d Min=%d\n",Max,Min);
}
```

程序说明：程序中的第 4 行表示对数组元素进行初始化；第 7 行表示对存储最大值与最小值的变量进行初始化，其初值必须是数组中的值，这里用的是 a[0][0]；第 8～15 行表示运用变量 i 与 j 分别作行下标和列下标，在二重循环的控制下逐行逐列地扫描二维数组中的各个元素来找出元素的最大值与最小值。

7.3.3　二维数组与指向行元素的指针

1．二维数组的存储结构

二维数组的存储具有按行存储的性质，即在计算机的线性存储空间中先放置第 0 行的所有元素，再存放第 1 行的所有元素，依次类推，直至存放完所有行。每一行按第 0 列、第 1 列、第 2 列等顺序存放。所有元素存放在一段连续的存储单元中。设有如下定义的二维数组：

int a[3][4]={{2,3,1,5},{3,4,8,2},{4,7,9,6}};

图 7-4 给出了这个 3 行 4 列数组 a 的逻辑结构与存储结构关系示意图。

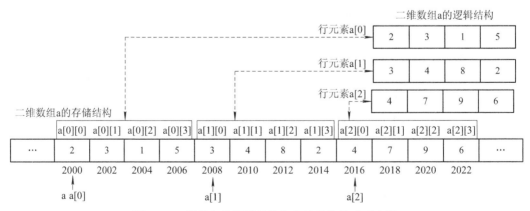

图 7-4　二维数组的逻辑结构与存储结构关系示意图

由二维数组按行存储的性质以及图 7-4 可知，二维数组首先可以看成一个一维数组，该一维数组可以作为二维数组的**顶层结构**。顶层结构中的每个元素又有**底层结构**，即每个元素又是一个大小和类型相同的一维数组。顶层结构中的元素在二维数组中充当着行的作用，这种元素被称为**行元素**；底层结构中的元素在二维数组中起着列的作用，这种元素被称为**列元素**。上述定义的二维数组 a 是由 3 个行元素构成的一维数组，3 个行元素的名称分别为 a[0]、a[1]、a[2]，每个行元素各自又是一个由 4 个列元素构成的一维数组。

　　二维数组与一维数组一样在内存中也有基地址，其基地址依然用数组名来标识。由于行元素又是一个一维数组，其首地址被称为**行地址**，行地址用行元素的名称来标识，每行中具体元素的地址就是**列地址**。例如，行元素名 a[0]、a[1]、a[2] 则分别是三个行元素的行地址，列地址就是单个元素的地址，如&a[1][2]就是第 1 行第 2 列元素的地址。如图 7-4 所示，数组 a 的基地址为 2000；第 0 行 a[0]的行地址为 2000，第 1 行 a[1]的行地址为 2008，第 2 行 a[2]的行地址为 2016；第 0 行第 0 列的地址为 2000，第 0 行第 1 列的地址为 2002，第 1 行第 2 列 a[1][2]的地址为 2012。行下标每次增减一个单位，实际跳过 4 个列元素；列下标每次增减一个单位，实际跳过 1 个元素。这里需要强调的是，二维数组名 a、第 0 行元素名 a[0]以及第 0 行第 0 列元素的地址&a[0][0]具有相同的值，即 2000，但它们的概念却不同。

　　鉴于这种情况，采用二维数组名加偏移量来指向数组中的某个元素时，也要分为两级处理。首先要确定元素所在行的地址，然后再确定元素所在列的地址。

　　由于数组名 a 是二维数组的基地址，即首行的行地址，从二维数组顶层结构上来说，a 或者 a+0 是指向了数组中偏移量为 0 的那个行，那么 a+1 是指向了偏移量为 1 的那个行，依次类推，a+i(i=0,1,2)就指向了偏移量为 i 的那个行。对任意一个正整数 i 来说，a+i 表示第 i 行的行地址，即 a+i 与 a[i]等值。既然 a+i 指向了第 i 行，那么对 a+i 进行 "*" 运算得到第 i 行的行元素应该为*(a+i)，又由于顶层结构中的第 i 个行元素的底层又是一个一维数组，因此*(a+i)不是一个具体的元素。C 语言规定，此时对行地址 a+i 进行 "*" 运算是进行一次由行地址向列地址的概念转换，得到了第 i 行的首列地址，即*(a+i)就是 a[i]的第 0 列元素的地址，此时，*(a+i)也可以写成*(a+i)+0 的形式。在获得了第 i 行的首列元素的地址后，那么相对第 i 行首列偏移量为 j(j=0,1,2,3)的列元素的地址就是*(a+i)+j，即*(a+i)+j 与&a[i][j]等值。有了第 i 行第 j 列元素的地址后，再次用指针运算符 "*" 对*(a+i)+j 实施运算，得到的结果*(*(a+i)+j)就是第 i 行第 j 列元素。因此，*(*(a+0)+0) 等价于 a[0][0]，*(*(a+1)+2) 等价于 a[1][2]，*(*(a+i)+j) 等价于 a[i][j]。

　　根据以上介绍，通过二维数组名来访问数组可以有以下两种形式：

　　(1) 下标法，如 a[i][j]的形式，是二维数组定义的原始形式。

　　(2) 指针法，如*(*(a+i)+j)的形式，是根据数组的基地址逐步确立元素所在行的行地址以及列地址，运用指针运算符进行换算的一种方法。

　　例 7-10　分别用下标法与指针法输出二维数组 a[3][3]={{1,2,3},{4,5,6},{7,8,9}}中的元素。

　　程序编码：

```
#include "stdio.h"
void main()
```

```
{
    int a[3][3]={{1,2,3},{4,5,6},{7,8,9}};
    int i,j;                    /*i 控制行下标，j 控制列下标*/
    for(i=0;i<3;i++)            /*用下标法输出二维数组*/
    {
        for(j=0;j<3;j++)
            printf("%u ",a[i][j]);
        printf("\n");
    }
    printf("\n");
    for(i=0;i<3;i++)            /*用指针法输出二维数组*/
    {
        for(j=0;j<3;j++)
            printf("%u ",*(*(a+i)+j));
        printf("\n");
    }
}
```

程序说明： 该程序将二维数组中的元素进行了两次输出，第一次输出的程序段是第 6～11 行，输出时采用了下标法来访问数组元素；第二次输出的程序段为第 13～18 行，输出时采用了指针法来访问数组元素。

2. 指向行元素的指针变量

到目前为止遇到的指针根据其指向的不同，分为指向变量的指针和指向函数的指针。指向变量的指针可以指向一个同类型的变量，也可以指向一个同类型的一维数组及其元素，这种指针可称其为**简单指针**。二维数组按行存储的性质，决定了用指针指向二维数组与指向一维数组时有不同的特征。对一维数组来说，既可以将数组的基地址直接赋给一个同类型的简单指针，也可以将数组元素的地址赋给该简单指针；对二维数组来说，只能将它的一个具体元素的地址赋给一个简单指针，却不能将数组的基地址或者某行的行地址赋给同类型的简单指针。假设有如下定义：

```
double a[3][4],*p;
```

那么，将数组 a 的第 1 行第 2 列的地址赋给指针 p，即

```
p=&a [3][4];
```

是正确的，但是

```
p=a;
p=a[2];
```

两个赋值都是错误的。这是因为 p 是简单指针，只能指向一个具体的数组元素或者简单变量，而 a 与 a[2]都是二维数组中的行地址，具有组的性质，是一个较为抽象的地址概念，因此不能将这个抽象的地址赋给一个简单指针。这就相当于在一栋楼房中，用于楼层的标

识与用于房间的标识是两个不同概念，不能混用。

　　C 语言定义了一个能够指向二维数组的行元素的指针，用这个指针来指向二维数组，才能起到用指针访问二维数组的作用。定义指向行元素的指针变量的一般形式如下：

```
DataType (*pointer) [ColNumber];
```

其中：DataType 为指针的基类型；(*pointer)中的 pointer 为指针变量名，前面的"*"表示 pointer 为一个指针变量；[ColNumber] 中的 ColNumber 说明了 pointer 所指向的二维数组每行具有 ColNumber 个列。

　　在上述定义中，*pointer 两侧的一对圆括号不能少，由于下标运算符"[]"的优先级别比指针运算符"*"的优先级别高，所以只有在 *pointer 两侧加一对圆括号，使 * 与 pointer 先结合，pointer 才会成为一个指针，然后再与[ColNumber]结合成为一个指向具有 ColNumber 个元素的行指针。否则，省略了 *pointer 两侧的一对圆括号，使得 pointer 先与[ColNumber]结合成为一个数组，然后再与 * 结合，*pointer[ColNumber]就是指针数组，即数组中的每个元素都是指针。

　　一个指针变量被定义成指向二维数组的行元素并且获得了二维数组的基地址后，该指针就可以指向数组中的任何一行。例如：

```
int a[4][3]={{1,2,3},{4,5,6},{7,8,9},{10,11,12}};
int (*p)[3];
p=a;
```

其中：数组 a 具有 4 个行元素 a[0]、a[1]、a[2]、a[3]，每行又有 3 个列元素；"int (*p)[3];"是将变量 p 定义成能指向二维数组行元素的指针，而 p 指向的二维数组只能具有 3 个列元素。当指向行元素的指针 p 被定义后，就可以直接将 a 赋给 p。

　　当 p 指向了数组 a 后，p 或 p+0 就指向了数组的第 0 行元素 a[0]；p+1 就指向了数组的第 1 行元素 a[1]；依此类推，p+i 就指向了数组的第 i 行元素 a[i]。p 只能指向行，不能指向行中元素。如果想让 p 指向行中的某个元素，则必须做转换工作。例如，*(p+1)或者 *(p+1)+0 是将 p+1 指向的第 1 行的行地址转换成第 1 行第 0 列的列地址，*(p+i)+j 是第 i 行第 j 列的地址(i=0,1,2,3；j=0,1,2)，即&a[i][j]，于是 *(*(p+i)+j)是元素 a[i][j]。

　　根据以上论述，当用一个行指针指向某二维数组时，指针与数组名所充当的角色是相同的，所以对指向行元素的指针变量既可以用下标法，也可以用指针法来访问二维数组中的元素。

　　(1) 下标法，如 p[i][j] 的形式。

　　(2) 指针法，如 *(*(p+i)+j)的形式。

　　例 7-11　用指向行元素的指针访问二维数组元素。

　　程序编码：

```
#include "stdio.h"
#define ROW 4              /*宏常量 ROW 表示最大行数*/
#define COL 3              /*宏常量 COL 表示最大列数*/
void main()
{
```

```
        int a[ROW][COL]={{1,2,3},{4,5,6},{7,8,9},{10,11,12}};
        int i,j;                /*i 控制行下标，j 控制列下标*/
        int (*p)[COL];          /*定义指向二维数组的行元素的指针 p*/
        p=a;                    /*将数组 a 的基地址赋给指向行元素的指针变量 p*/
        for(i=0;i<ROW;i++)      /*用下标法输出二维数组*/
        {
            for(j=0;j<COL;j++)
                printf("%2u ",p[i][j]);
            printf("\n");
        }
        printf("\n");
        for(i=0;i<ROW;i++)      /*用指针法输出二维数组*/
        {
            for(j=0;j<COL;j++)
                printf("%2u ",*(*(p+i)+j));
            printf("\n");
        }
    }
```

> **说明：** 指向行元素的指针除了和二维数组配合使用外，单独使用的价值并不大。这种类型的指针最大的应用价值在于作函数的形参，实现在定义二维数组之外的函数中访问二维数组。

7.3.4 二维数组作为函数参数

与一维数组一样，将二维数组传递给函数时也不需要将数组中的每个元素都传递到函数中，而是将数组的基地址传递给一个指向行元素的指针类型的形参，运用这样的形参指针就可访问主调函数中的二维数组及其元素。由于数组名和指向行元素的指针都可以表示二维数组的基地址，所以函数的形参既可以用数组名也可以用指向行元素的指针变量来承担。下面是个典型的例子：

```
int transpose(int (*a)[3],int m,int n)
{
    int i,j;
    for(i=0;i<m;i++)
    {
        for(j=0;j<n;j++)
            printf("%2u ",a[i][j]);
        printf("\n");
    }
```

```
        return 0;
}


int transpose(int a[][3],int m,int n)
{
        int i,j;
        for(i=0;i<m;i++)
        {
                for(j=0;j<n;j++)
                        printf("%2u ",a[i][j]);
                printf("\n");
        }
        return 0;
}
```

上述两个函数的功能都是输出二维数组 a 中的元素。第一个函数的第一形参"int (*a) [3]"是指向二维数组行元素的指针,用来将实参数组的基地址传递到函数中,它要求作为实参的数组无论有多少行,每行必须有 3 个元素。第二个函数的第一形参"int a[][3]"是用二维数组的数组名作形参的,这里省略了二维数组的行数,表示数组的行数是浮动的,明确了列数。这是因为数组的元素是按行存放的,每行的元素数必须明确无误,但是行数可以浮动。两个函数的第二、三参数"int m, int n"指出了形参数组的行数及列数,这是因为将数组的基地址传递给形参时,无法将数组的行列数一同传递给函数,所以在设计函数时还应该另外设计两个形参用来将数组的行列数也传递给函数。

与一维数组一样,这两种形式的参数其内部实质是相同的,都是指针,其形式上的差别是因为各自的角度不同,第一种形式强调传递的是地址,而第二种形式强调传递的是数组。在编程实践中,多采用第一种形式。

例 7-12　求例 7-11 中定义的 4×3 数组中元素之和,求和工作必须在自定义函数中进行。

设计分析：可以考虑将二维数组定义在主函数中,求二维数组所有元素之和放在自定义函数中进行,利用指向二维数组行元素的指针作函数的形式参数,将二维数组的基地址传递到函数内部,同时将二维数组的行列数通过函数参数也传递到函数内部,在函数内部对二维数组中的元素逐行逐列地进行访问,并累加求和。

程序编码：

```
#include "stdio.h"
#define ROW 4                        /*宏常量 ROW 表示最大行数*/
#define COL 3                        /*宏常量 COL 表示最大列数*/
int sigma(int (*p)[COL],int m);      /*求和函数原型声明*/
void OutPutArray(int (*p)[COL],int m);   /*矩阵输出函数原型声明*/
void main()
{
```

```
        int a[ROW][COL]={{1,2,3},{4,5,6},{7,8,9},{10,11,12}};
        int sum;                              /*存放求和结果*/
        OutPutArray(a,ROW, COL);              /*调用矩阵输出函数*/
        sum=sigma(a,ROW, COL);                /*调用求和函数并将结果存入 sum 变量*/
        printf("The total of array members is %d .\n", sum);
}
/*********实现矩阵元素的求和功能****************/
int sigma(int (*p)[COL], int m,int n)
{
        int i,j;                              /*i 控制行下标，j 控制列下标*/
        int sum=0;
        for(i=0;i<m;i++){                     /*计算二维数组元素之和*/
            for(j=0;j<n;j++)
                sum=sum+p[i][j];
        }
        return sum;
}
/*********实现矩阵元素的输出功能***************/
void OutPutArray(int (*p)[COL] ,int m,int n)
{
        int i,j;                              /*i 控制行下标，j 控制列下标*/
        for(i=0;i<m;i++){                     /*用下标法表示输出二维数组*/
            for(j=0;j<n;j++)
                printf("%2u ",p[i][j]);
        printf("\n");
        }
}
```

程序说明：上述程序的目的是用指向行元素的指针作函数的形式参数，将二维数组传递到函数进行处理。共有两个自定义函数 sigma()和 OutPutArray()，每个函数的第一形参均为指向行元素的指针变量，而且该指针变量只能指向具有 COL 个列元素的行。其中第 15～24 行定义了求数组中所有元素之和的函数 sigma()；第 26～34 行定义了输出数组中所有元素的函数 OutPutArray()。

7.4   二维数组的应用

二维数组为矩阵、行列式、二维表格、棋盘等二维事物对象提供了一个很好的存储结构。在此基础上，可以展开一系列应用。

7.4.1　矩阵的简单运算

例 7-13　用二维数组实现下列 4×4 矩阵的转置、相加以及相乘运算。

$$M_1 = \begin{pmatrix} 2 & 4 & 6 & 9 \\ 3 & 6 & 7 & 5 \\ 4 & 1 & 9 & 8 \\ 8 & 5 & 3 & 7 \end{pmatrix}, \qquad M_2 = \begin{pmatrix} 3 & 5 & 6 & 9 \\ 2 & 6 & 7 & 5 \\ 4 & 1 & 8 & 0 \\ 8 & 2 & 4 & 7 \end{pmatrix}$$

设计分析：矩阵采用二维数组进行存储。

转置运算分析：由于转置矩阵是将原矩阵以主对角线为轴进行旋转的，转置后的元素 $b_{ij}=a_{ji}$，这个算式用数组可以表示为 b[i][j]=a[j][i]，则一个矩阵的转置可以用如下算法来实现：

```
for(i=0;i<4;i++)
    for(j=0;j<4;j++)
        b[i][j]= a[j][i];
```

在实际编写程序时，可以将这个算法封装到一个函数中，由函数来实现两个矩阵的乘法运算。

矩阵加法运算分析：两个矩阵相加，是将两个矩阵的对应元素相加，即 $c_{ij}=a_{ij}+b_{ij}$ 用数组可以表示为 c[i][j]=a[i][j]+b[i][j]，那么整个矩阵的加法运算可以表示为

```
for(i=0;i<4;i++)
    for(j=0;j<4;j++)
        c[i][j]=a[i][j]+b[i][j];
```

将这个算法封装到一个函数中，即可实现矩阵的加法运算。

矩阵乘法运算分析：由于矩阵 M_1 的列数与 M_2 的行数相同，所以这两个矩阵能够相乘，其结果矩阵 M_3 的行数为 M_1 的行数，列数为 M_2 的列数，结果中的元素为

$$c_{ij}=a_{i0}b_{0j}+ a_{i1}b_{1j}+ a_{i2}b_{2j}+ a_{i3}b_{3j}=\sum_{k=0}^{3} a_{ik}b_{kj}$$

计算结果矩阵中元素的表达式用数组可以表示为

c[i][j]=a[i][0]*b[0][j]+ a[i][1]*b[1][j]+ a[i][2]*b[2][j]+ a[i][3]*b[3][j]

此运算在编写程序时可以用一个循环语句来完成，即

```
for(k=0;k<4;k++)
    c[i][j]= c[i][j]+ a[i][k]*b[k][j];
```

那么，为了求结果矩阵中的全部元素可以将上述循环放进一个二重循环中来完成，即

```
for(i=0;i<4;i++)
    for(j=0;j<4;j++)
        for(k=0;k<4;k++)
            c[i][j]= c[i][j]+ a[i][k]*b[k][j];
```

在实际编写程序时，可将这个算法封装到一个函数中。

程序编码：由于矩阵的转置、相加以及相乘都是基本运算，应用比较频繁，可以考虑将这些基本运算用函数来实现，其中矩阵转置函数为 Transpose()，矩阵相加函数为MatrixPlus()，矩阵相乘函数为 MatrixMultiply()，矩阵的显示输出函数为 MatrixDisplay()。所有矩阵的定义与声明都放在主函数中，在主函数中调用上述函数来实施对矩阵的转置、相加、相乘运算。

在矩阵运算的函数中传递矩阵的形式参数全部采用指向行元素的指针，在函数内部对矩阵元素的访问均采用下标法来实现。

```c
#include "stdio.h"
#define ROW 4          /*宏常量 ROW 表示最大行数*/
#define COL 4          /*宏常量 COL 表示最大列数*/
void Transpose(int (*M1)[COL],int (*M2)[COL],int RowSize,int ColSize);
void MatrixDisplay (int (*M)[COL],int RowSize,int ColSize);
void MatrixPlus(int (*M1)[COL],int (*M2)[COL], int (*M3)[COL], int RowSize, int
ColSize);
void  MatrixMultiply(int (*M1)[COL],int  (*M2)[COL],int  (*M3)[COL],int  RowSize,int
ColSize);
void main()
{
    int Matrix1[ROW][COL]={{2,4,6,9},{3,6,7,5},{4,1,9,8},{8,5,3,7}},
        Matrix2[ROW][COL]={{3,5,6,9},{2,6,7,5},{4,1,8,0},{8,2,4,7}},
        Matrix3[ROW][COL]={0},     /*用于存储转置矩阵*/
        Matrix4[ROW][COL]={0},     /*用于存储两个矩阵相加的结果 */
        Matrix5[ROW][COL]={0};     /*用于存储两个矩阵相乘的结果 */
    MatrixDisplay(Matrix1,ROW,COL);                    /*输出第一个矩阵 */
    MatrixDisplay(Matrix2,ROW,COL);                    /*输出第二个矩阵 */
    Transpose(Matrix1,Matrix3,ROW,COL);                /*调用矩阵转置函数*/
    MatrixDisplay(Matrix3,ROW,COL);                    /*输出计算结果矩阵*/
    MatrixPlus(Matrix1,Matrix2,Matrix4,ROW,COL);       /*调用矩阵相加函数*/
    MatrixDisplay(Matrix4,ROW,COL);                    /*输出计算结果矩阵*/
    MatrixMultiply(Matrix1,Matrix2,Matrix5,ROW,COL);/*调用矩阵相乘函数*/
    MatrixDisplay(Matrix5,ROW,COL);                    /*输出计算结果矩阵*/
}
/********DisplayMatrix()函数用于实现矩阵的显示**************/
void MatrixDisplay(int (*M)[COL],           /*M 指向要显示的矩阵      */
               int RowSize,int ColSize) /*RowSize、ColSize 为矩阵的行、列数*/
{
    int i,j;
    for(i=0;i<RowSize;i++)
    {
```

```
            for(j=0;j<ColSize;j++)
                printf("%4d",M[i][j]);
            printf("\n");
        }
    printf("\n");
}
/********* Transpose()函数用于实现矩阵的转置 **************/
void Transpose(int (*M1)[COL],              /*M1 指向原矩阵*/
               int (*M2)[COL],              /*M2 指向转置矩阵*/
               int RowSize,int ColSize)     /*RowSize、ColSize 为矩阵的行、列数*/
{
    int i,j;
    for(i=0;i<RowSize;i++)
        for(j=0;j<ColSize;j++)
            M2[j][i]=M1[i][j];
}
/********* MatrixPlus()函数用于实现矩阵的相加运算 M3=M1+M2 **********/
void MatrixPlus( int (*M1)[COL],
               int (*M2)[COL],
               int (*M3)[COL],              /*M3 指向结果矩阵*/
               int RowSize,int ColSize)     /*RowSize、ColSize 为矩阵的行、列数*/
{
    int i,j;
    for(i=0;i<RowSize;i++)
        for(j=0;j<ColSize;j++)
        M3[i][j]=M1[i][j]+M2[i][j]; /*M1 与 M2 对应元素之和为 M3 的对应元素*/
}
/********* MatrixMultiply()函数用于实现矩阵的相乘运算 M3=M1×M2 **********/
void MatrixMultiply(int (*M1)[COL],
                int (*M2)[COL],
                int (*M3)[COL],
                int RowSize,int ColSize) /*RowSize、ColSize 为矩阵的行、列数*/
{   int i,j,k;
    for(i=0;i<RowSize;i++)
        for(j=0;j<ColSize;j++)
            for(k=0;k<ColSize;k++)
                M3[i][j]+=M1[i][k]*M2[k][j];/*M1 第 i 行与 M2 第 j 列对应元素乘积
                                      之和作为 M3 第 i 行第 j 列元素*/
}
```

程序说明：对矩阵的相加、相乘运算是有前提条件的，本程序在编写代码时没有进行条件约束，读者可以对本程序中各个函数进行改造，让函数在进行矩阵的运算前判断两个矩阵能够进行相加或者相乘运算，并将能够实施运算的信息通过函数值返回给主调函数。

7.4.2　栅格数据处理

例7-14　利用二维数组制作点阵字模。点阵字是把每一个字符所在的区域分成 16×16 或 24×24 个点，然后用每个点的虚实来表示字符的笔画。笔画所过之处为实点，没有笔画的地方为虚点(不可见点)。

设计分析：由于点阵字模对字的笔画所过之处用实点，没有笔画的地方用虚点表示，所以可以采用矩阵来表示点阵字模信息。构造一个元素非 0 即 1 的 16×16 矩阵(矩阵的元素为 1 代表笔画所过之处，0 代表该处没有笔画)，在字形显示时，逐一访问矩阵中的元素，遇到 1 输出一个"*"，遇到 0 输出空格，即可在屏幕上获得一个字符的字形。这里以英文字母 C 为例，设计一个 16×16 点阵的字形字模。点阵用一个二维数组来表示，即

$$\begin{bmatrix}
0&0&0&0&0&0&0&0&0&0&0&0&0&0&0&0\\
0&0&0&0&0&0&1&1&1&0&0&0&0&1&1&0\\
0&0&0&0&1&1&1&1&1&1&1&0&0&1&1&0\\
0&0&0&1&1&0&0&0&0&0&1&1&1&1&1&0\\
0&0&1&1&0&0&0&0&0&0&0&0&1&1&1&0\\
0&1&1&0&0&0&0&0&0&0&0&0&0&1&1&0\\
0&1&1&0&0&0&0&0&0&0&0&0&0&1&1&0\\
0&1&1&0&0&0&0&0&0&0&0&0&0&0&0&0\\
0&1&1&0&0&0&0&0&0&0&0&0&0&0&0&0\\
0&1&1&0&0&0&0&0&0&0&0&0&0&1&0&0\\
0&1&1&0&0&0&0&0&0&0&0&0&1&0&0&0\\
0&0&1&1&0&0&0&0&0&0&0&0&1&1&0&0\\
0&0&0&1&1&0&0&0&0&0&0&1&1&1&0&0\\
0&0&0&0&1&1&1&1&1&1&1&1&1&1&0&0\\
0&0&0&0&0&0&1&1&1&1&0&0&0&0&0&0\\
0&0&0&0&0&0&0&0&0&0&0&0&0&0&0&0
\end{bmatrix}$$

程序编码：本程序采用在数组声明时直接初始化数组的方法将点阵字的信息存入二维数组中，对点阵字体的访问及笔画输出可采用二重循环来实现。

```c
#include "stdio.h"
#define ROW 16              /*宏常量 ROW 表示最大行数*/
#define COL 16              /*宏常量 COL 表示最大列数*/
void MatrixWord(int (*M)[COL],int RowSize,int ColSize);
void main()
{
    int cword[ROW][COL]={{0,0,0,0,0,0,0,0,0,0,0,0,0,0,0,0},
                    {0,0,0,0,0,0,1,1,1,0,0,0,0,1,1,0},
                    {0,0,0,0,1,1,1,1,1,1,1,0,0,1,1,0},
                    {0,0,0,1,1,0,0,0,0,0,1,1,1,1,1,0},
                    {0,0,1,1,0,0,0,0,0,0,0,0,1,1,1,0},
```

```
                          {0,1,1,0,0,0,0,0,0,0,0,0,0,1,1,0},
                          {0,1,1,0,0,0,0,0,0,0,0,0,0,0,1,0},
                          {0,1,1,0,0,0,0,0,0,0,0,0,0,0,0,0},
                          {0,1,1,0,0,0,0,0,0,0,0,0,0,0,0,0},
                          {0,1,1,0,0,0,0,0,0,0,0,0,0,0,1,0},
                          {0,1,1,0,0,0,0,0,0,0,0,0,0,1,1,0},
                          {0,0,1,1,0,0,0,0,0,0,0,0,0,1,1,0},
                          {0,0,0,1,1,0,0,0,0,0,0,1,1,1,0,0},
                          {0,0,0,0,1,1,1,1,1,1,1,1,1,0,0,0},
                          {0,0,0,0,0,0,1,1,1,1,0,0,0,0,0,0},
                          {0,0,0,0,0,0,0,0,0,0,0,0,0,0,0,0}};
    MatrixWord(cword,ROW,COL);            /*调用显示函数*/
}
void MatrixWord(int (*M)[COL],            /*M 指向要显示的矩阵*/
                int RowSize,int ColSize)  /*RowSize、ColSize 为矩阵的行、列数*/
{   int i,j;
    for(i=0;i<RowSize;i++)
    {
        for(j=0;j<ColSize;j++)
            if (M[i][j]) printf("%c",'*');
            else printf("%c",' ');
        printf("\n");
    }
    printf("\n");
}
```

例 7-15　一个水库各处的水深不一样，为了测量其库容量，将水库及其周边的陆地所在的矩形区域分割成数个大小相等的栅格，测量每个格子处的水深，就可计算出库容量。如图 7-5 所示，格子中的数字表示水深，单位为米。每个格子的大小为 5 m × 5 m。

	0	1	2	3	4	5	6	7	8	9	10	11
0	0	0	0	0	0	0	0	0	0	0	0	0
1	1	2	1	0	3	2	0	0	1	1	0	0
2	1	7	5	5	4	3	3	2	2	2	1	1
3	1	7	7	4	4	3	3	3	3	2	1	0
4	1	5	5	3	3	2	2	2	2	2	0	0
5	1	2	2	0	0	2	2	0	0	0	0	0
6	0	0	0	0	0	0	0	0	0	0	0	0

图 7-5　测量库容量的栅格

设计分析：将水深信息直接存储在一个二维数组 Reservoir 中，编写一个函数 Caculate Capacity()来对 Reservoir 进行访问，计算出库容量。

程序编码：

```c
#include "stdio.h"
#define ROW 7                    /*宏常量 ROW 表示最大行数*/
#define COL 12                   /*宏常量 COL 表示最大列数*/
#define GRIDWIDTH 5
int CaculateCapacity(int (*M)[COL],int RowSize,int ColSize,int width);
void MatrixDisplay(int (*M)[COL],int RowSize,int ColSize);
void main()
{
    int Reservoir[ROW][COL]={{0,0,0,0,0,0,0,0,0,0,0,0},
                             {1,2,1,0,3,2,0,0,1,1,0,0},
                             {1,7,5,5,4,3,3,2,2,2,1,1},
                             {1,7,7,4,4,3,3,3,3,2,1,0},
                             {1,5,5,3,3,2,2,2,2,2,1,0},
                             {1,2,2,0,0,2,2,0,0,1,0,0},
                             {0,0,0,0,0,0,0,0,0,0,0,0}};
    int   Capacity;
    MatrixDisplay(Reservoir,ROW,COL);
    Capacity=CaculateCapacity(Reservoir,ROW,COL,GRIDWIDTH);
    printf("The Capacity of reservoir is %d cube meters.\n",Capacity);
}


/******** CaculateCapacity ()函数用于实现库容量的计算**********/
int CaculateCapacity(int (*M)[COL],          /*M 指向要计算的矩阵      */
                     int RowSize,int ColSize, /*RowSize、ColSize 为矩阵的行、列数*/
                     int width)               /*width 为方格的宽度*/
{
    int i,j;
    int sum=0;
    for(i=0;i<RowSize;i++)
        for(j=0;j<ColSize;j++)
            if (M[i][j]) sum+=M[i][j]* width*width;
    return sum;
}


/********DisplayMatrix()函数用于实现矩阵的显示*************/
```

```
void MatrixDisplay(int (*M)[COL],              /*M 指向要显示的矩阵    */
                   int RowSize,int ColSize)  /*RowSize、ColSize 为矩阵的行列、数*/
{
    int i,j;
    for(i=0;i<RowSize;i++)
    {
        for(j=0;j<ColSize;j++)
            printf("%4d",M[i][j]);
        printf("\n");
    }
    printf("\n");
}
```

7.5 案例研究——快递费用核算解决方案

1．问题描述

某快递公司经营着从上海到全国各省会城市的快递运输业务，运往几个目的地包裹类物品的运费计价方式及单价表如下：

目的地	10 kg 以下(含 10 kg)		10 kg 以上			
	首重 (≤1.0 kg)	续重 (≤1.0 kg)	≤50.0 kg	≤100.0 kg	≤300.0 kg	> 300.0 kg
杭州	10.0	5.0	5.0	4.5	4.0	3.5
南京	10.0	5.0	5.0	4.5	4.0	3.5
合肥	15.0	5.0	7.0	6.5	6.0	5.5
武汉	15.0	5.0	7.0	6.5	6.0	5.5
济南	20.0	10.0	10.0	8.0	7.0	6.0
西安	20.0	10.0	10.0	8.0	7.0	6.0

注：10 kg 以下续重费用为每 1 千克及其以下加收的费用。

要求编写一个计价程序，能够按照不同目的地分别进行运费核算。

2．分析建模

快递运费计价问题在 4.5 节的案例研究中进行过讨论，那时仅仅涉及单一目的地的运费核算，编写程序时均采用简单变量，解决问题范围有限，这里涉及多线路的运费核算。多线路运费计价是根据不同目的地按照计价表查表计算的，因此，计价表可采用二维数组来表示(例如 a[6][6])，称该二维数组为路线价格数组。数组中的一行代表一个运输路线，每列从左到右分别代表 6 个不同重量区间的单价，这样第 i 条(0≤i≤5)路线的计价方式就存储在数组中的第 i 行。于是第 i 条路线的运费计算可以按照下述分段公式来完成，即

$$y = \begin{cases} a[i][0] & (0 < x \leqslant 1) \\ a[i][1] \cdot (x-1) + a[i][0] & (1 < x \leqslant 10) \\ a[i][2] \cdot x & (10 < x \leqslant 50) \\ a[i][3] \cdot x & (50 < x \leqslant 100) \\ a[i][4] \cdot x & (100 < x \leqslant 300) \\ a[i][5] \cdot x & (x > 300) \end{cases}$$

按照上述分析，问题的关键是目的地选择与运费计算问题，可以将目的地的选择与运费计算分别由两个函数来完成。目的地选择函数中封装各个目的地的名称及编码；运费核算函数中封装上述公式，完成运费计算。

问题的输入：货物的重量定义为变量 weight；货运目的地代码定义为变量 destination。

问题的输出：货物的运费定义为变量 freight。

各个不同运输路线不同称重区间的价格存储在二维数组 a[6][6] 中。

3. 算法设计

通过自顶向下逐步细化的方法来进行设计。

1) 初步算法

顶层问题设计如下：

(1) 选择货物到达的目的地，并将目的地编码存入变量 destination 中。

(2) 输入货物重量并存入变量 weight 中。

(3) 根据 weight 以及 destination 的值在数组 a 中查表计算运费。

(4) 输出货物的运费。

(5) 如果还有运单需要处理，则转入第(1)步。

(6) 程序终止运行。

2) 步骤(1)的细化

初步算法中步骤(1)的细节可以封装在一个函数中来完成，其算法细节如下：

(1) 显示 6 个目的地名称及其代码。

(2) 输入 1 至 6 之间的一个整数。

(3) 如果输入值在 1 至 6 之间，则转入第(4)步，否则转入第(1)步。

(4) 返回目的地代码，函数结束。

3) 步骤(3)的细化

初步算法中步骤(3)的细节可以封装在一个函数中来完成，形参用指向二维数组的行指针(*p)[6]传递计价表，形参 w 传递货物重量，形参 i 传递运输路线代码。在计价前，要保证货物重量必须大于 0。其算法细节如下：

(1) 根据 i 的值运用二维数组第 i 行实施下列计算：

```
    if(w>0)
    {
            if(w<=1) freight=p[i][0];
            else if(w<=10) freight=p[i][1]*(w-1)+p[i][0];
            else if(w<=50) freight=p[i][2]*w;
```

```
        else if(w<=100) freight=p[i][3]*w;
        else if(w<=300) freight=p[i][4]*w;
        else freight=p[i][5]*w;
        return freight;
    }
```

(2) 返回计算结果 freight 的值，函数结束。

4. 编码实现

将初步算法步骤(1)中的目的地代码选择功能编写成函数 router_select()；步骤(3)中的运费计算功能编写成函数 calculate_freight()，其他步骤的功能在主函数中完成。程序编码如下：

```
#include "stdio.h"
int router_select();                          /*目的地选择函数原型声明 */
double calculate_freight(double ,double (*)[6],int);    /*运费计算函数原型声明*/
int main()
{
    double a[6][6]={{10.0, 5.0, 5.0,4.5,4.0,3.5},
                    {10.0, 5.0, 5.0,4.5,4.0,3.5},
                    {15.0, 5.0, 7.0,6.5,6.0,5.5},
                    {15.0, 5.0, 7.0,6.5,6.0,5.5},
                    {20.0,10.0,10.0,8.0,7.0,6.0},
                    {20.0,10.0,10.0,8.0,7.0,6.0}};
    double weight=0,freight=0;             /*weight 与 freight 分别存放重量与运费*/
    int destination=0;                     /*用于存放运输路线的编号 */
    char again=' ';
    do{                                    /*此循环体内实现多订单数据处理*/
        destination=router_select();       /*调用 router_select()函数选择目的地*/
        printf("请输入货物重量>");
        scanf("%lf",&weight);              /*输入重量*/
        again=getchar();                   /*吸收上句输入后的回车符 */
/*****************************************************************/
/*以下调用 calculate_freight()在数组 a 中查找第 i 条路线的计价方法*/
/*并计算 weight 公斤货物的运费*/
/*****************************************************************/
        freight=calculate_freight(weight,a,destination);
        if(freight>=0) printf("货物的运价为：%.2f\n",freight);
        else printf("error\n");
/*以下循环将输入限制在 Y、y、N、n 四个字母中，用于判断程序是否继续执行*/
        while(again!='Y'&&again!='y'&&again!='N'&&again!='n')
```

```
        {
            printf("还有其他运单需要处理吗?");
            again=getchar();                /*在此输入一个单字母信息*/
            getchar();                      /*吸收上句输入后的回车符*/
        }
    }while(again=='y'||again=='Y');
    return 0;                               /*结束程序，并向操作系统返回 0      */
}
/************** 目的地选择函数   ***********/
int router_select()
{
    int i;
    do{
        printf("---------- 目的地代码清单 ----------\n");
        printf("1)---杭州      2)---南京      3)---合肥\n");
        printf("4)---武汉      5)---济南      6)---西安\n\n");
        printf("请选择代表目的地的代码数字 1 至 6 后按回车>");
        scanf("%d",&i);      /*输入目的地代码*/
        getchar();           /*吸收上句输入后的回车符*/
    }while(i<1||i>6);        /*当选择的目的地代码不在 1 至 6 之间时循环，继续选择*/
    return i-1;              /*返回目的地代码*/
}
/************** 运费计算函数   ***********/
double calculate_freight(double w ,          /*重量参数*/
                     double (*p)[6],         /*指向二维数组的行指针*/
                     int i)                  /*二维数组的第 i 行*/
{
    double freight=0;
    if(w>0){                                 /*此 if 语句用于检测重量是否大于 0 */
        if(w<=1) freight=p[i][0];
        else if(w<=10) freight=p[i][1]*(w-1)+p[i][0];
        else if(w<=50) freight=p[i][2]*w;
        else if(w<=100) freight=p[i][3]*w;
        else if(w<=300) freight=p[i][4]*w;
        else freight=p[i][5]*w;
        return freight;
    }
    else return-1;
}
```

7.6 动态创建数组

C 语言规定，在声明数组时，其元素数量是用一个整数类型的常量来表示的(而不是用变量来表示的)，程序在运行期间数组中的元素个数是固定不变的，数组的这种创建法被称为**静态创建法**。然而有些问题需要在程序运行时根据问题的数据规模，动态地调整数组中元素的个数，以使数组大小能够适应问题的数据规模要求，这时静态创建法无法实现这种功能。为此，C 语言提供了能够在程序运行时动态创建数组的两个函数——malloc()与calloc()，以便数组大小与问题的数据规模相适应。本节主要讨论运用函数 malloc()或者calloc()在程序运行时动态创建数组的方法。

7.6.1 动态创建一维数组

calloc()函数的原型如下：

```
void *calloc(unsigned n,unsigned size);
```

该函数的作用是动态分配 n 个长度为 size 的连续存储空间，并返回这个空间的首地址，其地址值的类型为 void 类型。如果函数分配空间成功，则函数值指向所分配空间的首地址，否则函数值为 NULL。

由 calloc()函数的功能可以看出，该函数仅仅是在内存中分配了长度为 n×size 个字节的存储空间，而该存储空间中的数据是 void 类型的，void 类型并非一个特定类型。由前面的讨论可知，数组中的元素必须属于某个特定类型，这样要想使 calloc()函数分配的存储空间能够成为某种类型数组的存储空间，就要对该存储空间进行数据类型的转换。例如，动态创建一个具有 n 个元素的 double 型数组的程序如下：

```
double *p;
unsigned int n;
scanf("%d",&n);
p=(double*)calloc(n,sizeof(double));
```

上述程序有两个关键点需要注意：第一，要定义一个 double 型的简单指针变量 p，以便用来指向动态分配的存储空间；第二，在将动态分配的存储空间的地址赋给指针 p 之前要对该空间进行强制类型转换，在上述最后一个语句中 (double*)运算就是将 void*型的指针转化为 double*型的指针，这样就将指针 p 所指向的动态数组中的元素解释成了 double 型。做到这两点之后，程序就可以将 p 所指存储空间作为一个 double 型的数组来进行处理。

例 7-16 求解常系数 n 次多项式的值。

设计分析：一般的 n 次常系数多项式形式如下：

$$a_0x^n + a_1x^{n-1} + a_2x^{n-2} + \cdots + a_{n-1}x + a_n$$

这个式子也可以变换成如下形式：

$$(((a_0x + a_1)x + a_2)x + \cdots + a_{n-1})x + a_n$$

如果令 $A_0 = a_0$，$A_1 = a_0x + a_1$，则 $A_2 = A_1x + a_2$，…，$A_n = A_{n-1}x + a_n$，所以这个多项式的计算问题可以归结为形如

$$A_i = A_{i-1}x + a_i$$

的式子进行 n 次迭代计算。

一个典型的 n 次多项式最多有 n+1 个项，因此最多有 n+1 个系数，在进行计算前可以将这 n+1 个系数存储在一个具有 n+1 个元素的一维数组中。要让所编写的程序能够计算任何一个多项式：第一，存储系数的数组根据多项式的次数动态创建；第二，迭代计算工作封装在一个函数中进行。

程序编码：

```c
#include <stdio.h>
#include <stdlib.h>                    /* calloc()需要 stdlib.h 文件*/
double polynomial(double *,int,double);
void main()
{
    unsigned int n,i;
    double *p,x,sum;
    scanf("%d %lf",&n,&x);             /*输入多项式的次数*/
/*创建 n+1 个 double 型的存储空间用于存储系数*/
    p=(double*)calloc(n+1,sizeof(double));
    for(i=0;i<n+1;i++)                 /*此循环用于输入系数 */
        scanf("%lf",&p[i]);
    sum=polynomial(p,n,x);
    printf("sum = %.2f\n",sum);
    free(p);                           /*撤销 p 所指数组空间*/
}
double polynomial(double *a,int n,double x)
{
    double A=a[0];
    int i;
    for (i=1;i<n+1;i=i+1)
        A=A*x+a[i];
    return A;
}
```

程序说明：程序中的第 10 行动态分配了 n+1 个 double 型的存储空间，该存储空间的首地址被存储到指针变量 p 中，这相当于定义了一个具有 n+1 个 double 型元素的数组 p。程序中后续各语句对动态分配的存储空间的访问方式与普通数组的访问方式完全相同。在

实际计算时，若某项不存在，则应为该项的系数输入 0 值。

7.6.2　动态创建二维数组

动态创建二维数组用的也是 C 语言内存分配函数 malloc()或者 calloc()。由于 malloc() 或者 calloc()函数在进行内存分配时只是简单地分配给定数量的连续存储空间，并不区分是一维数组还是二维数组，因此，为了能够按照二维数组的方式来访问该空间，必须将该存储空间的首地址强制转换为指向二维数组行元素的指针，然后通过指针来访问该连续存储空间，就达到了将动态创建的存储空间作为二维数组运用的目的。如果要创建一个 n 行 5 列的二维数组，可以运用如下方法：

```
double (*p)[5];
unsigned int n;
scanf("%d",&n);
p=(double (*)[5])calloc(n*5,sizeof(double));
```

这段程序在运行时能动态创建一个 n 行 5 列类型为 double 型的二维数组 p。一旦这个数组 p 创建成功，就可以按照二维数组的一般访问方法来访问该数组。

运用这个方法创建二维数组时也有两个关键点需要注意：第一，要定义一个指向确定列数的二维数组的行指针，如上述程序段中定义了一个指向具有 5 个列元素的行指针 p；第二，要将动态内存分配函数的返回值强制转换为指向具有确定列数的二维数组的行指针，如上述程序段中的"(double (*)[5])"就是将"calloc(n*5,sizeof(double))"的结果转换为具有 5 个列元素的二维数组的行指针。

例 7-17　创建一个每行有 5 个元素的二维数组，数组的行数在程序运行时确定。
程序编码：

```
#include <stdio.h>
#include <stdlib.h>
void main()
{
    unsigned int m,i,j;
    double (*p)[5];
    scanf("%d",&m);                              /*输入数组的行数*/
    p=(double(*)[5])calloc(m*5,sizeof(double));  /*创建二维数组*/
    for(i=0;i<m;i++)                             /*给二维数组中的元素赋值*/
        for(j=0;j<5;j++)
            scanf("%lf",&p[i][j]);
    for(i=0;i<m;i++)                             /*输出二维数组中的元素值*/
    {
        for(j=0;j<5;j++)
            printf("%.1f ",p[i][j]);
        printf("\n");
```

```
        }
        free(p);                              /*撤销数组占据的空间*/
}
```

*7.7 数组下标越界问题

C 语言编译系统并不检查数组是否越界。例如，定义如下的数组：

```
int a[5];
```

系统只管按照声明语句的要求为数组分配足够的连续存储空间并指出该空间的首地址，至于数组 a 占据的这段存储空间的前后位置是否被其他程序或本程序所占用，系统是不管的。对本数组存储空间的访问是否可以向前或者向后越界，系统也不加限制。因此，在访问数组时，从数组的首地址开始无论指针是向前还是向后，都可以不断地移动。下面的程序完全能够编译、执行而且不会出错。

```
#include <stdio.h>
void main()
{
    int a[5]={10,10,10,10,10},i;
    for(i=0;i<20;i++)
        printf("%16d",a[i]);
    printf("\n ");
    for(i=0;i>-20;i--)
        printf("%16d",a[i]);
    printf("\n");
}
```

其中：第一个循环向后越界，在访问完属于数组 a 的 5 个元素后向后越界，连续访问了不属于本数组的 15 个连续的存储空间；第二个循环向前越界，在访问了数组 a 的元素 a[0]后继续向前访问了数组 a 之前的 19 个连续的存储空间。

上述程序证明了对数组的访问是可以越界的，而且系统是不会做出任何限制。读出数组界外的存储单元一般不会出错，但是必然会导致程序出现一些不可预料的结果。往数组界外的存储单元中写入数据，不但有可能导致不可预料的错误，而且有可能造成系统瘫痪。

对于使用动态存储空间分配函数 malloc()或 calloc()创建的数组，系统同样也不会进行越界检查。

数组下标越界是初学者最容易犯的错误。例如，在定义了一个数组

```
int a[10];
```

后，对数组的访问在 a[1]至 a[10]之间进行，沿用了生活中从 1 开始计数的习惯，导致数组真正的第一个元素 a[0]被丢弃不用，而自己想象中的第 10 个元素 a[10]却是越界使用了不

属于数组的元素。

在对数组进行访问时，C 语言不检查访问是否越界。因此，要求程序设计人员对数组的越界问题保持一个清醒的认识，在编写程序时一定要弄清楚一个数组从何处开始到何处结束，将程序对数组的操作控制在数组的界内。

习　题　7

1. 补充完成下面各程序：

(1) 输入 20 个数存放在一个数组中，并且输出其中最大值与最小值、20 个数的和及它们的平均值。

```
#include <stdio.h>
void main()
{   char array_____;
    int max,min,average,sum;
    int i;
    for(i=0;i<_____;i++)
    {
        printf("请输入第%d 个数:",i+1);
        scanf("%d",_____);
    }
    max=array[0];
    min=array[0];
    for(i=0;i<=_____;i++)
    {
        if(max<array[i])
        _____

        if(min>array[i])
        _____

        sum=_____;
    }
    average = _____;
    printf("20 个数中最大值是%d,",max);
    printf("最小值是%d,",min);
    printf("和是%d,",sum);
    printf("平均值是%d.\n",average);
    return 0;
}
```

(2) 求矩阵 a、b 的和，结果存入矩阵 c 中并按矩阵形式输出。

```
#include<stdio.h>
int main()
{
    int a[3][4]={{7,5,-2,3},{1,0,-3,4},{6,8,0,2}};
    int b[3][4]={{5,-1,7,6},{-2,0,1,4},{2,0,8,6}};
    int i,j,c[3][4];
    for(i=0;i<3;i++)
        for(j=0;j<4;j++)
        c[i][j]=_____;
    for(i=0;i<3;i++)
    {
        for(j=0;j<4;j++)
        printf("%3d",c[i][j]);
        _____;
    }
    return 0;
}
```

(3) 在 n 个元素的一维数组中找出最大值、最小值并传送到调用函数。

```
#include <stdio.h>
void find(float *p, int max, int min, int n)
{
    int k;
    _____
    *max=*p;
    _____
    for(k=1;k<n;k++)
    {
        t=*(p+k);
        if( _____ )
        *max=t;
        if(t<*min)
        *min=t;
    }
}
```

(4) 求数组 a 中的所有素数的和，其中函数 isprime()用来判断自变量是否为素数。

```
#include <stdio.h>
int main()
{
```

```
    int i,a[10], *p=a,sum=0;
    printf("Enter 10 num:\n");
    for(i=0;i<10;i ++ )
    scanf("%d",&a[i]);
    for(i=0;i<10;i ++ )
    if(isprime(*(p+ _____ )) == 1)
    {
        printf("%d",*(a+i));
        sum+=*(a+i);
    }
    printf("\nThe sum=%d\n",sum);
    return 0;
}
int isprime(x)
int x;
{
    int i;
    for(i=2;i<=x/2;i ++ )
        if(x%i == 0) return (0);
        _____  ;

}
```

2. 一个数组内存放 10 个学生的英语成绩，求出平均分，并且打印出高于平均分的英语成绩。

3. 从键盘上输入 10 个整数，并放入一个一维数组中，然后将其前 5 个元素与后 5 个元素对换，即第 1 个元素和第 10 个元素互换，第 2 个元素和第 9 个元素互换等。分别输出数组原来的值和对换后各元素的值。

4. 已知 Fibonacci 数列的前两个数为 1，1，以后每一个数都是前两个数之和。Fibonacci 数列的前 n 个数为 1，1，2，3，5，8，13，用数组存放数列的前 20 个数，并输出之(按一行 5 个输出)。

5. 编写程序，从键盘输入 10 个整数并保存到数组，要求找出最小数和它的下标，然后把它和数组中最前面的元素对换位置。

6. 输入 10 个学生的成绩，分别用函数实现：

(1) 求平均成绩；

(2) 按分数高低进行排序并输出。

7. 有一个 5×5 二维数组，试编程求周边元素及对角线元素之和，并输出该数组值最小的元素。

8. 一个二维整型数组中，每一行都有一个最大值，编程求出这些最大值以及它们的和。

9. 打印如下形式的杨辉三角形：

```
                    1
                    1    1
                    1    2    1
                    1    3    3    1
                    1    4    6    4    1
                    1    5    10   10   5    1
```

输出前 10 行，从 0 行开始，分别用一维数组和二维数组实现。

10. 若有一个 4×4 二维数组，试编程完成如下功能：

(1) 求 4×4 列数组的对角线元素值之和；

(2) 将二维数组元素行列互换后存入另一数组中，并将此数组输出。

11. 设有如下两组数据：

        A：2，8，7，6，4，28，70，25

        B：79，27，32，41，57，66，78，80

编写程序，把上面两组数据分别读入两个数组中，然后把两个数组中对应下标的元素相加，即 2+79，8+27，…，并把相应的结果放入第三个数组中，最后输出第三个数组的值。

12. 编写程序，把下面的数据输入到一个二维数组中：

      25   36   78   13

      12   26   88   93

      75   18   22   32

      56   44   36   58

然后执行以下操作：

(1) 输出矩阵两条对角线上的数；

(2) 交换第一行和第三行的位置，然后输出。

13. a 是一个 2×4 的整型数组，且各元素均已赋值。函数 max_value()用于求其中的最大的元素值 max，并将此值返回主调函数。今有函数调用语句 max=max_value(a)，请编写 max_value 函数。

```
        max_value(int arr[ ][4])
            {                    }
```

14. 在主函数内任意输入一个 5×6 矩阵，编写一函数求出每一行的和放到一个一维数组中，输出此矩阵及其每一行的和。

15. 有 30 个学生，三门课程，用二维数组存放该信息；对数组的信息分别进行如下操作：

(1) 输出每门课程的平均分；

(2) 输出每门课程的最高分、最低分；

(3) 统计每门课程不及格人数。

16. 对在一维数组中存放的 10 个整数进行如下操作：从第 3 个元素开始直到最后一个元素，依次向前移动一个位置，输出移动后的结果。

17. 编写程序，从键盘输入 n 个由小到大的顺序排好的数列和一个数 insert_value，把 insert_value 插入到由这 n 个数组成的数列中，而且仍然保持由小到大的顺序，当 insert_value

比原有数都大时放在最后，比原有数都小时放在最前面。

18. 编写程序，从一个 3 行 4 列的二维数组中找出最大数所在的行和列，并将最大值及所在行列值打印出来。要求将查找和打印的功能编写成函数，二维数组的输入在主函数中进行，并将二维数组通过指针参数传递的方式由主函数传递到子函数中。

19. 分析下面程序，写出程序的运行结果。

```
#include<stdio.h>
#include<stdlib.h>
void fun(float *p1,float *p2,float *s)
{
    s=(float *)calloc(1,sizeof(float));
    *s=*p1+*p2++;
}
main()
{
    float a[2]={1.1,2.2},b[2]={10.0,20.0},*s=a;
    fun(a,b,s);
    printf("%5.2f\n",*s);
}
```

20. 打印魔方阵。所谓魔方阵是指这样的方阵，它的每一行、每一列和对角线之和均相等。例如：三阶魔方阵为

$$
\begin{array}{ccc}
8 & 1 & 6 \\
3 & 5 & 7 \\
4 & 9 & 2
\end{array}
$$

要求打印由 1 到 N^2 的自然数构成的魔方阵。

提示：魔方阵中各数的排列规律如下：

(1) 将"1"放在第一行中间一列。

(2) 从"2"开始直到 n×n 为止各数依次按下列规则存放：每一个数存放的行比前一个数的行数减 1，列数加 1。

(3) 如果上一个数的行数为 1，则下一个数的行数为 n(指最下一行)。

(4) 当一个数的列数为 n 时，下一个数的列数应为 1，行数减 1。

(5) 如果按上面规则确定的位置已有数，或上一个数位于第 1 行第 n 列，则把下一个数放在上一个数的下面。

21. n×n 的拉丁方阵的每行、每列均为自然数的一个全排列，每行(列)上均无重复数。如 n=5 时，5×5 的一种拉丁方阵可以为

$$
\begin{array}{ccccc}
1 & 5 & 2 & 4 & 3 \\
2 & 3 & 4 & 5 & 1 \\
4 & 1 & 5 & 3 & 2 \\
5 & 2 & 3 & 1 & 4 \\
3 & 4 & 1 & 2 & 5
\end{array}
$$

该数组的第 1 行"1,5,2,4,3"用程序自动生成，但产生的第 1 行不一定是"1,5,2,4,3"，第 1 行填写完毕后，即以第 1 行作为全方阵索引，即若第 1 行中的第 i 列的元素值为 j，则 j 在各行中的列号即为从第 1 行中元素值为 i 的那一列开始读出的 n 个自然数(到行末则从行头接着读)，例如第 1 行第 2 列的元素值为 5，则从元素值为 2 的那一列(第 3 列)开始读出 2,4,3,1,5，这就是元素 5 在各行中的列标号。

22. 编写程序，使用 Eratosthenes（埃拉托斯特尼）筛法求出不超过 100 的所有素数。Eratosthenes 筛法的具体做法是：先把 N 个自然数按次序排列起来；1 不是质数，也不是合数，要划去；第二个数 2 是质数留下来，而把 2 后面所有能被 2 整除的数都划去；2 后面第一个没划去的数是 3，把 3 留下，再把 3 后面所有能被 3 整除的数都划去；3 后面第一个没划去的数是 5，把 5 留下，再把 5 后面所有能被 5 整除的数都划去；这样一直做下去，就会把不超过 N 的全部合数都筛掉，留下的就是不超过 N 的全部质数。因为希腊人是把数写在涂腊的板上，每划去一个数，就在上面记一小点，寻求质数的工作完毕后，这些小点就像一个筛子，所以就把埃拉托斯特尼的方法叫做"埃拉托斯特尼筛法"。

第 8 章　文本信息处理程序设计

　　文本是一种语言文字的表示形式，主要用于记载和储存文字信息，它可以是一个句子、一个段落或一个篇章。如何在计算机中存储文本信息，如何对文本信息进行各种各样的操作，是计算机科学中一个重要的课题。到目前为止，我们对文本信息处理都是限于一些简单的字符常量和变量，一次只能处理单个字符。文本信息的处理不是面对单个的字符，而是由字符组成的字符串，因而，字符串是文本信息在计算机中的一种基本组织形式。在 C 语言中，char 型的数组是字符串的主要存储结构，因此，本章在对数组讨论的基础上，讨论如何用字符数组来表示字符串，以及字符串的一些特性和对字符串的操作。

8.1　字符数组与字符串

8.1.1　字符数组

　　字符数组是其元素类型为 char 型的数组。字符数组的定义、引用等均与第 7 章中讨论的数值型数组的方法完全相同。例如：

```
char str[30];
```

定义了一个具有 30 个元素的 char 型数组 str。

　　字符数组在定义时也允许对其初始化，初始化的方法是以初始化列表的形式进行的，即将字符常量以逗号分隔写在花括号中。例如：

```
char str[6]={'h','e','l','l','o','!'};
```

或者

```
char str[]={'h','e','l','l','o','!'};
```

　　对字符数组的访问与对数值型数组的访问方式是一样的，也是归结为对具体元素的操作，对每个具体元素既可以为其赋值，也可以读取其值。例如：

```
for(i=0;i<6;i++)
    printf("%c",str[i]);
```

其作用是输出上述定义的字符数组 str 中所有的元素(即对数组中的所有元素进行逐个访问)。如果要给上述定义的字符数组重新赋值，则可用下述方法：

```
for(i=0;i<6;i++)
    scanf("%c",&str[i]);
```

8.1.2 字符串

字符串就是一个字符的序列，往往是一个完整的数据项，一般是定义在双引号之间的一串字符(双引号除外)，如 "hello!"、"This is a computer." 等。C 语言不支持字符串类型，对字符串的存储与处理是借助于字符数组来实现的。例如，定义了如下的一个字符数组：

    char s[20];

要将字符串 "hello!" 保存在 s 中，则可通过赋值语句：

    s[0]='h'; s[1]='e';s [2]='l'; s[3]='l'; s[4]='o'; s[5]='!';

将各个字符分别赋给字符数组的各元素。其存储情况如图 8-1 所示。这样处理虽然将字符串保存到数组 s 中，但操作麻烦且效率低。另外，字符数组中有部分元素没被使用，很难判断字符数组中哪些元素是字符串中的有效字符，这给字符串的处理带来不便。在实际应用中，常常需要将一个字符串中的所有有效字符作为一个整体来处理，而不太关心保存字符串的数组的长度。因此，C 语言规定用**空字符**'\0'作为一个字符串的结束标志。假设如图 8-2 所示，一个字符数组 s 中能够存储 10 个字符，第 7 个元素为空字符 '\0'，则认为该数组中有一个字符串，前 6 个元素均为字符串中的有效字符，从第 7 个元素开始到数组末尾的元素均不属于字符串中的元素。在检索一个字符串时，只要遇到第一个 '\0'，则表示字符串中的有效字符到此结束。

s[0]	s[1]	s[2]	s[3]	s[4]	s[5]	s[6]	s[7]	s[8]	s[9]
h	e	l	l	o	!	…	…	…	…

图 8-1 字符数组的存储情况

s[0]	s[1]	s[2]	s[3]	s[4]	s[5]	s[6]	s[7]	s[8]	s[9]
h	e	l	l	o	!	\0	…	…	…

图 8-2 字符串的存储情况

通常将字符数组称为**字符串的存储空间**，字符数组中的元素数称为**空间的大小**，而数组中有效字符的数量称为**字符串的长度**。字符串结束标志'\0'仅用于判断字符串是否结束，它不属于字符串中的有效字符。在实际编程中，字符串的有效长度在字符串存储空间允许的范围内浮动，因此，一个字符串要能够被正确表示，字符数组中的元素数必须大于字符串的实际字符数。也就是说，一个字符串必须在为其创建的存储空间范围内存储，而不能超出其空间。

为了便于字符串处理，允许用字符串常量来直接初始化字符数组。例如：

    char str[15]="C Program.";

这里声明了一个存储空间大小为 15 个元素的字符数组，系统将双引号之间的字符依次赋给字符数组的前 10 个元素，剩余的 5 个元素则用空字符'\0'来初始化。图 8-3 为上述 str 被初始化后存储空间的分布情况。

	str[0]	str[1]	str[2]	str[3]	str[4]	str[5]	str[6]	str[7]	str[8]	str[9]	str[10]	str[11]	str[12]	str[13]	str[14]
	C		P	r	o	g	r	a	m	.	\0	\0	\0	\0	\0

图 8-3　用字符串初始化字符数组后的存储情况

在声明一个字符串时，要让字符数组中的元素个数适应字符串的大小，也可以采用如下方式来定义并初始化字符数组：

char string []="I am an undergraduate student.";

这里字符数组的大小自动确定为 31，前 30 个元素用字符串 "I am an undergraduate student. " 中的元素初始化，最后一个元素自动用 '\0' 来初始化。这是一个典型的由初值个数决定数组元素个数的初始化方法。

上述对字符串的声明与初始化采用了字符数组的声明与初始化方法。另外，C 语言允许字符串的声明与初始化按照指向字符的指针方式来进行，例如：

char *string="I am an undergraduate student.";

这也是字符串声明的一个特有方法，系统在内存中按照字符串的大小创建一个足以存储该字符串的存储空间，然后将字符串中的全部元素依次存储到该存储空间中，空间中的最后一个元素用 '\0' 来填充，然后用指向字符的指针 string 指向字符数组的首地址，此后，就可以用 string 来表示一个字符串了。

通过本节的讨论，我们可以看出，字符数组与字符串是两个既紧密联系又有微妙区别的概念。

(1) 字符数组是元素类型为 char 型的数组，它不一定是字符串，但是它为字符串提供了存储空间；字符串是一个特殊的数组，其特殊性表现在最后一个字符为 '\0'。

(2) 字符数组的长度是固定的，而字符串的长度是在数组的范围内浮动的。

(3) 字符串只能以 '\0' 结尾，其后的字符不属于该字符串。

说明：为了后文叙述方便，在此约定，将存储字符串的数组、指向字符串的指针变量以及字符串常量无差别地统一称为字符串。

8.2　字符串的输入/输出

8.2.1　字符串的格式化输入/输出

printf() 和 scanf() 两个函数均可被用来实现字符串的输入与输出，只需要在格式串中运用格式占位控制符 "%s" 即可。例如：

printf("%s\n",string);

实现了对 8.1 节的字符串 "I am an undergraduate student." 的输出。

用 printf() 函数对字符串进行输出，依赖于对字符数组中的空字符 '\0' 的检测。当向 printf() 函数传递一个包含空字符'\0'的字符数组时，函数逐一将数组的每个元素的值解析成字符并输出，当遇到了空字符 '\0' 时结束输出。所以处理字符串时，必须确保在每个字符串的末尾加入一个空字符 '\0'。

scanf()函数可用于对字符串的输入。由于字符数组名代表了数组的首地址，所以不要对传递给 scanf()函数的字符串参量进行取地址运算，而直接使用字符串参量的名称即可。例如：

```
char ch[20];
scanf("%s",ch);
printf("%s",ch);
```

scanf("%s", ch)中的 ch 是一个字符数组的名称，它本身代表了字符数组的首地址，所以没有必要对其进行取地址运算。

scanf()函数获取字符串的输入方式与处理数值输入的方式十分类似。当函数扫描字符串时，会忽略字符串之前的空白字符(空格、制表符等)。函数会从第一个非空白字符开始，将遇到的字符逐个复制到字符串存储空间中，直至遇到一个空白字符而停止扫描，并在字符串的末尾加入一个空字符 '\0'。用 scanf()输入字符串时，如果输入的字符数大于字符串空间允许的数量，就会发生溢出错误。

8.2.2 字符串的整行输入/输出

空白符号往往是单词之间的间隔符号，它应该是字符串中的合法符号，而用 scanf()输入字符串时会忽略字符串中的空白符号，这样无法用 scanf()实现将一个英文句子输入到计算机中。为了克服这个缺点，C 语言在 stdio.h 中提供了一个函数 gets()来输入含有空白的字符串。该函数的原型如下：

```
char *gets(char *str);
```

这个函数会将键盘上输入的一行字符串存储到 str 指向的字符串空间中，并在字符串的末尾加入空字符 '\0'，函数的返回值为 str 指针的值，即字符串存储空间的首地址。例如：

```
char line[200];
gets(line);
```

如果程序执行到 gets()时，用户从键盘上输入了句子"This is a C program."，那么这个句子就会被保存在字符数组 line 中，并在句子的末尾加入空字符 '\0'。与使用 scanf()函数一样，如果输入字符串中的字符数大于数组允许的元素数，则 gets()函数也会发生溢出错误，所以编程时必须保证数组的存储空间足够大。

在 stdio.h 中提供了另一个函数 puts()专门用来输出字符串，其原型如下：

```
int puts(char *str);
```

该函数把 str 指向的字符串输出到标准输出设备上，并将字符串尾部的空字符'\0'转换成回车换行，若输出成功，则函数的返回值为 0，否则为非 0 值。

8.3　对字符串的操作

由于字符串是一类特殊字符型数组，除了对它实施一些普通数组的操作外，还有一些与数值型数组不同的操作，其中的一些基本操作许多 C 编译系统都在 string.h 中以函数的形式给出，一般情况下，用户只需要调用这些函数就可实现对字符串的操作。为了能使读者深入了解字符串的一些特性，这里重点讨论对字符串操作的算法，而非简单地介绍相关函数的原型及其应用。

8.3.1 两个字符串的相互赋值

所谓赋值，就是运用赋值运算符将其右侧运算数的值赋给左侧变量。在字符串声明中采用赋值的方法对其进行初始化，是赋值运算符对字符串的唯一使用方法。

由于字符串的存储结构是数组，所以在对字符串赋值时必须将字符串常量或者变量中的字符按照数组元素赋值的方式逐个地赋给目标字符串中的对应元素。例如，将串 str2 中的全体字符赋给串 str1 的程序如下：

```
int i=0;
while(str2[i]!='\0')
str1[i++]=str2[i++];          /*将 str2 中的有效字符复制到 str1 中 */
str1[i]= '\0';               /*将 str2 的结束标志'\0'复制到 str1 的相应位置*/
```

该段程序表示将 str2 中的字符逐个赋给 str1 中对应的元素，直至遇到 str2 的结束标志 '\0'，当 str2 中的全部元素赋值到 str1 中后，在结束赋值之前，将字符串结束标志 '\0' 加在 str1 的有效字符之后。运用这个方法时，str1 的存储空间一定要大于等于 str2 的字符串长度，否则会使 str1 出现存储溢出。

由于字符串赋值在程序设计中频繁被使用，将字符串赋值操作编写成一个独立的函数是十分必要的，这样相当于为字符串增加了一个赋值运算。例如，将字符指针 s2 所指向的字符串(包括 '\0')复制到 s1 所指向的字符串中的程序如下：

```
char *CopyStr(char *s1,char *s2)
{
    while (*s2!='\0')   *s1++=*s2++;      /*将 s2 中的有效字符复制到 s1 中*/
    *s1='\0';                           /*给 s1 加上结束标志 '\0'*/
    return s1;
}
```

使用 CopyStr()函数时，与 s1 对应的实际参数必须是一个字符数组或指针，而与 s2 对应的实际参数既可以是字符串也可以是字符串常量；s1 指向的字符串的存储空间必须大于等于 s2 所指向的字符串的长度。

> 说明：C 语言系统的标准函数库中提供了一个名为 strcpy()的函数来实现两个字符串之间的赋值功能。

例 8-1 将字符串 "I am an undergraduate student." 复制到一个字符数组中去。

设计分析：由于 "I am an undergraduate student." 中的实际长度为 30 个字符，所以可以声明一个字符数组 str1 作为字符串赋值的目标数组，目标数组的长度必须大于 30，然后再利用前面定义的函数 CopyStr()将字符串 "I am an undergraduate student." 复制到 str1 中去，其中，str1 作为 CopyStr() 的第一个实际参数，字符串常量作为函数的第二个实际参数。

程序编码：

```
#include <stdio.h>
char *CopyStr(char *,char *);
void main()
{
    char str1[40];
    CopyStr(str1,"I am an undergraduate student.");
    puts(str1);                  /*输出 str1 中的字符*/
}
char *CopyStr(char *s1,char *s2)
{
    while (*s2!='\0') *s1++=*s2++;
    *s1='\0';                    /*给 s1 加上结束标志'\0' */
    return s1;
}
```

8.3.2　字符串长度的测定

字符串长度的测定就是统计字符串中有效字符的个数，其方法是从字符串左端开始逐个字符进行计数，直至遇到 '\0' 为止('\0' 不在计数范围内)。设有一个指针 s 指向了字符串，则字符串长度测定算法的实现可采用如下函数：

```
int Length(char *s)
{
    int i=0;
    while(s[i]!='\0') i++;
    return i;
}
```

> 说明：C 语言系统的标准函数库中提供了一个名为 strlen() 的函数来实现字符串长度测定算法。

8.3.3　字符串的比较

字符串的比较是比较两个字符串的大小关系。两个字符串比较的算法是对两个字符串自左至右逐个比较，直到出现不同的字符或遇到'\0'为止，得到字符串相等、大或小的判断结果。在比较过程中，若两个串的长度相同且对应字符相同，则认为这两个字符串相等；若遇到第一对不相等的字符，则按照这两个字符的 ASCII 值的大小来判定字符串的大小，以 ASCII 值大的字符所在的字符串为"大"串，否则其所在的字符串为"小"串。

设有两个指针 s1 与 s2 分别指向了两个不同的字符串，则两个字符串比较算法的实现可采用如下函数：

```
int Compare(char *s1,char *s2)
{
    int i=0;
    while(i<Length(s1)+1)
    {
        if(s1[i]>s2[i]) return 1;
        else if (s1[i]<s2[i]) return -1;
        i++;
    }
    return 0;
}
```

函数 Compare()对指针 s1 与 s2 分别指向的字符串进行大小比较，当 s1 指向的字符串等于 s2 指向的字符串时，返回 0 值；当 s1 指向的字符串大于 s2 指向的字符串时，返回 1 值；当 s1 指向的字符串小于 s2 指向的字符串时，返回 −1 值。函数 Compare()中出现的 Length() 函数为 8.3.2 节的字符串长度测定函数。

> 说明：C 语言系统的标准函数库中提供了一个名为 strcmp()的函数来实现字符串比较算法。

8.3.4　字符串的连接

字符串的连接是将两个字符串连接在一起，构成一个新的字符串。假设有两个字符串 s1 与 s2，具体的连接方法是：将字符串 s2 中的字符逐一复制到字符串 s1 的有效字符之后，其结果形成了 s1 串与 s2 串的一个串联，串联结果放在 s1 中。

下述函数实现了 s1 指向的字符串与 s2 指向的字符串的连接算法。在这个算法中，s1 指向的字符串存储空间大小至少是两个串的长度之和。

```
char *Catenate(char *s1,char *s2)
{
    char *t=s1+Length(s1);        /*将指针 t 移动到字符串 s1 的结束标记位置*/
    while (*s2!='\0') *t++=*s2++;  /*将 s2 中的元素逐个复制到 s1 的后续空间中*/
    *t=*s2;                        /*将 s2 的结束标记作为 s1 的新结束标记*/
    return s1;
}
```

在引用上述函数时，与 s1 所对应的实参必须是一个字符数组且其存储空间要足够大，与 s2 所对应的实参既可以是存储字符串的字符数组也可以是字符串常量。

> 说明：C 语言系统的标准函数库中提供了一个名为 strcat()的函数来实现字符串连接算法。

例 8-2 连接字符串 "I am an undergraduate student" 与字符串 "in Shaanxi University of Technology."。

设计分析：将题中所给出的第一个字符串存储在一个足够大的字符数组中，然后引用上述算法编写的函数进行连接。

程序编码：

```
#include <stdio.h>
char *Catenate(char *,char *);
int Length(char *);
void main()
{
    char str1[80]="I am an undergraduate student ";
    Catenate(str1,"in Shaanxi University of Technology.");
    puts(str1);
}
int Length(char *s)                 /*获取字符串长度函数*/
{
    int i=0;
    while(s[i]!='\0') i++;
    return i;
}
char *Catenate(char *s1,char *s2)
{
    char *t=s1+Length(s1);          /*将指针 t 移动到字符串 s1 的结束标记位置*/
    while (*s2!='\0') *t++=*s2++;    /*将 s2 中的元素逐个复制到 s1 的后续空间中*/
    *t=*s2;                          /*将 s2 的结束标记作为 s1 的新结束标记*/
    return s1;
}
```

8.3.5 字符串的搜索与定位

字符串的搜索与定位就是在一个较长的字符串中查找某个较短的特定字符串是否在其中，如果在，则给出这个特定串在长串中出现的位置。一般情况下，称较长的串为**主串**，较短的串为**子串**。例如，检查子串 "student" 是否包含在 "I am an undergraduate student." 中。

子串搜索算法的基本思想：从主串的第一个字符开始与子串的第一个字符比较，若相等，则继续逐个比较后续字符，否则从主串的第二个字符起再与子串的第一个字符比较；依次类推，当子串中的全部字符与主串中的一个连续字符序列相等时，则搜索成功；若找遍整个主串都没有找到与子串相等的序列，则搜索失败。当搜索成功时，算法给出子串在主串中出现的第一个字符的位置；当搜索失败时，给出一个 "−1"。

下述函数 Search() 实现了 s2 指向的字符串是否出现在 s1 所指向的字符串中的搜索算法。

```
int Search(char *s1,char *s2)
{
    int i,j;            /*i 用来控制主串的下标，j 用来控制子串的下标*/
    int L1=Length(s1),L2=Length(s2);
    for (i=0;i<=L1-L2;i++)
    {
        j=0;
        while(s2[j]!='\0')
        {
            if (s1[i+j]==s2[j])   j++;
            else break;
        }
        if (s2[j]=='\0') return i;
    }
    return -1;
}
```

说明：C 语言系统的标准函数库中提供了一个名为 strstr()的函数来实现字符串搜索算法。

例 8-3 检查 "undergraduate" 与 "Student" 是否在 "I am an undergraduate student." 中出现过，若出现，请给出它们在其中的位置。

程序编码：

```
#include"stdio.h"
int Search(char *,char *);
int Length(char *);
void main()
{
    int i,j;
    char str[40]="I am an undergraduate student.";
    i=Search(str,"undergraduate");
    printf("undergraduate is at %d\n",i);
    j=Search(str,"Student");
    printf("Student is at %d\n",j);
}
int Length(char *s)            /*字符串长度测量函数*/
{
    int i=0;
    while(s[i]!='\0') i++;
```

```
        return i;
    }
int Search(char *s1,char *s2)        /*搜索字符串 s2 是否出现在 s1 中*/
{
    int i,j;                        /*i 用来控制主串的下标，j 用来控制子串的下标*/
    int L1=Length(s1),L2=Length(s2);
    for (i=0;i<=L1-L2;i++)
    {
        j=0;
        while(s2[j]!='\0')
        {
            if (s1[i+j]==s2[j])   j++;
            else break;
        }
        if (s2[j]=='\0') return i;
    }
    return -1;
}
```

8.4 案例研究——文本信息处理

1．问题描述

有如下一段英语文本：

The legal limit for driving after drinking alcohol is 80 grams of alcohol in 100 of blood, when tested. But there is no sure way of telling how much you can drink before you reach this limit. It varies with each person depending on your weight, your sex, if you've just eaten and what sort of drinks you've had. Some people must might reach their limit after only about three standard drinks.

其中：grams 应当为 milligrams，需要改正；100 与 of 之间应该有一个单词 milliliters，需要插入；people 与 might 之间多了一个单词 must，需要删除。要求编程实现这些操作。

2．分析建模

上述给出的英语文本可以看成一个比较长的字符串，在此可视其为主串；英语单词 grams、milligrams、of、milliliters、people、might、must 以及数字 100 等都视为字符串的子串，可以将这些字符串存储在相应的字符数组中。该问题的实质是要求编写程序完成三项任务，设计出这三项任务的算法，其他问题就迎刃而解了。

第一个任务，将主串中一个给定的子串删除。字符串删除就是将一个字符串中某个位置开始的若干个字符从字符串中剔除掉，使得字符串的总长度变短。假设一个字符串的总长度为 k，欲将第 m 个字符开始的连续 n 个字符删除掉(m+n≤k)，则可以采用这样的方法：

将第 m+n 个字符向前复制到第 m 个位置,将原先第 m 个位置的字符覆盖掉,再将第 m+n+1 个字符向前复制到第 m+1 个字符的位置,将原先第 m+1 个位置的字符覆盖掉,依次类推,直至遇到字符串结束标志'\0',就完成了字符的移动,此时也就完成了删除工作。

第二个任务,将一个子串插入到主串中给定的位置上。字符串的插入就是将子串中的全部字符插入到主串中某个位置上,该位置及其以后所有字符依次向后移动,每个字符向后移动的距离等于子串的长度。为了完成插入操作,可以采用如下策略:假设在主串中的插入位置为 m,准备插入的子串的长度为 n,先将主串中 m 之后的所有字符复制到一个临时的字符串中,然后将准备插入的子串复制到主串的 m 位置以后的 n 个位置上,再将临时变量中的字符串复制到主串的 m+n 以后的位置上,插入任务即可完成。

第三个任务,用一个字符串替换主串中一个指定的子串。字符串的替换就是将主串中某个位置上给定长度的子串用另一个给定长度的子串替换,这一做法常常在文字处理软件中用来更正文本中的文字错误。假设有一个主串 str,sub1 为 str 中的子串,要用 sub2 替换 str 中的 sub1。最简单的操作就是先将 sub1 从 str 中删除,然后在原位将 sub2 插入。

在具体编写程序时,可以充分利用前面一些已知的算法与函数,包括系统提供的一些标准函数。这样可以降低编程的难度,提高相关程序的复用率。

问题的输入:多为字符串,可以将其定义为字符数组。

```
char str[1024]        /*存储问题描述中给出的文本*/
char *sub1="grams";
char *sub2="milligrams";
char *str1="milliliters ";
char *str2="must ";
```

问题的输出:问题输入中给出的字符串 str。

3. 算法设计

通过自顶向下逐步细化的方法来进行设计。

1) 初步算法:顶层问题设计

由于删除、插入以及替换三项任务没有先后顺序的要求,所以下述算法设计并没有按照问题描述中要求的顺序进行。

(1) 将准备处理的文本存储到 str 指出的字符串存储空间中。

(2) 找到 "must " 在 str 中的位置 index(运用 8.3.5 节中的 Search()函数来完成)。

(3) 测量出 "must "的长度 length(运用 8.3.2 节中的 Length()函数来完成)。

(4) 将 str 中 index 位置开始的 length 个字符删除掉。

(5) 找到 "100 of" 在 str 中的位置 index(运用 8.3.5 节中的 Search()函数来完成)。

(6) 在 index+4 的位置处插入字符串 "milliliters"。

(7) 用子串 "milligrams" 替换 str 中的子串 "grams"。

(8) 将 str 串中的内容输出,查看修改结果。

2) 初步算法步骤(4)的细化

删除操作的算法(可以封装到一个函数 Delete()中)如下:

(1) 用一个指针指向 str 中的 index 位置，另一个指针指向 str 中的 index+length 位置。

(2) 将 index+length 位置及其以后的所有字符逐次复制到 index 位置及其以后的对应位置(此步可以利用字符串赋值函数 CopyStr()来完成)。

3) 初步算法步骤(6)的细化

插入操作的算法(可以封装到一个函数 Insert()中)如下：

(1) 将指针指向 str 的 index+4 位置处。

(2) 将 str 的 index+4 位置及其以后的所有字符复制到变量 s3 中。

(3) 将 "milliliters" 复制到 str 的 index+4 及其以后的位置上，生成一个新的 str 串。

(4) 将临时串 s3 链接到 str 串的后边，至此插入操作完成。

4) 初步算法步骤(7)的细化

替换操作的算法(可以封装到一个函数 Replace()中)如下：

(1) 运用搜索函数确定 "grams" 字符串在 str 中的位置。

(2) 运用初步算法步骤(4)中编写的 Delete()函数将 index 位置处的 "grams" 从 str 中删除。

(3) 运用初步算法步骤(6)中编写的 Insert()函数将 "milligrams" 插入到 str 中的 index 位置。

4．编码实现

在具体编写程序代码时，尽量要以函数调用的形式利用 8.3 节中给出的一些基本操作来构造文本编辑的一些操作。

程序编码：

```
#include "stdio.h"
#include "stdlib.h"
#include "string.h"
int Length(char *s);
void CopyStr(char *s1,char *s2);
int Compare(char *s1,char *s2);
int Search(char *s1,char *s2);
char *Catenate(char *s1,char *s2);
char *Insert(char *s1,char *s2,int n);
void Delete(char *str,int index,int number);
void Replace(char *str,char *sub1,char *sub2);
int main()
{
    char str[1024]= "The legal limit for driving after drinking alcohol is 80 grams of
alcohol in 100 of blood, when tested. But there is no sure way of telling how much you can drink
before you reach this limit. It varies with each person depending on your weight, your sex, if
you've just eaten and what sort of drinks you've had. Some people must might reach their limit
after only about three standard drinks.";
    char *sub1="grams";
```

```
        char *sub2="milligrams";
        char *str1="milliliters ";
        char *str2="must ";
        int index,length;
        index=Search(str,str2);
        length=Length(str2);
        Delete(str,index,length);
        index=Search(str,"100 of")+4;
        Insert(str,str1,index);
        Replace(str,sub1,sub2);
        printf("%s\n",str);
        return 0;
}
/*****获得字符串 s2 在 s1 中的开始位置*****/
int Search(char *s1,char *s2)
{
        int i,j;
        int L1=Length(s1),L2=Length(s2);
        for (i=0;i<=L1-L2;i++)
        {
                j=0;
                while(s2[j]!='\0')
                {
                        if (s1[i+j]!=s2[j])    break;
                        j++;
                }
                if (s2[j]=='\0') return i;
        }
        return -1;
}
/*****将字符串 s2 中的字符(包括'\0')按顺序复制到字符串 s1 中*****/
void CopyStr(char *s1,char *s2)
{
        while (*s2!='\0') *s1++=*s2++;
        *s1=*s2;
}
/*****将字符串 str 中 index 位置开始的 number 个字符删除掉*****/
void Delete(char *str,int index,int number)
{
```

```
        CopyStr(str+index,str+index+number);
}
/*****将字符串 str 中的 sub1 子串用 sub2 替换掉*****/
void Replace(char *str,char *sub1,char *sub2)
{
        int index=Search(str,sub1);
        Delete(str,index,Length(sub1));
        Insert(str,sub2,index);
}

/*****将字符串 s2 插入到字符串 s1 中的 index 位置之后*****/
char *Insert(char *s1,char *s2,int index)
{
        char *s3=(char*)malloc(Length(s1)-index);  /*分配临时存储字符串的空间*/
        CopyStr(s3,s1+index);             /*将 index 位置之后的子串复制到 s3 中*/
        CopyStr(s1+index,s2);             /*将 s2 复制到 index 位置之后生成新的 s1 串*/
        Catenate (s1,s3);                 /*将 s3 接到 s1 之后生成新的 s1 串*/
        free(s3);
        return s1;
}
/*****测定字符串 s 的实际长度*****/
int Length(char *s)
{
        int i=0;
        while(s[i]!='\0') i++;
        return i;
}
/*****比较两个字符串的大小*****/
int Compare(char *s1,char *s2)
{
        int i=0;
        while(i<Length(s1)+1)
        {
                if(s1[i]>s2[i]) return 1;
                else if (s1[i]<s2[i]) return -1;
                i++;
        }
        return 0;
}
```

```
/*****将字符串 s2 接在字符串 s1 之后*****/
char *Catenate(char *s1,char *s2)
{
    char *t=s1+Length(s1);        /*将指针 t 移动到字符串 s1 的结束标记位置*/
    while (*s2!='\0') *t++=*s2++;
    *t='\0';
    return s1;
}
```

*8.5　字符分析与常见字符串编程错误

8.5.1　字符分析与转换

在许多字符串处理应用程序中，都需要知道一个字符属于字符集中的哪一个子类，是字母、数字还是标点符号等。在程序设计时，用头文件 ctype.h 能引入一些函数，这些函数能够回答上述问题，还能够提供字母的大小写互相转换等常见的字符转换功能。表 8-1 列出了 ctype 函数库中字符分类与转换函数的原型，每个函数都要求有一个能表示字符代码的 int 类型的参数，凡名称以 "is" 开头的函数在条件检查为真时返回值为非 0 值，检测结果为假时返回值为 0。

表 8-1　ctype 函数库中字符分类与转换函数

函 数 原 型	函 数 功 能	示　　　例
int isalpha(char ch)	判断参数 ch 是否是字母	if(isalpha(ch)) 　　printf("%c is a letter.\n",ch);
int isdigit(char ch)	判断参数 ch 是否是十进制数字	if(isdigit(ch)) 　　printf("%c is a decimal digit .\n",ch);

int isupper(char ch)
int islower(char ch)
	判断参数 ch 是否是字母表中的大写(小写)字母	if(islower(ch)){
		　　printf("\nError: Sentence should begin");
		　　printf(" with a capotal letter.\n");}

int ispunct(char ch)	判断参数 ch 是否是标点符号	if(ispunct (ch)) 　　printf("\nPunctuation mark: %c\n",ch);
int isspace(char ch)	判断参数 ch 是否是空白字符，即空格、回车、制表符	if(isspace (ch)) 　　printf("\n %c is a blank character.\n",ch);
int tolower(char ch) int toupper(char ch)	将参数 ch 转换成大写(或小写)字母	if(islower(ch)) 　　printf("Capital%c= %c.\n",ch,toupper(ch));

8.5.2　常见字符串编程错误

1. 企图通过函数值来返回一个字符串的错误

在运用函数编写处理数值型数据的程序时，常常将计算结果保存在函数的一个局部变量中，最后将该局部变量的值用 return 语句返回给主调函数，因此一些初学者往往沿用这种策略来编写处理字符串的函数，在函数内部建立一个局部字符数组来存储相关的字符串处理结果，最后用 return 将字符串返回给主调函数，但是，最后却导致主调函数获得的结果不正确。例如：

```
char *scanline()
{
    char dest[100];
    int i=0,ch=getchar();
    while(ch!='\n'&&ch!='\0')
    {
        dest[i++]=ch;
        ch=getchar();
    }
    dest[i]='\0';
    return dest;
}
```

在字符串处理函数中不能采用这种方法，因为在函数内部创建的存储字符串的字符数组 dest 是属于 scanline()函数的，主调函数不能访问属于被调函数 scanline()的局部变量。另外，用 return dest 返回给主调函数的不是字符串本身而是数组 dest 的首地址，当函数 scanline()执行结束后，dest 数组的存储空间会被撤销，且有可能被系统随时分配给别的程序去使用。这样，即使主调函数得到了该存储空间的地址，该存储空间存储的内容也有随时被覆盖的风险。最危险的是这种方法能够通过编译，并且在程序中能够传递没有任何错误提示的结果。

要想避免这种错误的发生，不要在被调函数内部创建存储字符串的局部字符数组。被调函数可以要求主调函数给其提供一个存储字符串的字符数组作为函数参数，函数将处理结果存储在该参数所指出的数组中。对上述错误的函数修正后的程序如下：

```
#include <stdio.h>
char *scanline(char *);
void main()
{
    char ch[100];
    printf("%s\n",scanline(ch));
}
char *scanline(char *dest)          /*将一个存储字符数组的地址传给函数的
{                                      形参 dest 指针，在函数内部将处理结果
    int i=0,ch=getchar();              存储在 dest 指针指出的字符数组中*/
    while(ch!='\n'&&ch!='\0')
    {
        dest[i++]=ch;
```

```
        ch=getchar();
    }
    dest[i]='\0';
    return dest;
}
```

存储字符串的数组 ch[100]是在主调函数中定义的，在调用被调函数 scanline()时，主调函数将这个数组的地址值传递给被调函数，被调函数将处理结果存储在这个存储空间。

观察 C 语言的 string 函数库就会发现，处理字符串的函数的形式参数及函数返回值类型都是 char* 类型。这是使用编写字符串处理函数的较为固定的模式。

2. 在对字符串比较时使用关系运算符

初学者在对字符串比较时，不用相关的函数或者算法来编程实现，而是像数值型数据进行比较运算一样使用关系运算符比较字符串的大小。例如，设 str1 与 str2 是两个字符数组，对两个字符串的大小进行比较时用：

str1<str2

这个比较运算不会出错，比较的结果也是合法的，但是这个结果却与编程者的真实目的不一致。其结果实际上是确定字符串 str1 的存储空间的起始地址先于字符串 str2 的存储空间的地址，并非两个串的大小结果。

3. 误用或漏用取地址运算符&

取地址运算符&不能用于字符串或其他任何作为输入/输出参数的数组，只能在简单变量(int 型变量、double 型变量、char 型变量)或数组元素前面进行取地址运算。初学者容易在这些方面误用或者漏用&运算符。

4. 字符串的向上溢出错误

字符串是借助于字符数组存储的，串的最大长度应受到字符数组大小的限制，但是，由于 C 语言对数组越界不做任何检测与约束，初学者经常会将字符串存储在一个比串长度小的字符数组中，这样会造成字符串的向上溢出错误。这种错误在程序编译与运行时一般不容易被发现。这就要求编程人员清醒地认识字符串的长度与存储字符串的数组大小，以免出现错误。

5. 忘记给字符串加'\0'结束标记

初学者在编写程序时经常会忘记给字符串加'\0'来结尾，导致在引用一个字符串时因找不到串的结束标记而出现一些莫名其妙的结果。

习 题 8

1. 连接两个字符串，即编写 strcat()函数。
2. 求一个字符串的长度，即编写 strlen()函数。
3. 编写函数，将字符数组 s1 中的全部字符复制到字符数组 s2 中，要求不用 strcpy()函数。

4. 从键盘上输入多个单词，输入时各单词用空格隔开，用"#"结束输入。现编写一个函数把每个单词的第一个字母转换为大写字母，其主函数实现单词的输入。

5. 编写函数 fun(char *str, int num[10])，它的功能是：分别找出字符串中每个数字字符(0，1，2，3，4，5，6，7，8，9)的个数，用 num[0]来统计字符 0 的个数，用 num[1]来统计字符 1 的个数，用 num[9]来统计字符 9 的个数。字符串由主函数从键盘读入。

6. 有两个字符串，各有 10 个字符，编程完成如下功能(所有功能都通过函数调用实现)：

(1) 分别找出两个字符串中最大的字符元素；

(2) 将两个字符串对应位置的元素逐个进行比较，并统计输出两个字符串对应元素大于、小于和等于的次数。

7. 有一行字符，统计其中的单词个数(单词之间以空格分隔)。

8. 从键盘输入 5 个字符串，输出 5 个字符串中最小的字符串。

9. 从字符串中删除指定的字符。同一字母的大、小写按不同字符处理。若程序执行时输入字符串为"turbo c and borland c++"，从键盘上输入字符":n"，则输出后字符串变为"turbo c ad borlad c++"，如果输入的字符在字符串中不存在，则字符串照原样输出。

10. 利用函数和指针编写程序，在 main()函数中输入一个字符串，在 pcopy()函数中将此字符串从第 n 个字符开始到第 m 个字符为止的所有字符全部显示出来。

11. 补充完成下面的程序：

(1) 函数 fun()的功能是使字符串 str 按逆序存放。

```
void fun (char str[])
{ char m; int i, j;
        for (i=0, j=strlen(str); i< _____ ; i++, j--)
        { m = str[i];
            str[i] = _____ ;
         str[j-1] = m;
        }
        printf("%s\n",str);
}
```

(2) 在下列程序中，其函数的功能是比较两个字符串的长度，比较的结果是函数返回较长的字符串的地址。若两个字符串长度相同，则返回第一个字符串的地址。

```
#include <stdio.h>
char *_____ ( char *s, char *t)
{ char *ss=s, *tt=t;
        while((*ss)&&(*tt))
            { ss++; tt++; }
            if (*tt)
return(_____);
            else
 return(_____);
}
```

```
int main( )
{ char a[20],b[10],*p,*q;
        int i;
        gets( a);
        gets( b);
        printf("%s\n",fun (a, b ));
        return 0;

}
```

(3) 编写函数，由实参传来一个字符串，统计此字符串中字母、数字、空格和其他字符的个数，在主函数中输入字符串并输出上述结果。

```
#include<stdio.h>
#include<ctype.h>
void fltj(char str[],int a[])
{
   int ll,i;
      ll=_____
      for (i=0;i<ll;i++)
      { if (_____) a[0]++;
          else if (_____) a[1]++;
          else if (_____) a[2]++;
          else a[3]++;
      }
}
int main()
{
    static char str[60];
    static int a[4]={0,0,0,0};
    gets(str);
    fltj(str,a);
    printf("%s char:%d digit:%d space:%d other:%d",str,a[0],a[1],a[2],a[3]);
    return 0;
}
```

第9章 结构数据类型

第 2～6 章中讨论的数据类型都是没有底层结构的类型，例如 char、int、double 等，这些类型的数据对象具有单一的值，这样的数据类型被称为**基本数据类型**。在第 7、8 章中讨论的数组以及字符串是由很多元素组成的，每个元素都属于一个基本类型，像这种具有底层结构的数据类型通常被称为**构造数据类型**。构造数据类型提供了一种数据抽象的方法，用它能够描述一些抽象的概念。例如，用数组表示集合、矩阵等，使得集合、矩阵的抽象性与其元素的具体性得到了统一。

在构造数据类型中，数组底层结构中的每个成员都是相同的数据类型，因此数组属于一种**同构数据类型**。除了数组这种同构数据类型以外，还有一种**异构数据类型**，其数据对象底层结构中的成员可以属于不同的数据类型，这种数据类型通常被称为**结构数据类型**。结构数据类型为我们提供了一种新的数据抽象机制，用它可以表示基本数据类型以及同构数据类型所无法表示的客观事物对象。例如，表 9-1 为一个电器类商品订单信息描述表，其中的订单编号、客户名称、客户地址、商品名称、商品型号等需要用字符串来表示，单价、数量以及总价需要用数值类型来表示。本章重点讨论结构类型数据的构造规则及其应用。

表 9-1 订单信息描述表

订单编号	订单日期	客户名称	客户地址	商品名称	商品型号	单价	数量	总价
20110428001	2011.04.28	李凌	朝阳路 505 号	联想笔记本	Z460	4280.0	2	8560.0

9.1 结构类型及结构体

C 语言提供了一个自定义数据类型的机制，允许程序员根据具体问题来构造需要的数据类型，用于表示与特殊对象有关的数据。在自定义数据类型机制中，最典型的就是结构类型的构造机制。**结构类型**是由多个不同类型组合成的数据类型，而**结构体**就是由结构类型定义的变量。

9.1.1 结构类型的定义

一个完整的日期概念一般由年、月、日三部分构成，日期概念用结构类型可以描述如下：

```
struct TDate                    /*日期结构类型*/
{
```

```
    int year;              /*年*/
    int month;             /*月*/
    int day;               /*日*/
};
```

这是一个比较简单的结构类型的定义。其中：struct 是结构类型的标志；TDate 是类型名称，是由程序员自己命名的；花括号中括起来的是年、月、日三个成员的说明，成员的名称分别为 year、month 和 day，且全部为 int 型，成员之间用分号"；"隔开；结构类型的定义以一个分号"；"结束。

有了上述的定义后，struct TDate 就是一个新的数据类型标识符了，用它可以说明一个结构类型的变量。例如：

```
struct TDate birthday;
```

表 9-1 中电器类商品订单的数据类型可以用结构类型描述如下：

```
struct TOrder                /*订单结构类型*/
{
    char code[10];           /*订单编号，用 10 个字符描述*/
    struct TDate date;       /*订单日期，用 date 来描述*/
    char name[10];           /*客户名称，用 10 个字符描述*/
    char address[40];        /*客户地址，用 40 个字符描述*/
    char product [16];       /*商品名称，用 16 个字符描述*/
    char model[10];          /*商品型号，用 10 个字符描述*/
    double price;            /*单价，用 double 型描述*/
    int number;              /*数量，用 int 型描述*/
    double total;            /*总价，用 double 型描述*/
};
```

TOrder 是描述订单的一个结构类型，包含了 9 个成员，每个成员对应订单的一个属性项。其中有 5 个字符串类型成员，2 个 double 型成员，1 个 int 型成员以及 1 个 struct TDate 型成员。这个类型的定义要比日期类型 struct TDate 复杂，其复杂性表现在：成员的数量多且各个成员的数据类型都不尽相同；有一个成员的类型就是上述描述日期概念的 struct TDate 类型。

由上述两个结构类型的定义可以归纳出结构类型描述的一般格式为

```
struct TypeName
{
    Type1 member1;
    Type2 member2;
        ⋮
    Typen membern;
};
```

在结构类型的描述中应注意以下几点:

(1) 类型名称是由程序员在编程时自己命名的, 其命名规则遵循 C 语言的标识符命名规则; 类型名称是结构类型的标识符(就像 int、double 分别是整型与实型的标识符一样), 其前缀 struct 是结构类型的标志。

(2) 结构类型的成员必须在一对"{}"中进行描述, 成员的名称由程序员在编程时自己命名, 且遵循标识符命名规则, 成员之间用";"间隔; 成员可以是基本数据类型、数组类型、已定义的结构类型、指针类型等。

(3) 整个结构类型的描述必须以";"为结束标记。

> 说明: 本书约定凡是自定义的数据类型都在标识符前冠以大写字母 T, 且表示类型名称的第一个字母均采用大写字母, 例如 TOrder、TDate 等。

9.1.2　结构体的定义及引用

1. 结构体的定义

结构体作为结构类型的变量, 它和普通变量一样, 也必须先声明、后引用。例如:

```
struct TOrder order1,order2;
struct TDate birthday,memorial;
```

这里声明的结构体 order1 和 order2 为 TOrder 类型的变量, birthday 和 memorial 为 TDate 类型的变量。这些声明与其他类型变量的声明形式是相似的, 不同之处是类型名称的前面多了一个前缀 struct, 表明这里声明的变量是结构体, 而非其他类型变量。

在结构类型 TOrder 和 TDate 定义时仅仅说明了结构类型内部成员的组成情况, 并没有在内存中分配任何存储空间, 只有在定义结构体 order1、order2、birthday 和 memorial 时, 系统才给这些变量分配存储空间。如果与一台机器的设计与制造类比, 则定义结构体类型相当于设计机器的图纸, 定义结构体相当于按照图纸制造机器。用一份成熟的图纸可以制造多台机器, 同样, 用一个定义好的结构类型可以定义多个结构体。图纸是对机器的描述和刻画, 机器则是图纸的实物再现, 同理, 结构类型是对数据的说明和描述, 而结构体则是结构类型在内存中的具体实现, 它具有实体性。这也是本书将结构类型的变量称为结构体的原因。

2. 结构体的初始化

在声明结构体时可以对它的各个成员进行初始化, 初始化方式也是采用"初始化列表"来实施的, 即将初始化列表中的常量依次赋给结构体中的各个成员。例如:

```
struct TOrder order1={"201104001",{2011,04,28},"李凌","汉台区东关 505 号",
                "联想笔记本", " Z460",4280.0,2};
```

这里的初始化方式符合部分初始化的特征, 由于 order1.total 在初始化列表中没有对应的数据, 所以该成员的值默认为 0.0, 其他成员的值均为列表中对应的数据项。另外, 由于订单中的日期进一步采用了表示日期的结构类型来描述, 所以 order1.date 成员的初始化采用了进一步的初始化列表{2011,04,28}方式, 列表中的数据从左到右用于初始化 order1.date.year、order1.date.month 以及 order1.date.day 成员。

3. 结构体成员的引用与操作

结构体引用是通过对结构体成员逐个引用来实现的。访问结构体成员是将结构体名称与成员名用运算符 "." 连接起来进行的，"." 左边是结构体名称，右边是成员名称。"." 在 C 语言中被称为成员运算符。例如，order1.address 表示结构体 order1 的 address 成员。成员运算符 "." 在所有运算符中的优先级别最高，以保证它两边的标识符联合起来构成一个变量。由于结构体中的成员类型较为复杂，因此在引用结构体成员时要根据成员的类型不同来区别对待。

(1) 对结构体的基本类型成员可直接引用，例如：

```
order1.price=4280.0;
order1.number=2;
```

上述两个语句分别对结构体 order1 的 price 及 number 成员进行赋值。也可以将结构成员的值赋给同类型的其他变量，例如：

```
double x;
x=order1.price
```

(2) 对最底层的成员进行存取操作。如果结构体成员类型又是一个结构类型，其操作方法是用若干个成员运算符来逐级换算出最底层的成员。例如，在结构体 order1 中的日期成员 date 中又有三个成员 year、month、day，分别表示年、月、日。那么对 order1 中年、月、日成员的正确表示形式如下：

```
order1.date.year;
order1.date. month;
order1.date. day;
```

(3) 如果结构体成员是一个数组，则该成员的引用必须遵循数组的引用规则，即要对数组中的各个元素进行操作。例如，要将 "Bob" 字符串赋给 order1.name 成员，而 order1.name 成员是一个一维数组，则必须按如下方法进行：

```
order1.name[0]='B';
order1.name[1]='o';
order1.name[2]='b';
order1.name[3]='\0';
```

下述的赋值方法是错误的：

```
order1.name="Bob";
```

如果要将一个字符串整体赋给 order1.name，可以采用 8.3.1 节介绍的方法或者直接利用 string.h 中的 strcpy()函数进行操作。

(4) 结构体成员可以像简单变量一样参与各种各样的运算。例如：

```
order1.price=order1.price-50;
order1.total=order1.price*order1.number;
```

(5) 对结构体的输入/输出归根结底是对其各个底层成员的输入/输出。例如：

```
scanf("%s",order1.name);
```

```
scanf("%s",&order1.number);
printf("%s ",order1.code);
printf("%d.%d.%d ",order1.date.year,order1.date.month,order1.date.day);
printf("%f ",order1.price);
```

不能用结构体名称对结构体进行输入/输出。例如：

```
scanf("%s",&order1);
```

是不正确的结构体数据输入。

4. 结构体的相互赋值

同类型的结构体之间可以相互赋值。例如：

```
order2=order1;
```

由于结构体 order2 与 order1 有相同的结构及成员，上述语句会将 order1 中各成员的值分别赋给 order2 中的相应成员。

9.1.3 结构体作为函数的参数及返回值

可以用结构体作为函数的参数将一个结构类型的数据传递到函数内部。用结构体作为函数的参数时，采取的也是"值传递"方式，实参按顺序将它的各个成员的值传递给形参的对应成员。一个结构体也可以作为函数值，用 return 语句返回给调用函数，此时，函数的值类型必须是相应的结构类型。例如：

```
struct TOrder plus(struct TOrder order)
{
    order.number=order.number+5;
    return order;
}
```

此函数的形参及其返回值类型都是 struct TOrder 类型，它的功能是将一个结构类型的数据作为函数参数传递到函数内部，在函数中对其 number 成员追加一个整数 5 后，再将该结构类型数据作为函数值返回给主调函数。

需要特别说明的是，如果结构体中的成员比较多，则这种传递方式在空间与时间上的开销量比较大，要想降低时空开销，最好用指向结构类型的指针变量来解决。

例 9-1　有如表 9-2 所示的两笔电器订单，请编写程序将价值最大的订单信息输出到屏幕。

表9-2　电　器　订　单

订单编号	日　期	客户名称	客户地址	产品名称	型号	单价	数量	总价
201104001	2011.04.28	李凌	朝阳路 505 号	联想笔记本	Z460	4280.0	2	
201104012	2011.04.28	王阳	友爱路 47 号	海尔冰箱	BCD649	6999.0	1	

设计分析：由于上述订单中没有给出每个订单的总值，因此在比较订单价值之前必须计算出总值，然后再比较。在数据组织方面，可以先将上述订单中的数据存入两个结构体

中，然后再对结构体实施操作。订单信息的输出可用一个子函数来实现。

程序编码：

```c
#include "stdio.h"
struct TDATE              /*描述日期的结构类型，其中有三个同类型的成员*/
{
        int year;
        int month;
        int day;
};
struct TOrder           /*描述订单的结构类型，其中有九个不同类型的成员*/
{
        char code[10];
        struct TDATE date;
        char name[10];
        char address[12];
        char productname[9];
        char model[7];
        double price;
        int number;
        double total;
};
void Print(struct TOrder);   /* TOrder 型结构体成员输出函数原型声明*/
int main()
{
/****声明并初始化两个订单结构体*****/
    struct TOrder order1={"201104001",{2011,04,28},
                    "李凌","朝阳路 505 号","联想笔记本","Z460",4280.0,2};
    struct TOrder order2={"201104012",{2011,04,28},
                    "王阳","友爱路 47 号","海尔冰箱","BCD649",6999.0,1};
/***** 计算每笔订单的总值 *****/
        order1.total=order1.price*order1.number;
        order2.total=order2.price*order2.number;
/***** 比较并输出价值最大的订单 *****/
        if (order1.total>order2.total) Print(order1);
        else if (order1.total<order2.total) Print(order2);
        else {Print(order1);Print(order2);}
        return 0;
}
```

```
/*****TOrder 型结构体成员输出函数定义*****/
void Print(struct TOrder f)
{
        printf("%-10s ",f.code);
        printf("%4d.%d.%d ",f.date.year,f.date.month,f.date.day);
        printf("%-9s ",f.name);
        printf("%-12s ",f.address);
        printf("%-8s ",f.productname);
        printf("%-6s ",f.model);
        printf("%7.2f ",f.price);
        printf("%3d ",f.number);
        printf("%7.2f\n",f.total);
}
```

9.1.4 结构数组

结构数组就是用结构类型定义的数组，数组中每个元素的类型都是一个结构类型。对于一个电器销售商来说，电器类的订单每天都在发生，如果将所有的订单数据都保存并在计算机中进行处理，显然采用结构数组是一个很好的办法。关于订单的结构数组声明如下：

```
struct TOrder order[100];
```

这里声明了一个可以存储 100 条订单的结构数组，数组中的元素类型是一个描述订单的结构类型 struct TOrder，图 9-1 展示了结构数组 order 的结构。第 i 个客户的数据存储在数组元素 order[i]中，其数据成员分别是 order[i].code、order[i].date 以及 order[i].name 等。数组元素 order[i]就是一个结构体。

	code	date	name	address	product name	model	price	number	total
order[0]	20110428001	2011.04.28	李凌	朝阳路 505 号	联想笔记本	Z460	4280.0	2	8560.0
order[1]	20110428002	2011.04.28	张晓	兴汉路 281 号	海尔电视	LB32R3	3999.0	1	3999.0
order[2]	…	…	…	…	…	…	…	…	…
…	…	…	…	…	…	…	…	…	…
order[99]	…	…	…	…	…	…	…	…	…

图 9-1　结构数组 order 的结构

在对结构数组进行访问时，一定要注意数组元素以及成员之间的位置关系。例如，在访问数组 order 的第一个元素的 price 成员时，运算符 "." 位于数组元素与成员名称之间，即 order[0].price 是该元素的 price 成员的正确引用形式。

例 9-2 有如表 9-3 所示的五笔电器订单，请编写程序计算这些订单的总销售额，并输出明细。

表 9-3 电器订单

订单编号	日 期	客户名称	客户地址	产品名称	型号	单价	数量	总价
201104001	2011.04.28	李凌	朝阳路 505 号	联想笔记本	Z460	4280.0	2	
201104002	2011.04.28	张晓	兴汉路 281 号	海尔电视	LB32R3	3999.0	1	
201104012	2011.04.28	王阳	友爱路 47 号	海尔冰箱	BCD649	6999.0	1	
201104013	2011.04.28	李荣	友谊路 360 号	联想笔记本	G460	4380.0	1	
201104013	2011.04.28	章辉	前进路 67 号	海尔电脑	i7	2480.0	1	

设计分析：多笔订单采用结构数组来存储比较方便；要计算这些订单的销售总额，首先要计算每笔的总金额，然后再将每笔的销售金额进行合计；输出明细可以采用例 9-1 中的输出函数来实现。

程序编码：

```
#include "stdio.h"
struct TDATE{        /*定义描述日期的结构类型，其中有三个同类型的成员*/
    int year;
    int month;
    int day;
};
struct TOrder{        /*定义描述订单的结构类型，其中有九个不同类型的成员*/
    char code[10];
    struct TDATE date;
    char name[10];
    char address[12];
    char productname[9];
    char model[7];
    double price;
    int number;
    double total;
};
void Print(struct TOrder f);    /*TOrder 型结构体成员输出函数原型声明*/
int main(){
/****声明并初始化具有五个元素的表示订单的结构数组*****/
    struct TOrder order[5]={
    {"201104001",{2011,04,28},"李凌","朝阳路 505 号","联想笔记本","Z460",4280.0,2},
    {"201104002",{2011,04,28},"张晓","兴汉路 281 号","海尔电视","LB32R3",3999.0,1},
    {"201104012",{2011,04,28},"王阳","友爱路 47 号","海尔冰箱","BCD649",6999.0,1},
    {"201104013",{2011,04,28},"李荣","友谊路 360 号","联想笔记本","G460",4380.0,1},
    {"201104013",{2011,04,28},"章辉","前进路 67 号","海尔电脑","i7",2480.0,1}
    };
```

```
        int i;
        double sum=0.0;     /*用于存放所有订单的销售总额*/
/***** 计算每笔订单的金额*****/
        for(i=0;i<5;i++)
            order[i].total=order[i].price*order[i].number;
/***** 计算所有订单的销售总额*****/
        for(i=0;i<5;i++)
            sum=sum+order[i].total;
/***** 输出每笔订单的明细*****/
        for(i=0;i<5;i++)
            Print(order[i]);
        printf("%65cSUM=%7.2f\n",' ',sum);
return 0;
}
/*****TOrder 结构体输出函数定义，函数的形参为结构体*****/
void Print(struct TOrder p){
    printf("%-10s ",p.code);
    printf("%4d.%d.%d ",p.date.year,p.date.month,p.date.day);
    printf("%-7s ",p.name);
    printf("%-12s ",p.address);
    printf("%-8s ",p.productname);
    printf("%-6s ",p.model);
    printf("%7.2f ",pf.price);
    printf("%3d ",p.number);
    printf("%7.2f\n",p.total);
```

9.1.5 指向结构类型的指针

1. 结构类型指针的定义

如果将一个结构体的地址存储在一个指针变量中，那么这个指针变量就指向了该结构体。声明指向结构类型的指针的形式如下：

```
struct TOrder *p;
```

这里声明的指针变量 p 能够指向一个 struct TOrder 类型的结构体。一旦声明了指向结构类型的指针变量，用它既可以指向一个结构类型的变量，也可以指向一个结构数组的元素。

2. 给结构类型指针赋值

结构类型指针就是用来存储结构类型数据存储空间的地址。要想将一个结构类型的指针指向一个结构体，首先要通过取地址运算符"&"来获得结构体的地址，然后将该地址赋给结构类型的指针。例如：

```
struct TOrder *p,order;
p=&order;
```

结构类型指针也可以指向动态建立的结构体存储空间。例如：

```
p=( struct TOrder *)malloc(sizeof(struct TOrder));
```

结构类型指针可以直接指向同类型的结构数组。例如：

```
struct TOrder *p,order[5];
p=order;
```

3. 通过结构指针引用结构体的成员

用上述声明的指向 TOrder 类型的指针 p 访问 TOrder 类型的成员 code 与 price 的形式如下：

```
(*p).code="201104001";
(*p).price=4280.0;
```

在上述访问形式中，*p 表示 p 所指向的结构体变量，(*p).price 是 p 指向的结构类型变量的 price 成员。由于成员运算符 "." 的优先级高于指针运算符 " * "，所以，*p 两侧的括号不能少，否则，*p.price 就等价于 *(p.price)。为了避免混淆，C 语言常常采用如下形式来访问指针 p 所指向的结构类型的成员：

```
p->code="201104001";
p->price=4280.0;
```

其中的 "->" 是在运用指针条件下的一种特殊成员运算符，它能够运算出指针所指向变量的成员。这里的 p->price 与(*p).price 是完全等价的。这种使用形式的好处是既方便、直观，又不至于将指针运算符与成员运算符的优先级混淆。

例 9-3　用指针改造例 9-2 中的程序。

设计分析：在例 9-2 的程序中要计算每个订单的金额、所有订单的总额，以及输出订单明细，这里可以考虑将这三个模块用函数进行改造，并且函数的形参都是指向结构体的指针。

程序编码：

```
#include "stdio.h"
struct TDATE{            /*定义描述日期的结构类型，其中有三个同类型的成员*/
    int year;
    nt month;
    int day;
};
struct TOrder{        /*定义描述订单的结构类型，其中有九个不同类型的成员*/
    char code[10];
    struct TDATE date;
    char name[10];
    char address[12];
```

```
        char productname[9];
        char model[7];
        double price;
        int number;
        double total;
};
void Order_Total(struct TOrder *p,int n);      /*计算每笔订单金额的函数原型声明*/
double Order_Sum(struct TOrder *p,int n);      /*计算所有订单总额的函数原型声明*/
void Print(struct TOrder *p,int n);            /*TOrder 型结构体成员输出函数原型声明*/
int main()
{
/*****声明并初始化具有五个元素的表示订单的结构数组*****/
        struct TOrder order[5]=
        {
        {"201104001",{2011,04,28},"李凌","朝阳路 505 号","联想笔记本","Z460",4280.0,2},
        {"201104002",{2011,04,28},"张晓","兴汉路 281 号","海尔电视","LB32R3",3999.0,1},
        {"201104012",{2011,04,28},"王阳","友爱路 47 号","海尔冰箱","BCD649",6999.0,1},
        {"201104013",{2011,04,28},"李荣","友谊路 360 号","联想笔记本","G460",4380.0,1},
        {"201104013",{2011,04,28},"章辉","前进路 67 号","海尔电脑","i7",2480.0,1}
        };
        double sum=0.0;                /*用于存放所有订单的销售总额*/
        Order_Total(order,5);          /*调用计算每笔订单金额的函数*/
        sum=Order_Sum(order,5);        /*调用计算所有订单总额的函数*/
        Print(order,5);                /*调用输出每笔订单明细的函数*/
        printf("%65cSUM=%7.2f\n",' ',sum);   /*输出订单总额*/
        return 0;
}
/***** 计算所有订单的销售总额，且函数形参为指向结构体的指针 *****/
double Order_Sum(struct TOrder *p,int n)
{
        int i;
        double sum=0.0;
        for(i=0;i<n;i++)
        {
                sum=sum+p->total;
                p++;           /*此处指针 p 每移动一次，跳过一个结构体的长度*/
        }
        return sum;
```

```
}
/***** 计算每笔订单的金额函数，且函数形参为指向结构体的指针  *****/
void Order_Total(struct TOrder *p,int n)
{
    int i;
    for(i=0;i<n;i++)
    {
        p->total=p->price*p->number;
        p++;
    }
}
/***** TOrder 结构体成员输出函数定义，形参为指向结构体的指针  *****/
void Print(struct TOrder *p,int n)
{
    int i;
    for(i=0;i<n;i++)
    {
        printf("%-10s ",p->code);
        printf("%4d.%d.%d ",p->date.year,p->date.month,p->date.day);
        printf("%-7s ",p->name);
        printf("%-12s ",p->address);
        printf("%-8s ",p->productname);
        printf("%-6s ",p->model);
        printf("%7.2f ",p->price);
        printf("%3d ",p->number);
        printf("%7.2f\n",p->total);
        p++;
    }
}
```

9.2 对结构类型的操作

由 9.1 节的讨论可知，结构类型的本质是提供了一种构造新数据类型的规则，该规则是将许多不同类型的数据组合在一起，使得这些数据具有相互关联性。结构类型的这种构造规则提供了一种数据抽象的方法，用它能够表示一些抽象的或者复杂的概念。如果将结构类型与函数结合，将对结构类型的各种操作封装在函数中，就能实现一些抽象层次较高的操作。

9.2.1　用结构类型表示复数

复数 z=x+yi 是分别由实部和虚部组成的数，而实部 x 与虚部 y 是由两个实数组成的有序对，对复数进行的加、减、乘、除运算就是对若干个有序实数对进行的一系列加、减、乘、除综合运算。在程序设计时，用结构类型来表示复数，用函数来抽象复数的运算过程是实现复数概念表达及运算的好方法。设一个表示复数的结构类型 TComplex 为

```
struct TComplex
{
        double x;       /*复数的实部*/
        double y;       /*复数的虚部*/
};
```

下面围绕这个结构类型编写一些函数，用这些函数来实现复数的基本运算。

(1) 对 TComplex 类型数据的加法运算：

```
struct TComplex plus(struct TComplex z1, struct TComplex z2)
{
        TComplex z0;
        z0.x=z1.x+z2.x;
        z0.y=z1.y+z2.y;
        return z0;
}
```

(2) 对 TComplex 类型数据的减法运算：

```
struct TComplex sub(struct TComplex z1, struct TComplex z2)
{
        TComplex z0;
        z0.x=z1.x-z2.x;
        z0.y=z1.y-z2.y;
        return z0;
}
```

(3) 对 TComplex 类型数据的乘法运算：

```
struct TComplex mult(struct TComplex z1, struct TComplex z2)
{
        TComplex z0;
        z0.x=z1.x*z2.x-z1.y*z2.y;
        z0.y=z1.x*z2.y+z1.y*z2.x;
        return z0;
}
```

(4) 对 TComplex 类型数据的除法运算：

```
struct TComplex div(struct TComplex z1, struct TComplex z2)
{
    TComplex z0;
    z0.x=(z1.x*z2.x+z1.y*z2.y)/(z2.x*z2.z+z2.y+z2.y);
    z0.y=( z1.y*z2.x -z1.x*z2.y)/ (z2.x*z2.z+z2.y+z2.y);
    return z0;
}
```

(5) 求共轭复数的算法：

```
struct TComplex conjugate(struct TComplex z)
{
        TComplex z0;
        z0.x=z.x;
        z0.y=-z.y;
        return z0;
}
```

(6) 对 TComplex 类型数据的相等比较运算：

```
int Cmp(struct TComplex z1, struct TComplex z2)
{
        if (z1.x==z2.x&&z1.y==z2.y) return 1;       /*两个复数相等，则函数值为 1*/
        else return 0;                              /*否则为 0*/
}
```

　　上述六个函数分别实现了复数的六个不同的基本运算，从而实现了对复数运算的过程抽象，此后就可以直接调用这些函数进行有关复数的一些计算工作。读者也可以增加函数，实现复数求模、获取实部与虚部的运算，建立自己的一个关于复数运算的函数库。

　　例 9-4　利用上述几个函数实现对复数的加法、乘法以及求共轭复数的程序。

　　程序编码：

```
#include <stdio.h>
struct TComplex           /*定义复数类型 TComplex */
{
    double x;             /*复数的实部*/
    double y;             /*复数的虚部*/
};
void scancomplex(struct TComplex*); /*复数输入函数原型声明*/
void printcomplex(struct TComplex);  /*复数输出函数原型声明*/
int complexCmp(struct TComplex , struct TComplex );       /*复数比较函数原型声明*/
TComplex complexplus(struct TComplex, struct TComplex); /*复数相加函数原型声明*/
TComplex complexmult(struct TComplex, struct TComplex); /*复数相乘函数原型声明*/
```

```
TComplex conjugate(struct TComplex);        /*求共轭复数函数原型声明*/
void main()
{
    struct TComplex a,b,c;                  /*声明三个复数类型的变量*/
    printf("a=");scancomplex(&a);           /*输入复数 a*/
    printf("b=");scancomplex(&b);           /*输入复数 b*/
    c=conjugate(a);                         /*调用函数 conjugate()求 a 的共轭复数*/
    printf("c=");printcomplex(c);printf("\n");
    c=complexplus(a,b);                     /*调用函数 complexplus()求 a 与 b 的和*/
    printf("c=");printcomplex(c);printf("\n");
    c=complexmult(a,b);                     /*调用函数 complexmult()求 a 与 b 的积*/
    printf("c=");printcomplex(c);printf("\n");
}

void scancomplex(struct TComplex* c)        /*实现复数的键盘输入*/
{
    scanf("%lf%lf",&c->r,&c->q);
}
void printcomplex(struct TComplex c)        /*实现复数的输出*/
{
    if(c.y==0) printf("%.2f",c.x);
    else if(c.y<0)printf("%.2f%.2fi",c.x,c.y);
    else printf("%.2f+%.2fi",c.x,c.y);
}
/*
    对 TComplex 类型数据的加法运算的实现函数(略)
    对 TComplex 类型数据的乘法运算的实现函数(略)
    求 TComplex 类型数据的共轭复数的实现函数(略)
    对两个 TComplex 类型数据的相等比较运算的实现函数(略)
*/
```

由本小节可以看出，结构数据类型与函数结合将一对实数抽象为一个复数，实现了复数概念的表达以及运算。与此类同，也可以运用结构数据类型与函数来表示其他客观事物的概念及其操作。

9.2.2   对结构体进行输入/输出

对结构体进行输入操作需要对结构体中的每个成员逐个进行输入，因此在进行涉及结构数据类型的程序设计时，将对结构类型输入操作封装到自定义的输入函数中，这样相当于为结构类型提供了一个输入操作。例如，可以将对 TOrder 类型数据的输入操作封装到函

数 scanorder()中:

```
void scanorder(struct TOrder * p){
    scanf("%s",p->code);
    scanf("%d.%d.%d", &p-> date.year,&p->date.month,&p->date.day);
    scanf("%s", p->name);
    scanf("%s", p->address);
    scanf("%s", p->productname);
    scanf("%s", p->model);
    scanf("%lf", &p->price);
    scanf("%d", &p->number);
}
```

在函数 scanorder()内部，运用函数 scanf()给 TOrder 型结构体中的各个成员进行数据输入。

同样，对 TOrder 类型数据的输出操作可以用下述函数 printorder()来实现。

```
void printorder (struct TOrder p){
    printf("%s", p.code);
    printf ("%d.%d.%d", p.date.year,p.date.month,p.date.day);
    printf ("%s", p.name);
    printf ("%s", p.address);
    printf ("%s", p.productname);
    printf ("%s", p.model);
    printf ("%8.2f", p.price);
    printf ("%4d", p.number);
    printf ("%8.2f\n ", p.number);
}
```

运用上述两个函数可以让人们站在 TOrder 结构类型所描述的概念上来实施数据的输入与输出。也就是说，在调用函数 scanforder()时输入了一条订单信息，而不是简单的输入一堆整数、实数以及字符串等数据；在调用函数 printorder ()时输出一条订单信息。

9.2.3 对结构体进行比较运算

结构类型不支持关系运算，因此，要想实现两个结构类型数据的比较，就要对结构体中的每个成员逐个进行比较。例如，要比较 order2 与 order1 是否为同一个订单，要逐一比较 order2 与 order1 相对应的成员值是否相等，根据比较结果才能得出最终的结论。将对两个结构体成员的逐个比较操作封装到一个函数中来实现在结构类型所描述的概念中的关系运算，是一种好的做法。例如：

```
int OrderCmp(struct TOrder o1,TOrder o2){
    int log=0;
    log= (0==strcmp(o1.code,o2.code));
    log=log &&(o1.date.year==o2.date.year);
```

```
        log=log &&(o1.date.month==o2.date.month);
        log=log &&(o1.date.day==o2.date.day);
        log=log &&(0==strcmp(o1.name,o2.name));
        log=log &&(0==strcmp(o1.address,o2.address));
        log=log &&(0==strcmp(o1.productname,o2.product));
        log=log &&(0==strcmp(o1.model,o2.model));
        log=log &&(o1.price==o2.price);
        log=log &&(o1.number==o2.number);
        if (log ==1) return 1;
        else return 0;
    }
```

在上述函数中，由于 TOrder 中共有九个成员，要比较两个 TOrder 型变量 o1 与 o2 是否相等，只需要对它们的前八个对应成员实施关系运算，每对成员的比较结果为一个逻辑值(1或者 0)；另外，由于 TOrder 的成员 date 又可以分解为三个整数类型的成员，于是，函数中实际需要进行十次比较运算，因此，若所有十次比较运算的结果均为 1，则说明 o1 与 o2相等，否则不等。最后，TOrder 类型的成员 code、name、address、productname、model等均为字符串类型，因此在对这些成员进行相应的比较运算时可采用字符串比较函数strcmp()来实现(说明：strcmp()函数在 string.h 中定义)。

9.3　链　表

9.3.1　链表概述

1. 链表的概念

链表是结构数据类型与指针联合应用的产物，是由若干个相同的结构类型元素依靠指针链接而成。每个元素在链表中被称为结点。链表分为单链表和双链表，这里只讨论单链表。

如图 9-2 所示，链表中的每个结点由数据部分和指向下一结点的指针部分构成，数据部分称为**数据域**，指针部分称为**指针域**。链表有一个头指针，图中用 head 表示，用来存储链表中第一个结点的地址；第一个结点的指针域指向第二个结点，第二个结点的指针域指向第三个结点，依次类推，直到最后一个结点；最后结点是链尾，它的指针域不再指向任何结点，指针域的值为空值 NULL，表示链表到此为止。在链表中某个结点的前一个结点称为它的**前驱结点**，它后面紧跟着的结点称为它的**后继结点**。例如，图 9-2 中的 data2 是data3 的前驱结点，data3 是 data2 的后继结点。

由图 9-2 给出的链表结构可以看出，链表与数组一样可以用来处理批量数据，但是，它的各个结点在内存中的存储空间可以不连续。链表的访问方式与数组不同，数组能够实现随机访问，只要知道数组名及其元素的下标就能直接访问该元素；对链表来说，要想访问它的某个结点，必须先从头结点开始，找到它的前驱结点，根据前驱结点指针域中提供的地址信息才能找到该结点。

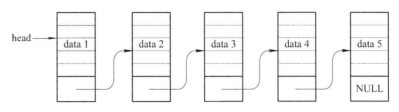

图 9-2　链表示意图

链表与数组相比，链表中的结点数目无需事先指定。用数组存储数据时，必须在定义的同时确定元素个数，因而其元素数目是固定不变的。在元素个数无法事先确定的应用场合，必须把数组定义的足够大，这样势必造成存储空间的浪费。链表就没有这种缺点，它根据需要分配存储空间，既可以在已有的链表中动态添加结点，也可以删除结点，使得结点的数目随时适应问题的需要。

2. 链表的结点类型及其生成

一个链表结点的数据类型就是一个典型的结构类型，只不过这个结构中有一个特殊成员，该成员是一个指向相同结构类型的指针，这个指针成员的作用就是在链表中指出当前结点的后继结点的位置。

这里以建立某班级英语与数学考试成绩表为例，来说明链表的结构及其操作。学生成绩表的完整结构应至少有学号、姓名、英语成绩、数学成绩四个数据项，则表示学生成绩单链表结点的结构类型如下：

```
struct TList{            /*成绩单类型*/
    int sn;              /*学号*/
    char name[10];       /*姓名*/
    int english;         /*英语成绩*/
    int math;            /*数学成绩*/
    TList *next;         /*链表中的指针成员*/
};
```

TList 中的 next 成员是一个指向 TList 类型的指针，利用这种方法可以构造出单向链表这种复杂的数据结构。

在由 TList 类型的结点构成的链表中，每个结点共有 4 个数据成员和 1 个指针成员 next。每个结点的 next 成员总是指向具有相同结构的结点，所以要用递归结构来定义。

链表是一种动态分配的存储结构，其结点的创建是运用动态内存分配函数 malloc()来实现的。申请一个 TList 类型结构的存储空间的做法如下：

```
struct TList *p;
p=(struct TList*)malloc(sizeof(struct TList));
```

若申请成功，申请到的存储空间为 struct TList 结构的大小，并将该空间的存储格式强制转换为 struct TList 类型，用指针 p 指向被分配的存储空间的首地址；若申请失败，则 p 的值为 NULL。

当一个链表建立后，常见的操作是指针的指向在结点之间的移动。例如：p->next 是 p 所指结点的指针域，它指向了 p 所指结点的后继结点，而 p=p->next 是将指针 p 的指向移动到它所指结点的后继结点；p->next->next 是 p 所指结点的后继结点的指针域，它指向了 p 所指结点的后继结点的后继结点，因此 p=p->next->next 是将指针 p 的指向移动到它所指结点的后继结点的后继结点。依次类推，还可以采用 p->next->next->next、p=p->next->next->next 等。

9.3.2　动态创建链表

动态创建链表就是在程序执行期间，链表中的结点从无到有一个一个地生成，并建立起结点之间的前后链接关系的过程。

在程序设计中常常采用一个指针来标识链表中的第一个结点，称该指针为**头指针**；采用一个指针来指向链尾结点，称该指针为**尾指针**；另外，为了能够访问链表中的任意结点或者生成结点，还要设置一个或多个指针用来标识这些结点，称这些指针为**活动指针**；通常还要将尾结点的指针域置为 NULL，表示链表到此结束。

假设用 head、tail 以及 p 分别表示 TList 类型链表的头指针、尾指针以及活动指针，那么创建一个 TList 类型链表的思想如下：

创建链表中的第一个结点。首先将指针 head 与 tail 初始化为 NULL，表明该链表尚未建立，其中没有任何结点。用 malloc() 函数申请一个 TList 类型的存储空间，生成第一个结点，并用指针 p 指向它，如图 9-3(a)所示。然后给 p 所指结点的数据域输入数据，让 head 也指向 p 所指结点，即 head=p，完成第一个结点加入链表的工作，如图 9-3(b)所示。由于此时第一个结点也是链表中的最后一个结点，所以，尾指针 tail 也要指向 p 所指的结点，即 tail=p，将指针 p 腾出来去创建下一个结点，如图 9-3(c)所示，此时三个指针都指向了同一结点。

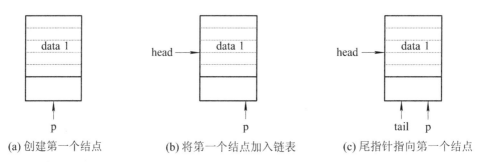

(a) 创建第一个结点　　　　　(b) 将第一个结点加入链表　　　　　(c) 尾指针指向第一个结点

图 9-3　建立一个结点的链表

创建链表中的第二个结点。用 malloc() 函数生成一个新的结点并用指针 p 指向该结点，然后给 p 所指结点的数据域输入数据，如图 9-4(a)所示。由于此时 head 指针的值不为 NULL，说明链表中已经有了结点，这时需要将第二个结点链接到尾指针 tail 所指结点之后，即 tail->next=p，此时第二个结点已经加入到了链表中，如图 9-4(b)所示。最后再将尾指针 tail 移动到 p 所指的第二个结点上，即 tail=p，将指针 p 腾出来去创建下一个结点，如图 9-4(c)所示。

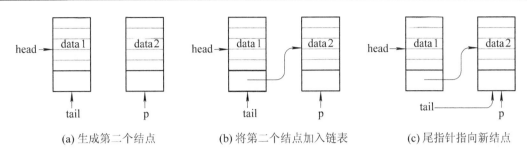

(a) 生成第二个结点　　　　　(b) 将第二个结点加入链表　　　　　(c) 尾指针指向新结点

图 9-4　建立两个结点的链表

从第二个结点开始以后各个结点的生成及链接方式都是相同的。最末一个结点链入链表之后，将该结点的指针域置为 NULL，表明此结点是链尾，如图 9-5 所示。

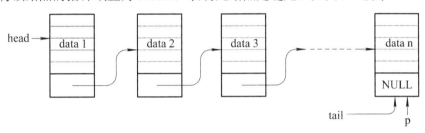

图 9-5　链表尾结点的建立

根据上述算法编写的链表创建函数如下：

```c
struct TList *create(void)
{
    struct TList *head=NULL;     /*将头指针置空*/
    struct TList *tail=head;     /*头、尾指针指向同一地址*/
    struct TList *p;             /*声明活动指针*/
    char an=0,ch;
    do{
        p=(TList *)malloc(sizeof(TList));  /*创建结点*/
        scannode(p);             /*调用给指针 p 所指向的结点输入数据的函数*/
        if (head==NULL)
            head=p;              /*将新结点连接到头指针 head 上*/
        else
            tail->next=p;        /*将尾指针的 next 域指向结点 p*/
        tail=p;                  /*将尾指针移动到新结点*/
        printf("继续输入数据吗？(Y/N)");
        scanf("%c%c",&an,&ch);
    }while(an=='y');             /*当 an 的值为 y 时，继续创建链表，否则结束*/
    tail->next=NULL;             /*尾结点的指针域置空*/
    return head;
}
```

这里将链表的建立操作封装在函数中进行，对于是否继续创建结点由一个 do-while 循环进行交互控制，函数结束时将新建链表的头结点的地址返回给主调函数。本函数中，链表结点数据域值的输入采用了一个抽象的函数 scannode(p)，这里没有它的具体实现，请读者自己完成。

9.3.3 遍历与查找链表

1. 链表的遍历

链表的遍历就是从链头到链尾逐个访问链表中的结点。设链表的头指针为 head，活动指针为 p，对该链表的遍历只是为了输出链表中各个结点数据域的值，则链表的遍历算法如下：

(1) 将指针 p 指向头结点，即 p=head。

(2) 当指针 p 所指结点为空时，转入第(6)步。

(3) 对指针 p 所指结点进行操作(输出或者修改其值)。

(4) 将指针 p 的指向移到它所指结点的后继结点，即 p=p->next。

(5) 转入第(2)步。

(6) 结束遍历。

根据上述遍历算法编写的遍历函数如下：

```
void display(struct TList *head)
{
    struct TList *p;
    p=head;                    /*活动指针 p 指向头结点*/
    while(p)                   /*当 p 所指结点不为 NULL 时，进入循环*/
    {
        printnode(p);          /*输出 p 指向的结点数据域的值*/
        p=p->next;             /*将活动指针移到下一个结点*/
    }
}
```

其中的 printnode()函数是一个抽象的结构体输出函数，这里也没有具体实现，它的实现见例 9-5。由上述链表遍历函数可以看出，链表的遍历过程是一个活动指针在各个结点上不断移动的过程，每移动一次就将其所指结点中的数据域的值输出。

2. 链表的查找

链表的查找就是查找链表中是否存在特定的值结点。查找算法的基本思想与链表遍历非常类似。下面的函数由上述遍历函数改造而来，是按照 TList 类型中的学号成员对链表进行查找的。

```
void Search(struct TList *head,int s)
{
    struct TList *p;
    p=head;                         /*活动指针 p 指向头结点*/
```

```
    while(p->sn!=s&&p!=NULL)      /*当 p!=NULL 且学号不为 s 时，继续循环*/
    {
        p=p->next;               /*将活动指针移到下一个结点*/
    }
    if(p) printnode(p);          /*若 p!=NULL，则输出 p 指向的结点数据域的值*/
    else printf("Not Found!");   /*否则，输出没有找到的信息*/
}
```

这个函数的形参有两个：一个是 TList 型的指针，用来传递链表的头结点的地址；另一个是整型变量 s，用来传递目标学号。

9.3.4 向链表中插入结点

插入结点就是将一个不在链表中的零散结点添加到链表中恰当的位置处，使其成为链表中的一个结点。

要将一个结点正确插入到链表中必须遵守的原则是：插入的位置必须正确；插入操作不能破坏链表中的原链接关系。

假设链表中的各结点是按照学号从小到大有序排列的，链表的头指针 head 与活动指针 q 都指向 TList 类型链表的头结点，指针 p 指向欲插入的结点，下面按照插入位置是在头结点之前还是之后两种情况讨论插入算法。

第一种情况：原链表为空，即 head==NULL，或者插入结点的学号比头结点中的学号小，即 p->sn<head->sn，因此，插入位置在链表的头结点之前。在这种情况下，先让 p 所指结点的指针域指向头指针所指位置，即 p->next=head，如图 9-6(a)所示；然后将头指针指向 p 所指结点，使得新插入结点为链表的头结点，head=p，如图 9-6(b)所示。

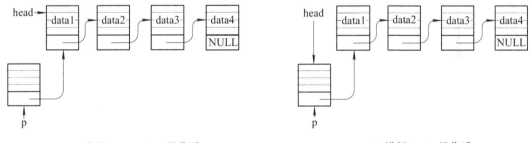

(a) 进行p->next=head操作后　　　　　　　　(b) 进行head=p操作后

图 9-6　在头结点之前插入结点的过程

第二种情况：链表不为空且插入结点的学号比头结点中的学号大，因此，插入位置在链表的头结点之后。这种情况下要分如下两步进行。

(1) 寻找插入位置：让活动指针 q 指向头结点，即 q=head，然后让 q 的指向从头结点开始逐个结点地向后移动，q 每指向一个结点，就将 q 所指结点的 sn 成员与 p 所指结点的 sn 成员进行比较，同时判断 q->next 的值是否为 NULL，直至 p->sn>=q->sn 且 p->sn<q->next->sn 或者 q->next==NULL 时，就找到了插入位置，插入位置为活动指针 q 所指结点之后的位置。

（2）插入结点：p 所指结点的指针域指向 q 所指结点的后继结点，即 p->next=q->next，如图 9-7(a)所示；接着让 q 所指结点的指针域指向 p 所指结点，即 q->next=p，如图 9-7(b)所示。至此，p 所指结点就插入到链表中了。

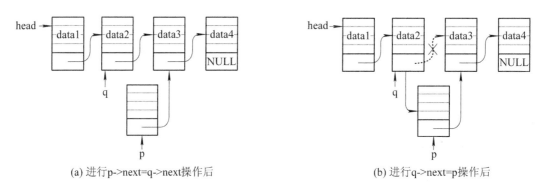

(a) 进行p->next=q->next操作后　　　　　　　　(b) 进行q->next=p操作后

图 9-7　在头结点之后插入结点的过程

上述两种情况中无论哪种情况，都必须先将 p 所指结点的指针域指向 q 所指结点的后继结点，然后再将 q 所指结点的指针域指向结点 p，而不能将 q 所指结点的指针域先指向 p 所指结点，这样才能保证插入操作不破坏链表中原来的链接关系。这种操作的原则是**先连后断**。

下述函数实现了链表的插入算法。

```c
/*** 将 p 所指结点插入到链表 head 中  ***/
struct TList *insert_node(struct TList *head, struct TList *p)
{
    struct TList *q=head;
    if(head==NULL|| p->sn<head->sn)
    {
        p->next=head;
        head=p;
    }
    else
    {   /*寻找结点的正确插入位置*/
        while((q->next!=NULL)&&!(p->sn>=q->sn&&p->sn<q->next->sn))
            q=q->next;
        p->next=q->next;        /*p 所指结点的指针域指向 q 所指结点的后继结点*/
        q->next=p;              /*q 的指针域指向 p 所指结点*/
    }
    return head;
}
```

对于此函数要特别注意的是，链表头结点的地址是通过 TList 类型的指针变量 head 传入函数中的。由于新插入结点有可能成为链表的头结点，当这种情况发生时，必然要修改 head

指针的值。此时 head 的指向与 head 的初始指向不是同一个结点。因此，要想主调函数能够得到插入结点后的正确链表，必须将修改后的 head 值作为函数值返回给主调函数。

上述函数中的插入算法是以链表中的结点按学号有序排列进行考虑的，读者可参考上述算法设计链表中的结点非有序排列时的插入算法。

9.3.5　从链表中删除结点

删除结点是将符合删除条件的结点从链表中分离出来，使其前驱结点与后继结点之间产生直接的链接关系，该结点不再与链表中的任何结点有链接关系。

与向链表中插入结点类似，删除链表中的结点要遵守的原则是：要找到正确的删除位置；删除操作不能破坏链表中的原链接关系。

假设链表的头指针 head 与活动指针 p、q 都指向 TList 类型链表的头结点，要删除学生的学号为 id，下面按照符合删除条件的结点是头结点与非头结点两种情况分别讨论删除算法。

第一种情况：符合删除条件的是头结点，即头结点的 sn 成员的值等于要删除的学生学号 id，亦即 head->sn==id。在这种情况下，用指针 p 来标识头结点，而头指针移到头结点的后继结点上，即

```
p=head;
head=head->next;
```

此时，原链表中的第二个结点变成了头结点，原来的头结点(现在用指针 p 来指向)从链表中分离出来，于是就可对 p 所指结点实施删除操作，如图 9-8 所示。

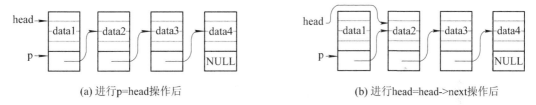

(a) 进行p=head操作后　　　　　　　　　　　(b) 进行head=head->next操作后

图 9-8　删除位置为头结点时的删除过程

第二种情况：符合删除条件的结点位于头结点之后的其他位置上，对这种情况要分两步进行。

(1) 寻找要删除的结点：让 q 指向头结点(即 q=head)，p 指向头结点的后继结点(即 p=head->next)。此时，从 p 指向的结点开始，检查 p 所指结点的 sn 成员的值是否等于 id。如果相等，则说明 p 所指结点就是要删除的结点，即可停止查找；如果不相等，则让 q 与 p 的指向同时向后移动一个结点(即 q=p; p=p->next)。如此进行下去，直至 p 所指结点的 sn 成员的值等于 id 或者 p 的值为 NULL。当 p 的值为 NULL 时，说明链表中没有要删除的结点。

寻找要删除的结点时，q 所指结点始终为 p 所指结点的前驱结点。在整个寻找结点的过程中，q 始终伴随着 p 向前移动，并且始终保持着前驱与后继的关系不变。

(2) 删除找到的结点：将 q 所指结点的指针域指向 p 所指结点的后继结点，即 q->next=p->next，于是要删除的结点从链表中分离出来，如图 9-9 所示。

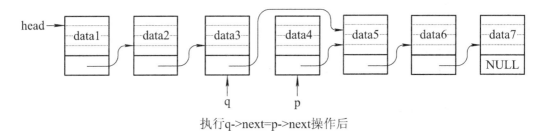

执行q->next=p->next操作后

图 9-9　删除位置为头结点之后的其他位置的删除过程

对于上述两种情况，在实施操作前首先要判断链表是否为空，如果为空，就没有必要实施删除操作。如果 head 指针的值为 NULL，则说明链表是空链表。

根据上述算法编写的删除函数如下：

```
struct TList *delete_node(struct TList *head,int id)
{
    struct TList *p=NULL,*q=head;
    if(head!=NULL)
        if(head->sn==id)              /*要删除的结点是头结点的操作*/
        {
            p=head;
            head=head->next;
        }
        else
        {
            p=head->next;
            /*寻找要删除结点在链表中的位置*/
            while(p!=NULL && p->sn!=id)
            {
                q=p;
                p=p->next;
            }
            if(p) q->next=p->next;
        }
    if(p) free(p);
    else printf("\nNot Node for delete!\n");
    return head;
}
```

9.3.6　链表的综合操作

例 9-5　将 9.3.2 节～9.3.5 节对链表操作算法的实现函数放进一个文件，并编写结点数据的输入/输出函数与主函数，在主函数中合理使用这些函数实现建立一个链表、向链表中插入结点、从链表中删除结点及遍历链表等操作。

程序编码：

```
#include <stdio.h>
#include <stdlib.h>
#include <string.h>
struct TList{              /*成绩单类型*/
    int sn;                /*学号*/
    char name[10];         /*姓名*/
    int english;           /*英语成绩*/
    int math;              /*数学成绩*/
    TList *next;           /*链表中的指针成员*/
};
TList *create();
void scannode(TList *p);
void printnode(TList *p);
void display(TList *head);
TList *insert_node(TList *head,TList *p);
TList *delete_node(TList *head,int id);
void main()
{
    TList *head=NULL;      /*头指针*/
    TList *p;
    int id,code;
    do{
        printf("1. 建立链表 2. 插入结点  3. 删除结点 4. 浏览链表  0. 结束\n");
        code=-1;           /*此处 code 的值只要不在 0 到 4 之间即可*/
        while(code<0||code>4)
        {
            printf("请选 0 到 4 的操作：");
            scanf("%d",&code);
        }
        switch(code)
        {
            case 1:    head=create(); break;
            case 2:    p=(TList *)malloc(sizeof(TList));
                       scannode(p);
                       head=insert_node(head,p);break;
```

```
              case 3:    printf("输入要删除结点的 id 值\n");
                         scanf("%d",&id);
                         head=delete_node(head,id); break;
              case 4:    printf("ddd\n");
                         display(head);
         }
    }while(code!=0);
}
void scannode(TList *p)
{     /*给结点数据域输入数据的函数*/
    scanf("%d",&p->sn);
    scanf("%s",p->name);
    scanf("%d",&p->english);
    scanf("%d ",&p->math);
    p->next=NULL;
}
void printnode(TList *p)
{     /*将结点数据域输出数据的函数*/
    printf("%d ",p->sn);
    printf("%s ",p->name);
    printf("%d ",p->english);
    printf("%d\n",p->math);
}
```

9.4   案例研究——用结构类型改进快递费用结算方案

1．问题描述

问题的基本描述见 7.5 节，此处提出新的要求：

(1) 将每日发生的运单信息存储起来。

(2) 将运价表以及运单信息用结构类型来描述。

(3) 每笔运单处理完后显示该笔运单的全部信息。

(4) 输出每日运单明细并合计当天的营业额。

2．分析建模

多线路运费计价是根据不同目的地按照问题描述中给出的计价表查表计算的，因此，计价表可采用结构数组，称其为路线价格数组。描述计价表的结构类型如下：

```
struct TPrice{
    char dest[5];          /*目的地名称*/
```

```
    double a;          /*表示重量 x≤1 的首重价格*/
    double b;          /*表示重量 1<x≤10 的价格*/
    double c;          /*表示重量 10<x≤50 的价格*/
    double d;          /*表示重量 50<x≤100 的价格*/
    double e;          /*表示重量 100<x≤300 的价格*/
    double f;          /*表示重量 300<x 的价格*/
};
```

数组中一个元素代表一个运输路线，结构类型中的成员分别代表每条路线的 6 个不同的重量区间的单价，这样第 i 条(i≥0)路线的计价方式存储在数组中第 i 个元素里。假设数组的名称为 a，于是第 i 条路线的运费计算可以按照下述分段公式来完成，即

$$y = \begin{cases} a[i].a & (0<x\leq1) \\ a[i].b*(x-1)+a[i].a & (1<x\leq10) \\ a[i].c*x & (10<x\leq50) \\ a[i].d*x & (50<x\leq100) \\ a[i].e*x & (100<x\leq300) \\ a[i]f*x & (x>300) \end{cases}$$

运单信息可以由运单发生的日期、货物发往的目的地、发件人、发件人地址、发件人电话、收件人、收件人地址、收件人电话、货物名称、重量、运价等组成，因此运单信息可以用结构类型来描述。要想有效组织每天的运单信息，必须用结构数组，可称其为**运单数组**。运单信息中的日期完全可以借用本章开始定义的 **TDate** 类型。描述运单信息的结构类型如下：

```
struct TWaybill{
    TDate date;            /*运单发生的日期*/
    char dest[5];          /*目的地城市*/
    char recipient[7];     /*收件人*/
    char rec_addr[15];     /*收件人地址*/
    char rec_tel[12];      /*收件人电话*/
    char addressor [7];    /*发件人*/
    char add_addr[15];     /*发件人地址*/
    char add_tel[12];      /*发件人电话*/
    char goods[12];        /*货物名称*/
    double weight;         /*货物重量*/
    double amount;         /*费用*/
};
```

路线价格数组应按照 6 个元素进行考虑，并在定义时进行初始化；运单数组存储空间的大小可考虑至少 100 个元素，并设置一个变量 waybill_max 记录数组存储空间的元素数，另一个变量 waybill_size 记录已经存储的有效运单数。运单数组中的元素在填写运单时赋值。

以上是问题求解中需要的数据结构，数据结构确立后就该确立问题求解的几个关键步骤。

在业务办理中，首先确立单笔业务中的关键步骤：录入运单信息；根据运单目的地在路线价格数组中选择运费计算方案；根据计算方案结合重量计算实际运费；输出该笔运单的明细。多运单处理可以考虑将单运单处理的几个关键步骤植入一个交互式循环中。

统计分析模块中的关键步骤：统计当天的运单数量；合计当天的营业额。当天的运单数量可以由 waybill_size 变量的值得到。

在算法设计时采用自顶向下、逐步细化的策略。编写程序代码时可以将上述两大模块中的关键步骤作为一个独立的子模块，每个模块采用函数来实现。

问题的输入：货物运单信息可定义为一个 TWaybill 类型的结构体 waybill。

问题的输出：货物运单信息可定义为一个 TWaybill 类型的结构体 waybill。

问题的常数：各个不同运输路线、不同称重区间的价格可存储在 TPrice 类型的结构类型数组 price 中；运单数组空间的大小值可定义为 w_max。

问题的其他量：运单数组中的有效元素数可定义为 w_size。

3. 算法设计

通过自顶向下、逐步细化的方法来进行设计。

1) 初步算法：顶层问题设计

(1) 输入运单信息并存入结构数组中。

(2) 根据运单中的目的地选择运费计算方案。

(3) 依据计算方案以及运单中的重量计算运费。

(4) 输出运单的明细。

(5) 如果还有运单需要处理，则转入第(1)步。

(6) 输出当天的全部运单信息。

(7) 合计当天的营业总额。

(8) 程序终止运行。

2) 初步算法步骤(2)的细化

步骤(2)的细节可以封装在一个函数中来完成，函数的形参为指向当前运单的结构类型指针 w 以及指向路线价格数组的指针 p。其算法细节如下：

(1) 标记路线编号的变量 i=0。

(2) 当 i<6 且 w->dest 与 p[i].dest 相等时，转入第(5)步。

(3) 执行 i++。

(4) 转入第(2)步。

(5) 返回 i 值。

3) 初步算法步骤(3)的细化

步骤(3)的细节可以封装在一个函数中来完成，函数的形参为指向当前运单的结构指针。其算法细节如下：

(1) 根据 i 的值运用二维数组第 i 行实施下列计算：

```
if(w>0)
{
    if(w<=1) freight=p[i].a;
    else if(w<=10) freight=p[i].b*(w-1)+p[i].a;
        else if(w<=50) freight=p[i].c*w;
            else if(w<=100) freight=p[i].d*w;
                else if(w<=300) freight=p[i].e*w;
                    else freight=p[i].f*w;
```

(2) 将计算结果 freight 的值存入运单中的费用成员中 w-> amount。

4) 初步算法步骤(7)的细化

步骤(7)的细节可以封装在一个函数中来完成，函数的形参为指向运单的结构类型指针。其算法细节如下：

(1) 将订单数组下标变量 i 以及营业总额变量 sum 的值归 0。

(2) 如果 i 的值小于运单总数，则转入第(3)步，否则转入第(6)步。

(3) 将当前订单的金额合计到总额中。

(4) 取下一条运单，即 i++。

(5) 转入第(2)步。

(6) 返回营业总额。

4. 编码实现

将初步算法中的第(1)步输入运单功能编写成函数 input()，第(2)步目的地选择功能编写成函数 router_select()，第(3)步运费计算功能编写成函数 calculate_freight()，第(4)步运单输出功能编写成函数 output()，第(7)步营业额合计功能编写成函数 summary()，其他步骤的功能在主函数中完成。

程序编码如下：

```
#include "stdio.h"
#include "string.h"
struct TDate{          /*定义描述日期的结构类型，其中有三个同类型的成员*/
        int year;
        int month;
        int day;
};
struct TPrice{                  /*计算方案结构类型的定义，共有七个成员数据*/
    char dest[5];               /*目的地名称*/
    double a;                   /*表示重量 x≤1 的首重价格*/
    double b;                   /*表示重量 1<x≤10 的价格*/
    double c;                   /*表示重量 10<x≤50 的价格*/
    double d;                   /*表示重量 50<x≤100 的价格*/
    double e;                   /*表示重量 100<x≤300 的价格*/
```

```
        double f;                  /*表示重量 300<x 的价格*/
    };
    struct TWaybill{               /*运单结构类型的定义，共有十二个成员数据*/
        char sn[10];               /*运单编号*/
        struct TDate date;         /*运单发生的日期*/
        char dest[5];              /*目的地城市*/
        char recipient[7];         /*收件人*/
        char rec_addr[15];         /*收件人地址*/
        char rec_tel[12];          /*收件人电话*/
        char addressor [7];        /*发件人*/
        char add_addr[15];         /*发件人地址*/
        char add_tel[12];          /*发件人电话*/
        char goods[12];            /*货物名称*/
        double weight;             /*货物重量*/
        double amount;             /*费用*/
    };
    void input(struct TWaybill*);       /*运单信息输入函数原型声明*/
    void output(struct TWaybill);       /*运单信息输出函数原型声明*/
    int router_select(struct TPrice*,struct TWaybill);        /*目的地选择函数原型声明*/
    double calculate_freight(struct TPrice ,struct TWaybill*);  /*运费计算函数原型声明*/
    double summary(struct TWaybill *,int);          /*运单汇总函数原型声明*/
    int main()
    {
        struct TPrice price[6]={            /*路线价格数组声明与初始化*/
            {"杭州",10.0, 5.0, 5.0,4.5,4.0,3.5},{"南京",10.0, 5.0, 5.0,4.5,4.0,3.5},
            {"合肥",15.0, 5.0, 7.0,6.5,6.0,5.5},{"武汉",15.0, 5.0, 7.0,6.5,6.0,5.5},
            {"济南",20.0,10.0,10.0,8.0,7.0,6.0},{"西安",20.0,10.0,10.0,8.0,7.0,6.0}};
        struct TWaybill waybill[100];       /*运单数组*/
        int w_max=100,                      /*waybill 数组的空间大小*/
            w_size=0,                       /*waybill 数组的有效元素数*/
            i=0;                            /*用来记录选择的计算方案在数组中的下标值*/
        double sum;
        char again;
        do{                                 /*此 do-while 循环体内实现多订单数据处理*/
            again=' ';
            input(&waybill[w_size]);        /*运单信息录入*/
            i=router_select(price,waybill[w_size]);         /*获取计算方案*/
            calculate_freight(price[i],&waybill[w_size]);   /*计算运费*/
```

```
                output(waybill[w_size]);
                /***将输入限制在 Y、y、N、n 四个字母中，来判断程序继续与否***/
                while(again!='Y'&&again!='y'&&again!='N'&&again!='n'){
                        printf("\n 还有其他运单需要处理吗?");
                        again=getchar();        /*在此输入一个单字母信息*/
                        getchar();              /*吸收上句输入后的回车符*/
                }
                w_size++;
        }
while((again=='y'||again=='Y')&& w_size<w_max);
        for(i=0;i<w_size;i++)                    /*输出当日全部运单明细*/
                output(waybill[i]);
        sum= summary(waybill,w_size);
        printf("今日运单总数为%d，  营业总额为%.1f 元\n",w_size,sum);

        return 0;                       /*结束程序，并向操作系统返回 0 */
}
/*根据运单中的目的地选择运费计算方案，函数的返回值为计算方案在数组中的下标值*/
int router_select(struct TPrice *p,            /*指向计算方案的结构类型指针*/
                        struct TWaybill w      /*运单结构体*/
                        )
{
        int i=0;
        while(i<6 && strcmp(p[i].dest,w.dest))
                i++;
        return i;
}
/*** 运费计算函数，返回值为 0 或者 -1(0 计算正确，-1 计算有误)***/
double calculate_freight(struct TPrice p,            /*计算方案结构体*/
                        struct TWaybill *w          /*指向运单的结构类型指针*/
                        )
{
        if(w->weight>0)
        {                               /*检测重量是否大于 0*/
                if(w->weight<=1) w->amount=p.a;
                else if(w->weight<=10) w->amount=p.b * (w->weight-1)+p.a;
                else if(w->weight<=50) w->amount=p.c * w->weight;
                else if(w->weight<=100) w->amount=p.d * w->weight;
```

```
            else if(w->weight<=300) w->amount=p.e * w->weight;
            else w->amount=p.f * w->weight;
            return 0;
        }
    else return -1;        /*返回此值时，说明重量为负值*/
}
void input(struct TWaybill *w){   }      /*运单信息输入存根函数*/
void output(struct TWaybill w){   }      /*运单信息输出存根函数*/

/** 运费总额汇总函数，形参为运单数组以及有效运单数**/
double summary(struct TWaybill *w,int size){
    int i=0;
    double sum=0.0;
    while(i<size)
    {
        sum=sum+w[i].amount;        /*运单金额累加*/
        i++;
    }
    return sum;                     /*返回当日运费总额*/
}
```

　　程序说明：程序中的 input()与 output()这里只提供了一个空的框架，即存根函数，读者可补充完善这两个函数。

*9.5　常见编程错误与共用类型

9.5.1　结构类型常见编程错误

　　在使用结构体的过程中，常见编程错误有以下几种：

　　(1) 结构类型与结构体名混淆。比如以下声明：

```
struct A
{
    ⋮
};
    struct   A   aa ,bb;
```

其中：A 是结构类型，用来描述某一特定的结构(如描述学生信息的结构、教师信息的结构、员工信息的结构等)，是一种概念，不具有操作的意义；aa 和 bb 是结构体，也就是逻辑关系上的实体，它们在存储器中占据存储单元，对它们可以进行引用内部成员的操作等。

　　(2) 结构类型描述完成后在最后一个"}"之后忘记写分号"；"。由于结构类型的定义也是声明语句,因此结构描述完后的";"是不能省略的。

(3) 一般情况下,对结构体不能进行整体操作,只能对其成员进行操作。对结构体变量进行整体操作的情况也仅限于结构体变量之间的赋值,例如 aa=bb。

(4) 对于结构内包含结构的情况,在实际使用时,应按照由外到内的方式引用到其最底层的成员。

(5) 成员运算符"."与"->"混淆。一般情况下,"->"运算符主要用于对结构指针所指结构体的成员进行运算,而"."主要用于普通结构体引用其内部成员的操作。

9.5.2　共用类型

1. 共用类型的基本概念

与结构类型相类似的一种自定义类型为共用类型,该类型也是由一个或者多个成员组成的,这些成员可以有不同的数据类型,但是编译器只为共用类型中的最大成员分配存储空间,其他成员共享这个存储空间。一个共用类型的描述实例如下:

```
union Share{
    char c;
    int i;
    double f;
};
```

Share 的这种描述方式与下述描述的结构类型 Comp 的描述方式在形式上十分相似。

```
struct Comp{
    char c;
    int i;
    double f;
};
```

类型 Share 与 Comp 外表上的不同之处是标志的不同,结构类型的标志是 struct 而共用类型的标志是 union。如图 9-10 所示,用共用类型定义的变量中成员 c、i、f 共同占用一个double 型长度的存储空间,它们的起始地址是重叠的;而用结构类型定义的变量中成员 c、i、f 各自都有自己的存储空间。

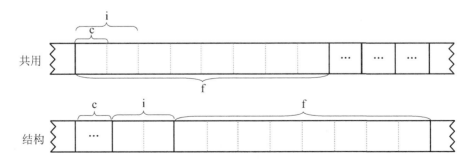

图 9-10　共用类型与结构类型存储空间的占用情况

用共用类型声明变量的方式与结构类型相似，将共用类型变量称为共用体。访问共用体的成员与结构体也是相似的，都是运用成员运算符。例如：

```
union Share s1,s2;
s1.i=65;
s2.f=49.14159;
```

这里用 Share 类型声明了两个共用体 s1 与 s2，并且给 s1 的 i 成员赋值 56，给 s2 的 f 成员赋值 49.14159。

共用体的初始化方法与结构体都是类似的。例如：

```
union Share s={97,25,34.12};
```

但是，这种初始化方式只能使共用体中第一个成员得到初值。

2. 共用类型的应用

1）节省存储空间

在结构类型中常使用共用类型节省存储空间。假设某公司因业务需要，经常给客户赠送礼品，礼品的种类有书籍、杯子、台灯三种商品，每种商品都有库存量、价格以及每种商品特有的信息：

书籍：书籍名称、作者、页数、出版社等；

杯子：款式、颜色等；

台灯：款式、型号、功率等。

如果在一个结构类型中将上述不同物品的信息全部列出来，将会浪费存储空间。例如：

```
struct TBook{              /*关于书籍的特有属性描述*/
    char title[50];
    char author[10];
    int num_pages;
    char press[50];
};
struct TCup{               /*关于杯子的特有属性描述*/
    char style[20];
    int color;
};
struct TLamp{              /*关于台灯的特有属性描述*/
    char style[20];
    char mode[20];
    int power;
};
struct TGift{              /*描述全部礼品的结构类型*/
    int inventory;
    double price;
    int item_type;
```

```
        struct Tbook book;
        struct TCup cup;
        struct TLamp lamp;
    };
```

　　如果用 TGift 定义一个变量 gift，则 gift 占用的存储空间的长度是其所有成员的长度之和。然而，这种结构类型中只有部分信息才能用到。描述书籍时关于杯子和台灯的特有信息不会用到，描述杯子时关于书籍与台灯的特有信息不会用到，但是这些信息仍然占据着结构中的存储空间，造成了存储器的浪费。要压缩这些用不到的存储空间，只有将三种物品的特有信息用共用类型来描述。因此，可以先定义关于书籍、杯子、台灯的三个结构类型，然后用这三个结构类型再定义一个共用类型，最后用这个共用类型统一描述关于礼品的结构类型。上述礼品的结构类型描述如下：

```
    union TItem{                   /*三种物品的共用类型结构*/
    struct Tbook book;
    struct TCup cup;
        struct TLamp lamp;
    };
    struct TGift{                  /*描述全部礼品的结构类型*/
        int inventory;
        double price;
        int item_type;
        union TItem category;
    };
```

其中，共用体 category 是结构类型 TGift 的成员，而 book、cup、lamp 又是共用类型 TItem 的成员。用上述结构类型定义数组：

```
    struct TGift gift[2];
```

　　如果用 gift[0]来存储书籍，则 gift[0].category.book.title 就表示书名；用 gift[1]来存储杯子，则 gift[1].category.cup.style 就表示杯子的款式。这样两种不同类型的物品描述信息在同一长度的存储空间被描述。因此，在存储书籍时不会再有杯子与台灯的存储空间，在存储杯子时不会再有书籍与台灯的存储空间。

　　2) 构造混合数据结构

　　可以运用共用类型创建含有不同数据类型的混合数据结构。首先定义一个共用类型，然后再用共用类型声明一个数组。例如：

```
    union Number{
        int a;
        double b;
    }
    union Number array[10];
```

由于共用类型 Number 既可以存储 int 型数据又可以存储 double 型数据，所以数组 array 中的元素既可以是 int 型，也可以是 double 型，从而使得数组能够存储混合类型的数据。例如：

```
array[0].a=78;
array[1].b=45.6;
```

9.5.3　枚举类型

1. 枚举类型的概念

有的事物的描述只需要少数几个有意义的值，例如对于逻辑量常用 True 与 False 来描述，一年的十二个月用 January、February、March、April、May、June、July、August、September、October、November、December 来表示等。对于这类值，在程序设计中可将它们转化成数值，例如可以用从 1 到 12 的整数来表示一年的十二个月，这样就可以将表示月份的变量声明为一个整型变量。例如：

```
int m;
m=5;
```

此时 m 就代表五月份。该方法虽然可行，但也存在一些问题。如果不给 m 加以注释，那么当其他人阅读程序时不会意识到此时的 m 代表五月份这个特殊概念。另外，m 虽然用来表示月份，但它可以在整个整数范围内取值，其取值范围完全超出了月份的取值范围。为了解决这类问题，C 语言提供了一个自定义数据类型的机制，允许程序员定义一种称为枚举类型的数据类型来描述相关的事物。

枚举类型是整数类型的一个子类，采用将描述事物的几个有意义的值列举出来的方法定义一个数据类型。例如：

```
enum TWeekday{Sunday, Monday, Tuesday, Wednesday, Thursday, Friday, Saturday};
```

采用将英语中描述一周各天的有意义的值列举出来的方法，定义了关于一周概念的数据类型 TWeekday。与定义结构类型和共用类型一样，enum 是枚举类型的特有标志，TWeekday 是定义的枚举类型的类型名称，一对"{}"中给出了枚举常量列表，这些枚举常量是用一些有意义的标识符号来表示的，如 Sunday、Monday 等就是枚举常量。

有了这个类型，就可以声明一个关于表示一周各天的变量。例如：

```
enum TWeekday workday,weekend;
```

workday 与 weekend 被声明为枚举类型的变量，它们的取值范围被限制在 Sunday、Monday、Tuesday、 Wednesday、Thursday、Friday、Saturday 中。例如：

```
workday=Friday;
weekend=Sunday;
```

等都是正确的，而且通过其值就可以看出 workday 变量此时表示的是星期五，weekend 表示的是星期日。

2. 枚举类型作为整数的子界类型

枚举类型实质上是整数的一个子类型并且是有界的，可称其为整数的子界类型。整数与枚举常量之间的对应关系是按照定义时枚举常量在列表中的位序来确定的。例如，Sunday

的位序为 0，所以 Sunday 这个枚举常量就代表了整数 0，Friday 的位序为 5，所以 Friday 代表整数 5。因此，在定义 TWeekday 类型的枚举类表中从 Sunday 到 Saturday 各个枚举常量分别代表了 0 到 6 的七个整数。

虽然在枚举类型中枚举常量是按照其位序来代表相关的整数的，但这种顺序是可以改变的。按照下述定义就可以改变上述定义的 TWeekday 类型中各个枚举常量的整数值。

```
enum TWeekday{Sunday=1, Monday, Tuesday, Wednesday, Thursday, Friday, Saturday};
```

列表中的常量从 Sunday 到 Saturday 代表了 1 至 7 之间的整数。另外，中国人习惯将星期日认为是一周的第七天，要想 Sunday 代表 7，其他常量代表 1 至 6，则可以按照如下形式定义：

```
enum TWeekday{Sunday=7, Monday=1, Tuesday, Wednesday, Thursday, Friday, Saturday};
```

在许多应用中，人们常常将有限的整数赋予一些有意义的名称来表示客观事物。例如，在计算机中用 0 至 15 之间的数表示 16 种不同的颜色，如 0 代表黑色、15 代表白色、4 代表红色等。在计算机内部用数值表示各种颜色，不便于程序设计人员记忆与表达含义，于是人们常将 0 至 15 之间的整数用其代表的颜色名称定义成一个枚举类型，在需要使用某种颜色时给出它的名称就能解决问题。例如：

```
enum COLORS {
    BLACK,              /*深色*/
    BLUE,
    GREEN,
    CYAN,
    RED,
    MAGENTA,
    BROWN,
    LIGHTGRAY,
    DARKGRAY,            /*浅色*/
    LIGHTBLUE,
    LIGHTGREEN,
    LIGHTCYAN,
    LIGHTRED,
    LIGHTMAGENTA,
    YELLOW,
    WHITE
};
```

由于枚举类型是整数的子界类型，所以 C 语言允许用枚举类型来表示整数，能够给相关的数赋予一定的含义，但是，把整数作为枚举类型来使用是非常危险的事，例如在表示月份的变量中可能会存入 15 等非月份数值，在表示一周各天的变量中可能会存入 9 等非一周中天数的数值。

习 题 9

1. 定义一个描述职工的结构类型，其中包括：工号、姓名、性别、年龄、工资、地址。按结构类型定义一个结构类型的数组，从键盘输入每个结构类型元素所需的数据，然后逐个输出这些元素的数据。

2. 用结构类型数据存放下表中的信息，然后输出每人的姓名和实发工资(基本工资 + 浮动工资 − 支出)。

姓 名	基本工资	浮动工资	支 出
Tom	1240.00	800.00	75.00
Lucy	1360.00	900.00	50.00
Jack	1560.00	1000	80.00

3. 有 10 个学生，每个学生的数据包括学号、姓名、三门课的成绩。从键盘输入数据，要求打印出三门课总平均成绩，以及最高分学生的数据(包括学号、姓名、三门课成绩、平均分数)。

4. 使用两个结构类型变量分别存取用户输入的两个日期(包括年、月、日)，计算两个日期之间相隔的天数。

5. 编写一个程序，输入 n 个(少于 10 个)学生的姓名、性别、成绩、出生年月日及入学年月日，输出成绩在 80 分以上的学生的姓名、性别、成绩、出生和入学的年份。

6. 有一批图书，每本书有书名(name)、作者(author)、编号(num)、出版日期(date)四个数据，希望输入后按书名的字母顺序将各书的记录排列好，供以后查询。今输入一本书的书名，如果查询到库中有此书，则打印出此书的书名、作者、编号和出版日期；如果查不到此书，则打印出"无此书"。

7. 有一高考成绩表，包括准考证号码(字符串)、考生姓名、考生类别、高考总分等信息。按准考证号码编写一个查分程序，输出该考生的相关信息。要求能给用户以提示信息(按键盘某一键后)，实现循环查询。

8. 编程建立一个带有头结点的单向链表，链表结点中的数据通过键盘输入，当输入数据为 −1 时，表示输入结束。(链表头结点的 data 域不放数据，表空的条件是 ph->next= = NULL。)

9. 设有 a、b 两个单链表，每个链表的结点中有一个数据和指向下一结点的指针，a、b 为两链表的头指针。要求：

(1) 分别建立这两个链表；

(2) 将 a 链表中的所有数据相加并输出其和；

(3) 将 b 链表接在 a 链表的尾部连成一个链表。

10. 已知 head 指向一个带头结点的单向链表，链表中每个结点包含字符型数据域(data)和指针域(next)。编写函数实现在值为 a 的结点前插入值为 key 的结点，若没有值为 a 的结点，则插在链表最后。

11. 建立一个链表，每个结点包括学号、姓名、性别、年龄。输入一个年龄，如果链表中的结点所包含的年龄等于此年龄，则将此结点删去。

12. 设有两个链表 a、b，结点中包含学号、姓名。从 a 链表中删去与 b 链表中所有相同学号的那些结点，将程序补充完整。

```c
#include<stdio.h>
#define   LA   4
#define   LB   5
#define   NULL   0
struct student
{
    char num[6];
    char name[8];
    struct student *next;
} a[LA],b[LB];
int main()
{
    struct student a[LA]={{"101","wang"},{"102","li"},{"105","chang"},{"106","wei"}};
    struct student b[LB]={{"103","chang"},{"104","ma"},{"105","zhang"},{"107","gou"},
                         {"108","liu"}};
    int i,j;
    struct student *p,*p1,*p2,*pt,*head1,*head2;
    head1=a;head2=b;
    for(p1=head1,i=1;p1<a+LA;i++)
    {
        p=p1;
        p1->next=a+i;
        printf("%8s%8s\n",p->num,p->name);
              _____;
    }
    p->next=NULL;
    for(p2=head2,i=1;p2<b+LB;i++)
    {
        p=p2;
        p2->next=b+i;
        printf("%8s%8s\n",p2->num,p2->name);
              _____;
    }
    p->next=NULL;
    printf("\n");
```

```
            _____  ;
    while(p1!=NULL)
    {
          _____;
        while(p2!=NULL&&strcmp(p1->num,p2->num)!=0) p2=p2->next;
            if(strcmp(p1->num,p2->num)==0)
              if(p1==head1) head1=p1->next;
              else   p->next=p1->next;
            p=p1;
              _____;
    }
    p1=head1;
    printf("\n");
    while(p1!=NULL)
    {
        printf("%7s %7s\n",p1->num,p1->name);
        p1=p1->next;
    }
    return 0;
}
```

第 10 章 在磁盘上存取数据

前所讨论的问题中，数据来源有两方面：一是将从键盘输入的数据以变量的形式存储在计算机的内存单元中；二是以变量初始化的方式在编程时将数据预置在变量中。数据的输出则都是输出到显示器上。程序中用到的数据如何存储到磁盘，在需要时如何从磁盘中传输到内存中，到目前没有涉及。本章将重点讨论如何编写程序实现从计算机的外部存储器——磁盘中存取数据。

10.1 磁盘文件概述

10.1.1 文件的分类

文件是存储在计算机磁盘上信息的集合，这些信息的最小单位是字节。根据数据的组织形式是字符还是数值，可以将文件分为**文本文件**和**二进制文件**。字符类型的数据一律用 ASCII 形式存储，文件中的一个字节存储一个字符，这样的文件称为**文本文件**。数值类型的数据既可用 ASCII 形式存储也可用内存中数据的表示形式来存储。例如，要将 3.141 592 653 5···这个数用 ASCII 形式存储，每个字节中分别存储这个数的一位数字及小数点符号的 ASCII 值，则至少需要 12 个字节才能存储，而用二进制存储只需要按照实数在计算机中的内部表示格式存储，例如，对 float 型只需 4 个字节，double 型只需 8 个字节。数值按照在内存中的表示形式存储的文件称为**二进制文件**。在文本文件中字节与字符是一一对应的，一个字节代表一个字符，因而便于对字符进行逐个处理，但是用这种形式来存储数值型数据时，一般占用字节数较多，而且在读写时要进行 ASCII 形式与数值的内部表示形式之间转换，比较耗费时间；在二进制文件中，将数值的内存形式原封不动地存储到磁盘上，可以节省磁盘空间以及转换时间，但是，每个字节与数值中的数位之间不存在一一对应的关系。

在计算机中，用程序编辑器以及字处理软件创建的文件都是**文本文件**，文件中的数据都是 ASCII 格式的，每个字节表示一个字符，这种文件主要用于存储与文字有关的内容；**二进制文件**主要用来进行数值处理或者信息检索，一般都是由数值处理程序以及数据库系统等创建的文件。

10.1.2 文件名

磁盘是计算机的海量存储器，存储成千上万的文件，每个文件必须要有一个不同于其他文件的标识，以便计算机程序以及用户能够识别和引用。计算机的文件系统规定文件的表示一般由文件的路径和文件名两部分组成。

　　文件的路径表示文件在磁盘上的存储位置，它是由磁盘的盘符以及文件夹的名称构成的一个字符串。文件名一般由文件名主干及扩展名两部分组成，文件名主干与扩展名之间用一个句点"."来间隔。例如，一个名为 file.txt 的文件放在 D 盘的 user1 文件夹下的 xyz 子文件夹中，那么这个文件的完整标识就是：

D:\user1\xyz\file.txt

在文件标识字符串中，"D:"表示文件存储在 D 盘上，"\"为文件夹与子文件夹以及文件名之间的间隔符号。

　　文件名主干及扩展名的命名规则均遵循标识符的命名规则，扩展名主要用来表示该文件在应用中的分类或者性质，一般不超过 3 个字符，如 c(C 源程序文件)、cpp(C++程序文件)、obj(目标文件)、exe(可执行文件)、doc(Word 生成的文件)、ppt(PowerPointer 生成的文件)、jpg(图形文件)等。

　　在 C 语言编程中，由文件的路径和文件名共同构成的字符串也被称为文件名。在实际编程过程中，文件的路径可以省略，但是文件名不能省略。

10.1.3　文件控制块与指针

　　无论是文本文件还是二进制文件，在使用时都有一个被称为**文件控制块**的 FILE 类型的内存区域与之相关联。文件控制块主要用来存放描述文件名称、文件使用方式、文件状态等的信息。这个文件控制块是由文件的打开操作来创建的，创建后需要用一个 FILE 类型的指针来标记控制块的首地址，通常称该指针为**文件指针**。程序通过文件指针来建立与磁盘文件之间的信息传输通道，实现对磁盘文件的读写操作。

　　FILE 类型是定义在 stdio.h 中的一个结构类型，在使用文件之前用户可以直接运用 FILE 类型来声明文件指针，以便在打开文件时用来标记与之相关联的文件控制块。对文件的后续操作就是通过文件指针来实现的。对文件指针的声明如下：

FILE *fp;

　　有了指针 fp，就可以使其指向某个文件的控制块，通过该控制块中的信息描述就能够实施对文件的操作。换句话说，通过指针 fp，程序与某个文件之间就建立起了一个数据交换的通道。如果一个程序要使用 n 个文件，一般应定义 n 个不同的指针，每个指针分别指向一个 FILE 类型的文件控制块，使程序能够与 n 个文件同时进行数据交换。

　　说明：C 语言中，文件是一个逻辑概念，它被广泛用于从磁盘到终端 (如键盘、显示器)等多种设备，将每一种设备都和一个文件相关联，并为之定义一个文件指针，对文件的操作是通过指向文件的指针进行的。C 语言将键盘和显示器作为文本文件来对待，在 stdio.h 中为键盘文件定义了一个文件指针 stdin，为显示器文件定义了数据输出指针 stdout 和"错误信息"输出指针 stderr。scanf()函数用指针 stdin 指向键盘，来实现从键盘上输入数据；printf()函数用指针 stdout 指向显示器，来实现数据的输出。磁盘设备上的文件既可以定义成文本文件，也可以定义成二进制文件，这需要根据程序设计的需要由程序员来决定。

10.1.4 文件缓冲区

C 语言采用的是**缓冲文件系统**。系统在内存中创建一个临时存放数据的区域，作为程序与文件之间数据交换的一个**中转站**，该区域称为**文件缓冲区**。图 10-1 所示为文件缓冲示意图。程序要向磁盘输出数据必须先将数据放到输出缓冲区中，等到输出缓冲区被数据装满后，一次性地将缓冲区中的数据写入磁盘；如果程序要从磁盘上读入数据，则一次性地从磁盘文件中读入一批数据将输入缓冲区装满，然后再从输入缓冲区中将数据逐渐送到程序的数据区。设置文件缓冲区的目的是协调计算机与输入/输出设备之间的速度差异。

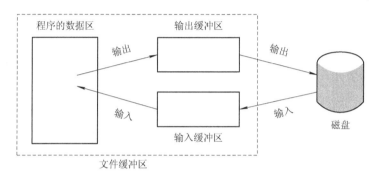

图 10-1 文件缓冲示意图

10.2 文件的打开与关闭

在对文件进行操作之前要打开文件，操作结束后要关闭文件。打开操作实际上是为磁盘文件在内存中建立一个 FILE 类型的文件控制块，并将文件控制块的地址保存在文件指针中，通过文件指针程序与磁盘文件之间建立数据交换的通道。关闭文件的目的是释放文件控制块占据的存储空间，使得文件指针置空，切断程序与磁盘文件之间进行信息交换的通道。

C 语言在 stdio.h 中提供了一个文件打开函数与关闭函数。文件打开函数的原型如下：

```
FILE *fopen(char *filename,char *mode);
```

这个函数的功能是以 mode 方式将名字为 filename 的文件打开，如果打开成功，系统自动为文件建立一个控制块，并将控制块的地址作为函数值返回，否则返回空指针 NULL。

filename 是一个字符串，用来表示文件名，其中包括了文件所在磁盘的盘符及其目录路径。

mode 参数则规定文件的打开方式。文件的基本打开方式有三种：第一种方式是为了读取文件中的信息，mode 的值为 "r"，在这种方式中不能向文件中写入数据；第二种方式是为了创建一个新的文件且向文件中写入数据，mode 的值为 "w"；第三种方式是为了打开一个已经存在的文件并在文件的末尾向文件中添加数据，mode 的值为 "a"。除了这三种基本打开方式外还可以对打开方式进行扩充，其详细的 mode 参数组合见表 10-1。

表 10-1 mode 参数组合

文件打开方式	参 数 含 义	如果指定文件不存在
r	按只读方式打开文本文件	函数返回出错信息 NULL 值
w	按只写方式创建文本文件	创建一个文件
a	向文本文件末尾添加字符	函数返回出错信息 NULL 值
rb	按只读方式打开二进制文件	函数返回出错信息 NULL 值
wb	按只写方式创建二进制文件	创建一个文件
ab	向二进制文件末尾添加数据	函数返回出错信息 NULL 值
r+	打开文本文件，读、写均可	函数返回出错信息 NULL 值
w+	创建文本文件，读、写均可	创建一个文件
a+	打开文本文件，读、写均可	函数返回出错信息 NULL 值
rb+	打开二进制文件，读、写均可	函数返回出错信息 NULL 值
wb+	创建二进制文件，读、写均可	创建一个文件
ab+	打开二进制文件，读、写均可	函数返回出错信息 NULL 值

注：在用含有 w 的方式打开文件时，若磁盘上存在路径与名称相同的文件，则该同名文件中的
内容会被清空。

例如，为了读取磁盘上名为 file1.dat 的文件数据，打开该文件的方法如下：

```
FILE *fp;
fp=fopen("file1.dat","r");
```

其中的字符串参数 "r" 为按只读方式打开文件，被打开的磁盘文件名为 file1.dat。文件打
开成功后，则将文件控制块的地址赋给指针 fp，此后对文件的所有操作都是通过文件指针
fp 来进行的，而不再使用文件名。

关闭文件的函数原型如下：

```
int fclose(FILE *fp);
```

这个函数的功能是关闭指针 fp 所指文件，若关闭成功，则返回 0，否则返回非 0 值。

为了让程序预先捕获一个文件打开是否成功的信息，避免在没有打开文件的情况下盲
目对文件实施操作，常用下述方法打开一个文件：

```
FILE *fp=NULL;
if((fp=fopen("ch9-2.dat","rb"))!=NULL)
{
    /*** 对文件进行读写操作***/
}
else
{
    printf("cannot open file\n");
    exit(0);                    /*终止程序的执行*/
}
```

这段程序先检查打开文件操作是否成功，如果成功就对文件实施读写操作，否则在屏幕上输出文件不能打开的信息，并终止程序的执行，以便程序员检查错误。

10.3 对文本文件的操作

10.3.1 文本文件的存储格式

假设一个文本文件中的内容(包含字母、空格、标点符号以及换行符与文件结束符)如下：

This is a text file.<newline>

It has two lines. <newline><eof>

其中：<newline>表示换行符；<eof>表示文件结束(由于换行符与文件结束符都是屏幕不可显示的字符，所以这里为了表意分别借用<newline>和<eof>来表示)。这些内容是按照其在计算机屏幕上显示的方式排列的。事实上，文本文件中的内容在磁盘上是连续存储的字符序列，下面的排列形式反映了文本文件的真正存储格式：

This is a text file.<newline>It has two lines. <newline><eof>

文件中的所有内容是一个接一个地连续存放的，原来第 2 行的第 1 个字符紧接着第 1 行的换行符<newline>存储。因此，文本文件是保存在磁盘文件中的一个个字符序列的集合，文件的大小是不固定的，每行的长短也不固定。对这种格式的文件，C 语言提供了比较复杂的操作方式。

> 说明：换行符<newline>在微软的操作系统中是由 ASCII 值为 13 和 10 的字符构成的，13 代表回车，10 代表换行，它们在 C 语言中就是转义字符'\n'。而<eof>则是一个标志值，在 C 语言中就是标准输入/输出库中的 EOF 常量。不同操作系统对换行符和文件结束符都有不同的规定，在运用时要查阅相关操作系统的规定。

10.3.2 对文本文件的读写操作

C 语言对文本文件的读写操作可以分为三种类型，即以字符方式读写文件、以字符串方式读写文件和以格式化方式读写文件。

1. 以字符方式读写文件

以字符方式读写文件是一次从文件中读取或写入一个字符，读取字符的函数原型如下：

int fgetc(FILE *fp);

该函数的功能是从 fp 所指向的文件中读取一个字符，若读取成功，则函数的返回值为读取的字符，否则返回值为 EOF。

写入函数的原型如下：

int fputc(char ch,FILE *fp);

该函数的功能是将字符变量 ch 的值写入 fp 指向的文件中，若写入成功，则函数的返回值为写入字符的 ASCII 值，否则返回值为 EOF。

例 10-1 从键盘读入一行字符，将这行字符写入一个名为 file1.txt 的磁盘文本文件中，然后再读取该磁盘文件并输出到显示器。

设计分析：这里共涉及三个类型的文本文件，即终端键盘文件、显示器文件以及磁盘文件。由于 C 语言在标准输入/输出库中已为键盘文件、显示器文件分别定义了指针 stdin、stdout，这两个文件在系统运行时处于常备状态，无需使用 fopen()和 fclose()函数打开或关闭，只需在 fgetc()和 fputc()函数中引用 stdin 和 stdout 指针实施读写。因此，只需定义一个指向 file1.txt 的磁盘文件指针 fp。

在进行操作时，需要涉及两个循环：第一个循环控制从键盘输入字符，并将字符逐个存入文件 file.txt 中；第二个循环控制从 file.txt 中逐个读出刚才存入的字符，并在显示器上逐个输出。

程序编码：

```c
#include <stdio.h>
void main()
{
    FILE *fp;
    char ch;
    if((fp=fopen("file1.txt","w"))!=NULL)     /*按照只写方式打开文件 */
    {
    /*从键盘读取字符并存入 fp 指向的文件中，当遇到回车键时结束输入*/
        while((ch=fgetc(stdin))!='\n')
            fputc(ch,fp);          /*将 ch 中的字符写入文件中*/
        fclose(fp);
    }
    if((fp=fopen("file1.txt","r"))!=NULL)   /*按照只读方式打开文件*/
    {
        /***从 fp 指向的文件中读取字符输出到显示器***/
        while((ch=fgetc(fp))!=EOF)
            fputc(ch,stdout);                /*将 ch 中的字符写到显示器上*/
        fclose(fp);
    }
    putchar('\n');
}
```

程序说明：

(1) 本例中采用 fgetc(stdin)和 fputc(ch,stdout)目的是强调 C 语言中将键盘和显示器是看做文件的，事实上它们可以分别用 getchar()与 putchar()来代替。

(2) 将文件打开操作放在 if 语句的条件中，其目的是检测文件是否正常打开，如不能正常打开，则不进行任何操作。

(3) 此程序仅仅是为了演示如何向一个文件中写字符，以及从文件中读字符而编写的。

2. 以字符串方式读写文件

以字符串方式读写文件就是一次进行一个整串的读写操作,包括空格都可以进行读写。读取字符串的函数原型如下:

char *fgets(char *buf,int n,FILE *fp);

该函数的功能是从 fp 所指向的文件中读取一个长度最大为 n−1 的字符串,并存入地址为 buf 的一个字符串存储空间中,如果读取成功,则返回 buf 的地址,否则返回空指针 NULL。该函数在读取字符串时,如果逻辑行中字符串的长度大于 n,则每次只能读取 n−1 个字符,需要多次操作才能读完一个逻辑行;如果字符串的长度小于 n−1,则一次读取换行符 <newline>之前的所有字符。

向文件写入一个字符串的函数原型如下:

int fputs(char *str,FILE *fp);

该函数的功能是将指针 str 指向的字符串写入到指针 fp 所指向的文件中,如果写入成功,则函数的返回值为 0,否则返回值为 EOF。

例 10-2 从键盘上输入"This is a text file."和"It has two lines."两个英语句子,并存入一个磁盘文件中。将这两句在磁盘文件中存为两个逻辑行,然后再从磁盘中读出并在显示器上显示。

程序编码:

```c
#include <stdio.h>
void main()
{    FILE *fp;
     char ch[100];
     if((fp=fopen("file1.txt","w"))!=NULL) /*如果成功打开 file1.txt,则执行后续操作*/
     {
          fgets(ch,100,stdin);        /*从键盘文件读入一行字符存入数组 ch 中*/
          fputs(ch,fp);               /*将 ch 中的字符串存入磁盘文件中*/
          fgets(ch,100,stdin);        /*从键盘文件读入一行字符存入字符数组 ch 中*/
          fputs(ch,fp);               /*将 ch 中的字符串存入磁盘文件中*/
          fclose(fp);
     }
     if((fp=fopen("file1.txt","r"))!=NULL)  /*如果成功打开 file1.txt,则执行后续操作*/
     {    fgets(ch,100,fp);           /*从 fp 指向的文件中读出一行字符存入 ch 中*/
          fputs(ch,stdout);           /*将 ch 中的字符串输出到显示器*/
          fgets(ch,100,fp);           /*从 fp 指向的文件中读出一行字符存入 ch 中*/
          fputs(ch,stdout);           /*将 ch 中的字符串输出到显示器*/
          fclose(fp);
     }
}
```

程序说明： 这里的 fgets(ch,100,stdin)、fputs(ch,stdout)分别采用了键盘文件和显示器文件实施输入与输出。在文本文件程序设计中，凡输入函数中的文件指针只要指定为 stdin，那么输入设备就是键盘；凡输出函数中的文件指针只要指定为 stdout，那么输出设备就是显示器。

3．以格式化方式读写文件

上述两种方式进行的都是纯粹的字符输入/输出，也就是内存中的内容以及磁盘上的内容都是字符。若将内存中的数值型变量的值以字符方式存入到文本文件中，或者将文本文件中字符形式的数字在读入内存后成为数值型内存变量的值，则要采用格式化输入/输出函数来实现。

格式化输入函数原型如下：

```
int fscanf(FILE *fp, const char *formatstring, adress_list);
```

该函数的功能是按照 formatstring 格式字符串指定的格式将从文件 fp 中读出的数据放入 adress_list 列表所指向的存储单元中，函数的返回值为已经输入数据的个数。此函数中除了 fp 指针参数以外，其他参数与函数 scanf()中的参数完全一致，如果在调用此函数时将 fp 参数指定为 stdin 指针，则其作用与 scanf()完全相同，即可实现从键盘输入数据的功能。

格式化输出函数原型如下：

```
int fprintf(FILE *fp, const char *formatstring, varable_list);
```

该函数的功能是按照 formatstring 格式字符串指定的格式将 varable_list 列表中的各项数据输出到文件 fp 中，函数的返回值为函数实际输出的字符总数。此函数对格式字符串参数及输出变量的要求与 printf()函数的相同。如果在调用此函数时将 fp 参数指定为 stdout 指针，则其作用与 printf()的完全相同，即可实现将数据格式化输出到显示器上。

例 10-3 在磁盘上有一个名为 file1.txt 的文本文件，其中存放了 5 个学生的学号、姓名、成绩 1、成绩 2 等信息。其信息存放格式如下：

```
1201 Tomi    89    90
1202 Jack    70    85
1203 Sala    90    92
1204 Susan   78    87
1205 Obama   60    60
```

将这些信息读出，并将每个人的后两项数据相加后构成第五项数据存入另一个文件 file2.txt 文件中，同时在屏幕上输出处理后的全部数据，数据排列格式保持不变。

设计分析： 题目中给出的数据，每行为一个学生的信息，学生信息由学号、姓名以及两个成绩项构成，学生的学号及姓名都是字符串数据，而成绩为数值类型，因此对这类文件的读写运用格式化方式来进行。学号与姓名分别用字符串变量 sn 和 name 来表示，两个成绩项用整数类型的变量 a 与 b 来表示。

在打开源文件以及创建目标文件后，可用一个单循环来控制从源文件中以格式化输入的方式逐行读入每个学生的数据，经计算后再逐行将每个学生的数据写入目标文件。

程序编码：

```
#include <stdio.h>
```

```
void main()
{
    FILE *fp1,*fp2;
    char sn[20],name[20];    /*sn 与 name 表示学生的学号与姓名*/
    int a,b,i;                /*a、b 表示学生的两个成绩项，i 为循环控制变量*/
    if((fp1=fopen("file1.txt","r"))&&(fp2=fopen("file2.txt","w")))
        for(i=0;i<5;i++)
        {
            fscanf(fp1,"%s%s%d%d",sn,name,&a,&b);
            fprintf(fp2,"%4s %-8s %3d %3d %4.1f\n",sn,name,a,b,a+b);    /*输出到磁盘*/
            fprintf(stdout,"%4s %-8s %3d %3d %6.1f\n",sn,name,a,b,a+b); /*显示数据*/
        }
    if(fp1) fclose(fp1);
    if(fp2) fclose(fp2);
}
```

程序说明：

(1) 为了保持输出的各项数据之间有一定间隔，所以输出函数格式串中格式占位符之间应该至少有一个空格符号，否则数字在磁盘上被连续存储(例如 45 和 56.0 两个数被存储为 4556.0)，导致以后在读取该文件中的数据时无法将各个数据项进行区分。

(2) 如果想在文件中将数据按逻辑行存储，可在输出格式串的最后加入换行符 '\n'.

10.4 对二进制文件的操作

用文本文件在存储数值型数据时需要将数据在内存中的表示形式转换成字符形式再存入磁盘，从文本文件中读取数据时需要将数据的字符形式转换成内存中数值的表示形式，所以对数值型数据用文本文件存储时的操作效率非常低。二进制文件中的数据是按照数据在内存中的表示形式存储在磁盘中的，进行存取时无需转换，所以存取效率高。另外，二进制是一切数据的表示形式，所以，二进制文件不但能够存储文本、数值信息，还能够存储图形图像、音频以及视频数据，对数据类型的表示非常宽泛。C 语言提供了关于二进制文件存取的函数，这些函数原型如下：

```
int fread(void *buffer, unsigned size, unsigned n, FILE *fp);
int fwrite(void *buffer, unsigned size, unsigned n, FILE *fp);
```

上述第一个函数是从 fp 指向的文件中以二进制形式读取数据；第二个函数是将数据以二进制形式写到 fp 所指文件中。当函数对文件读写成功时，返回值为操作成功的数据项个数，否则返回值为 0。其中：

(1) 参数 buffer 是一个存储空间的地址，该存储空间常常被称为缓冲区，一般情况下这个缓冲区由数组来担当。对 fread()来说是将磁盘文件中的数据读取到 buffer 中，对 fwrite()来说是将 buffer 中的数据写出到磁盘文件中。注意：这里 buffer 的类型是 void 型，在实际使用时，buffer 可以是 C 语言中允许的任何一个类型的指针。

(2) 参数 size 是要进行读写的数据项的字节数。数据项的字节数一般都是 C 语言中允许的数据类型的大小。例如，要读写的数据项的类型为 double，那么 size 的值应该是 sizeof(double)的整数倍；要读写的数据类型为一个结构类型，那么 size 的值应该是该结构体类型大小的整数倍。

(3) 参数 n 是在一次读写动作中要读写的数据项的项数(每项的大小为 size 个字节)。

(4) 参数 fp 是指向文件的指针。

在对二进制文件进行读写操作时，要不断地检查文件的读写状态，判断文件中的内容是否读取完毕，C 语言提供了一个读写状态函数来帮助程序员完成判断工作。文件读写状态检测函数原型如下：

```
int feof(FILE *fp);
```

该函数的功能是检测对 fp 所指文件进行的操作是否到达了文件末尾，如果到达文件末尾，则函数的返回值为非 0 值，否则返回值为 0。

例 10-4　将例 10-3 中给出的 5 个学生的数据以二进制形式存入一个磁盘文件中，然后再从该文件中读出。

设计分析：例 10-3 中 5 个学生的信息描述可采用结构类型。结构类型定义如下：

```
struct STUDENT
{
    char sn[5];
    char name[10];
    int grade1;
    int grade2;
}
```

用上述结构类型定义具有 5 个元素的结构数组，定义如下：

```
STUDENT s1[5]={{"1201"," Tomi",89, 90},{"1202" ,"Jack",70, 85},
              {"1203","Sala",90, 92},{"1204","Susan",78,87},
              {"1205","Obama",60, 60}};
```

首先将结构数组中的信息以二进制形式存储到一个文件中，然后再将其读出并显示到屏幕上。在对上述数组进行读写时，一个数据项的字节数应设定为 sizeof(STUDENT)个字节，一次读写 1 个数据项，这样才能做到一次读写一个学生的完整信息。

第一步，采用循环的方式将数组 s1 中的数据写到磁盘文件中。其写入磁盘的算法如下：

```
for(i=1;i<5;i++)
    fwrite(&s1[i],sizeof(STUDENT),1,fp);
```

第二步，采用循环的方式从二进制文件中将数据读入到另一个结构数组 s2 中。其读入内存的算法如下：

```
while(!feof(fp))
    fread(&s2[i++],sizeof(STUDENT),1,fp);
```

第三步，采用循环的方式将存放在结构数组中的数据显示出来。

程序编码：

```c
#include <stdio.h>
struct STUDENT            /*将学生数据定义为一个 STUDENT 的结构类型*/
{
    char sn[5];
    char name[10];
    int grade1;
    int grade2;
};
void save(STUDENT *s,int n);
void load(STUDENT *s);
void display(STUDENT *s,int n);
void main()
{    STUDENT s1[5]={{"1201","Tomi",89, 90},{"1202" ,"Jack",70, 85},
        {"1203","Sala",90, 92},{"1204","Susan",78,87},{"1205","Obama",60, 60}};
    STUDENT s2[5];
    save(s1,5);     /*将数组 s1 中的数据存入磁盘文件*/
    load(s2);       /*将磁盘文件中的全部学生数据读入到数组 s2 中*/
    display(s2,5); /*将数组 s2 中的 n 个学生数据显示出来*/
}
void save(STUDENT *s1, int n)
{
    FILE *fp=NULL;
    int i;
    if((fp=fopen("student.dat","wb"))!=NULL) /*创建文件用来存放学生数据*/
    for(i=0;i<n;i++)            /*将 n 个学生的数据写入 fp 指向的文件中*/
        fwrite(&s1[i],sizeof(STUDENT),1,fp);
    if(fp) fclose(fp);          /*当 fp 非空时，关闭 f1 指向的文件*/
}
void load(STUDENT *s)
{
    FILE *fp=NULL;
    STUDENT *p=s;           /*指针 p 用于遍历数组 s 中的元素*/
    if((fp=fopen("student.dat","rb"))!=NULL)    /*打开 student.dat 文件*/
        while(!feof(fp)){    /*将全部学生数据从 fp 指向的文件读入内存*/
            fread(p,sizeof(STUDENT),1,fp);
            p++;
```

```
    }
    if(fp) fclose(fp);              /*当 fp 非空时，关闭 f1 指向的文件*/
}
void display(STUDENT *s2,int n)
{
    int i;
    for(i=0;i<n;i++)
        printf("%-5s %-6s %3d %3d\n",s2[i].sn,s2[i].name,s2[i].grade1,s2[i].grade2);
}
```

例 10-5 编写一个函数实现将一个文件夹中的文件复制到另一个文件夹中，文件名通过键盘输入。

设计分析： 由于复制文件是将一个文件中的数据逐个字节地复制到另一文件中去，所以采用二进制读写方式最为合适，这样编写的程序能够复制任何类型的文件。计算机对磁盘数据的读写每次最少为一个扇区，每扇区的字节数为 512 字节，所以 buffer 缓冲区大小设置为 512 个字节，且 fread()与 fwrite()的 buffer 为同一个数组；数据项的大小参数 size 也设置为 512 个字节；数据项的项数参数 n 至少设置为 1，这样 fread()以及 fwrite()函数一次至少读写 512 个字节的数据。

实现文件复制操作的算法如下：

(1) 打开要读取数据的文件 fp1，若打开不成功，则转入第(8)步。

(2) 创建目标文件 fp2，若创建不成功，则转入第(8)步。

(3) 如果对文件 fp1 的读取到达文件的尾部，则转入第(7)步。

(4) 从文件 fp1 中读取 512 个字节的数据放入数组 buffer 中。

(5) 将数组 buffer 中的数据写入文件 fp2 中。

(6) 返回第(3)步。

(7) 关闭文件 fp1 与文件 fp2，转入第(9)步。

(8) 输出文件打开失败信息。

(9) 结束文件复制。

程序编码：

```
#include <stdio.h>
#include <stdlib.h>
void copy(char *f1,char *f2);
void main()
{
    char path1[512],path2[512];      /*这两个数组分别存放源文件与目标文件名*/
    scanf("%s%s",path1,path2);        /*从键盘输入源文件与目标文件名*/
    copy(path1,path2);                /*调用文件复制函数*/
}
/***定义文件复制函数，f1 传输源文件名称及路径，f2 传输目标文件名称及路径***/
```

```
    void copy(char *f1,char *f2)
    {
        FILE *fp1,*fp2;
        char buffer[512];              /*定义 512 个字节的文件读写缓冲区*/
        if((fp1=fopen(f1,"rb"))&&(fp2=fopen(f2,"wb")))  /*打开文件 f1 与文件 f2*/
        {
            while(!feof(fp1))   /*当文件 f1 没有到达尾部时，继续读取文件 f1 中的字节*/
            {
                fread(buffer,1,512,fp1); /*读取文件 f1 中 512 个字节的数据到数组 buffer 中*/
                fwrite(buffer,1,512,fp2); /*将数组 buffer 中 512 个字节的数据写入文件 f2 中*/
            }
            /*当文件 f1 到达末尾时，说明其中的数据读取完毕，则实施关闭文件的操作*/
            fclose(fp1);     /*当 fp1 非空时，关闭 f1 指向的文件*/
            fclose(fp2);     /*当 fp2 非空时，关闭 f2 指向的文件*/
        }
        else printf("源文件或者目标文件打开失败！\n");
    }
```

程序说明：程序中真正实现复制文件的功能由 copy()函数来完成。

10.5　文件的随机读写

10.3 节和 10.4 节按照数据的存储格式将文件分为文本文件和二进制文件两类，然而按照文件的读写方式可以将文件分为顺序读写和随机读写两种文件类型。

顺序读写就是按照数据在文件中的存储顺序实施读写的一种操作类型，在这种方式中先写入的数据存放在文件前面的位置，后写入的数据存放在文件靠后的位置，在读取时先读取文件前面的数据，后读取文件后面的数据。对顺序读写文件来说，读取的顺序与写入的顺序是完全一致的。这种数据读写方式比较呆板、不灵活，如果要读取文件中的第 10 个数据项，必须先读取文件中的前 9 个数据项。10.3 节和 10.4 节讨论的读写方式均为顺序读写。

随机读写克服了顺序读写的缺点，它不是按照数据在文件中的存放位置的顺序来访问数据的，可以对文件中任何位置上的数据项直接进行读写操作。例如，要读取文件中的第 10 个数据项，无需先读取前 9 个数据项，而是直接将读取位置移动到第 10 个数据项处；在对第 10 个数据项读取完毕后也可以跳回去读取第 5 个数据项，等等。表 10-1 中给出了这两种文件打开方式的 mode 参数，其中带"+"号的参数均为文件的随机打开方式，不带"+"号的为顺序打开方式。

无论采用顺序读写还是随机读写，C 语言系统都给文件设置了一个**文件读写位置指针**，该指针始终指向将要读写数据的位置。图 10-2 所示为文件读写位置指针示意图。读写位置指针的值为一个长整数值，表示从文件头到当前读写位置所偏移的字节数。当一个文件刚打开时，指针的值为 0。指针每次移动的最小单位为一个字节。

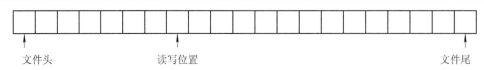

图 10-2　文件读写位置指针示意图

在顺序读写方式中，每读写完一个数据项，指针会顺序向后移动一个位置，在下次进行读写操作时会在指针指出的位置进行数据读写操作，全部数据读写完，指针指向最后一个数据之后的位置。在这种方式中，指针的移动都是由系统自动完成的，指针移动的距离是由读写函数根据读写数据的量来决定的，无须人为干预。

在随机读写方式中，除了读写操作能够移动位置指针以外，还可以人为地任意移动位置指针(既可以向后移动，也可以向前移动；既可以一次移动一个字节，也可以按照需要一次移动若干个字节)。

对文件进行随机读写操作的关键是移动文件的读写位置指针，C 语言提供了许多位置指针移动及其状态检测函数，下面介绍几个最基本的函数。

(1) 获取文件当前读写位置函数，其原型如下：

```
long ftell(FILE *fp);
```

该函数的功能是返回 fp 文件的读写位置指针的当前值，该值为一个长整数。

(2) 读写位置指针归零函数，其原型如下：

```
void rewind(FILE *fp);
```

该函数的功能是将 fp 文件的读写位置指针移动到文件的开始位置。在调用该函数时，无论 fp 文件的读写位置在何处，都会将读写位置指针强制移动到文件的开始位置。

(3) 读写位置指针移动函数，其原型如下：

```
int fseek((FILE *fp, long offset, int base);
```

该函数的功能是将 fp 文件的读写位置以 base 指出的位置为基准，以 offset 为位移量进行移动，移动成功后函数的返回值为 0，否则返回值为 –1。

函数中 base 的取值只能为 0、1、2 三个整数值之一，0 代表文件的开始为基准位置，1 代表当前位置为基准位置，2 代表文件的末尾为基准位置；offset 是以 base 为基点向前或者向后移动的字节数，offset 取正值表示向文件的尾部方向移动位置指针，取负值表示向文件的开始方向移动位置指针。

例 10-6　在例 10-4 的解决方案中将 5 个学生的信息存放在 student.dat 文件中，现在要求编写一个程序，先将第 5 个学生的信息读入并显示，然后再将第 3 个学生的信息修改为"1206 Sala 95 98"，最后读出所有学生的数据并显示。

设计分析：根据题目要求，必须采用随机读写方式来对文件进行操作。由于一个完整读写单位是一个学生信息所占据的字节数，所以文件读写位置指针必须以一个学生信息字节数的整数倍来移动。移动的基准位置参数 base 为文件的开始处，如果要将文件的读写位置指针移动到第 n 个学生的起始位置，那么 fseek()函数的 offset 参数的值应该为 sizeof(STUDENT)*(n-1)。

要完成本任务，在文件打开后，必须分三步来进行：

第一步，将文件读写位置指针移动到第 5 个学生信息的开始位置，然后进行读取信息并显示。

第二步，将文件读写位置指针移动到第 3 个学生信息的开始位置，然后将"1206 Sala 95 98"写入第 3 个学生的信息位置处。

第三步，将文件读写位置指针移动到文件的开始位置，从头到尾显示所有学生的数据。

程序编码：

```
#include <stdio.h>
struct STUDENT              /*将学生数据定义为一个 STUDENT 的结构类型*/
{
    char sn[5];
    char name[10];
    int grade1;
    int grade2;
};
void main(){
    STUDENT s,  s1={"1206","Sala",95,98};
    FILE *fp=NULL;
    if((fp=fopen("student.dat","rb+"))!=NULL)
    {
        fseek(fp,sizeof(STUDENT)*4,0);          /*将指针移动到第 5 个学生位置处*/
        fread(&s,sizeof(STUDENT),1,fp);
        printf("    %-5s %-6s %3d %3d\n\n",s.sn,s.name,s.grade1,s.grade2);
        fseek(fp,sizeof(STUDENT)*2,0);          /*将指针移动到第 3 个学生位置处*/
        fwrite(&s1,sizeof(STUDENT),1,fp);
        fflush(fp);
        rewind(fp);          /*文件指针归 0*/
        /*将文件中的数据全部读出并显示在屏幕上*/
        while(!feof(fp))
        {   fread(&s,sizeof(STUDENT),1,fp);
            printf("    %-5s %-6s %3d %3d\n",s.sn,s.name,s.grade1,s.grade2);
        }
    }
    fclose(fp);
}
```

10.6　案例研究——快递业务简单数据库的建立

1. 问题描述

4.5 节中采用简单变量研究过快递业务中单路线运费分段计算问题，7.5 节中运用数组研究过多路线快递费用核算解决方案；9.4 节中研究过用结构类型解决多路线快递费用核算方案。这些仅仅都是解决了一个数据表示以及费用核算的问题，对于运单信息没有进行永久存储，随着程序的运行结束，所有数据将会丢失。现在要求运用文件系统为快递业务建立一个简单数据库，将已经办理过的一条条运单存储起来作为历史数据，以便企业进行相关的分析与决策。

2．设计分析

1) 要解决的问题

根据问题的描述以及要求，这里将要解决的问题简单地分为：① 运单数据在磁盘上的存取问题；② 运费计算问题以及运单信息输出问题；③ 运单数据的汇总合计问题；④ 运单信息的批量浏览问题；⑤ 运单信息的条件查询问题。

2) 数据结构的安排

在上述 5 个问题中，②、③已经在 9.4 节的案例研究中给出了一个简单的解决方案，该方案中的数据结构以及计算方案可以完全在这里运用，在此不作过多的分析。其余三个问题可采用文件实施，对文件的操作是快递业务数据库实施方案新增的功能。

在此涉及两类数据，即运费计算方案表以及运单数据。这两类数据分别是两种不同结构类型的数据，因此每种类型的数据都可以采用一个文件来存储。这里可以将运单数据存储在名为 waybill.dat 的文件中，由于运单数据都是结构数据类型，因此，waybill.dat 文件采用二进制格式比较适合。对于运费计算方案表来说，由于其数据量比较小且在应用过程中固定不变，因此在编程时维持 9.4 节中直接将数据存放在结构数组中的做法。

3) 程序要进行操作的模块安排

根据要解决的问题以及数据结构的安排，程序中要进行的操作模块可以分为：① 运单的填写以及运费计算模块；② 运单数据的汇总合计模块；③ 运单信息的查询模块；④ 运单信息的输出模块。其中运单信息的输出模块是一个公共模块，它能够被前三个模块调用。

为了有效地管理和调度上述模块，可在主函数中编写菜单模块，以便用户根据自己的需要来灵活选择。各模块以及磁盘文件之间的调用关系如图 10-3 所示。

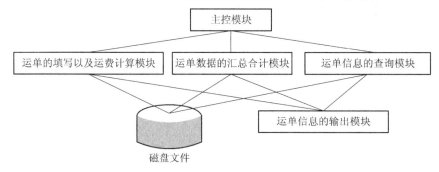

图 10-3　各模块以及磁盘文件之间的调用关系

3．算法设计

1) 运单的填写以及运费计算模块

将运单的填写以及运费计算模块的算法编写的程序封装在一个函数中。函数中用到的变量如下：

struct TPrice price[6]	/*存放 6 个不同目的地分段价格的结构数组*/
struct TWaybill waybill;	/*存放运单结构体*/
int w_size=0,	/*记录运单总数*/

其算法细节如下：

(1) 用"ab+"方式打开 waybill.dat 文件。

(2) 输入运单信息。

(3) 根据运单中的目的地选择运费计算方案。

(4) 依据计算方案以及运单中的重量计算运费。

(5) 输出运单明细。

(6) 运单存盘。

(7) 如果还有运单需要处理，则转入第(2)步。

(8) 关闭 waybill.dat 文件。

(9) 结束。

2) 运单数据的汇总合计模块

将运单数据的汇总合计模块的算法编写的程序封装在一个函数中。函数中用到的变量如下：

struct TWaybill waybill;	/*运单结构体*/
double sum=0;	/*存储营业总额*/
int w_size=0;	/*记录运单总数*/

其算法细节如下：

(1) 用"rb"方式打开 waybill.dat 文件。

(2) 用 fread()读取文件，数据存入 waybill 结构体中，读取成功则转入第(3)步，否则转入第(7)步。

(3) 显示 waybill 结构体中的各个成员。

(4) 将 waybill 中的金额成员的值合计到总额变量 sum 中。

(5) 运单总数 w_size 的值增 1。

(6) 转入第(2)步。

(7) 关闭 waybill.dat 文件。

(8) 输出合计结构。

(9) 结束。

3) 运单信息的查询模块

由于运单结构中的成员比较多，每个成员都可以作为查询关键字，这里只采用运单编号作为关键字进行查询算法设计。将运单信息的查询模块的算法编写的程序封装在一个函数中。函数中用到的变量如下：

struct TWaybill waybill={0};	/*运单结构体*/
char sn[11];	/*存放输入的运单号码*/
int flag=0;	/*标记查找成功与否，1 代表成功，0 代表失败*/

其算法细节如下：

(1) 用 "rb" 方式打开 waybill.dat 文件。

(2) 输入欲查询运单的编码并存入 sn 字符串中。

(3) 用 fread()读取文件，数据存入 waybill 结构体中，若读取失败，则转入第(7)步。

(4) 如果字符串 sn 的值与 waybill 的运单编码值相等，则转入第(5)步，否则转入第(3)步。

(5) 输出运单 waybill 中的全体成员。

(6) 将查询成功标志 flag 置 1。

(7) 关闭 waybill.dat 文件。

(8) 结束。

4．编码实现

本程序中共有 8 个子函数：menu()为菜单函数，实现运单填写、汇总合计、查询等功能的选择；fill_form()函数实现运单的填写以及运费计算功能；summary()函数实现运单的汇总合计；find()函数实现查询功能；input()函数实现运单的输入；router_select()函数根据目的地选择运费计算方案；calculate_freight()函数实施运费的计算；output()函数实现运单信息的输出，它是被 summary()、fill_form()、find()三个函数调用的一个公共函数。其中 menu()、summary()、fill_form()、find()四个函数直接由主函数调用；input()、router_select()、calculate_freight()为 fill_form()函数调用的三个子函数。

程序的详细编码如下：

```
#include "stdio.h"
#include "string.h"
struct TDate{          /*定义描述日期的结构类型，其中有三个同类型的成员*/
        int year;
        int month;
        int day;
};
struct TPrice{          /*计算方案结构类型的定义，共有七个成员数据*/
    char dest[5];      /*目的地名称*/
    double a;          /*表示重量 x≤1 的首重价格*/
    double b;          /*表示重量 1<x≤10 的价格*/
    double c;          /*表示重量 10<x≤50 的价格*/
    double d;          /*表示重量 50<x≤100 的价格*/
    double e;          /*表示重量 100<x≤300 的价格*/
    double f;          /*表示重量 300<x 的价格*/
};
struct TWaybill{        /*运单结构类型的定义，共有十二个成员数据*/
    char sn[10];        /*运单编号*/
    struct TDate date;  /*运单发生的日期*/
    char dest[5];       /*目的地城市*/
    char recipient[7];  /*收件人*/
```

```
        char rec_addr[15];        /*收件人地址*/
        char rec_tel[12];         /*收件人电话*/
        char addressor [7];       /*发件人*/
        char add_addr[15];        /*发件人地址*/
        char add_tel[12];         /*发件人电话*/
        char goods[12];           /*货物名称*/
        double weight;            /*货物重量*/
        double amount;            /*费用*/
};
void input(struct TWaybill*);        /*运单信息输入函数原型声明*/
void output(struct TWaybill);        /*运单信息输出函数原型声明*/
int router_select(struct TPrice*,struct TWaybill);        /*目的地选择函数原型声明*/
double calculate_freight(struct TPrice ,struct TWaybill*);   /*运费计算函数原型声明*/
int summary();                                           /*运单汇总函数原型声明*/
int fill_form();
int menu();
void find();
int main(){
    do{
        switch(menu()){
        case 1:fill_form();break;
        case 2:find();break;
        case 3:summary();break;
        case 0:return 0;
        }
    }while(1);
}
int menu(){
    int i;
    do{
        printf("---------- 目的地代码清单 ----------\n");
        printf("1)---运单填写      2)---运单查询    \n");
        printf("3)---汇总合计      0)---结束程序    \n\n");
        printf("请选择代表目的地的代码数字 0 至 3 后按回车>>");
        scanf("%d",&i);    /*输入目的地代码*/
        getchar();        /*吸收上句输入后的回车符*/
    }while(i<0||i>3);    /*当选择的目的地代码不在 1 至 6 之间时循环, 继续选择*/
    return i;            /*返回目的地代码*/
```

```
}
/********* 函数 find()用于实现从文件中查找符合条件的运单 **********/
void find(){
    struct TWaybill waybill={0};        /*运单结构体*/
    char sn[11];                        /*存放输入的运单号码*/
    int flag=0;                         /*标记查找成功与否，1 代表成功，0 代表失败*/
    FILE *fp;
    if((fp=fopen("waybill.dat","rb+"))==NULL){
        printf("cannot open file\n");
    }
    printf("请输入运单号码>>");scanf("%s",sn);
    /****边读取边比较，并且输出符合条件的运单****/
    while(fread(&waybill,sizeof(TWaybill),1,fp))
        if(!strcmp(waybill.sn,sn)){
            output(waybill);
            flag=1;
            break;
        }
    printf("\n");
    if(!flag) printf("没有查到相关信息!\n\n");
    fclose(fp);
}
int fill_form(){
    struct TPrice price[6]={       /*路线价格数组声明与初始化*/
        {"杭州",10.0, 5.0, 5.0,4.5,4.0,3.5},{"南京",10.0, 5.0, 5.0,4.5,4.0,3.5},
        {"合肥",15.0, 5.0, 7.0,6.5,6.0,5.5},{"武汉",15.0, 5.0, 7.0,6.5,6.0,5.5},
        {"济南",20.0,10.0,10.0,8.0,7.0,6.0},{"西安",20.0,10.0,10.0,8.0,7.0,6.0}};
    struct TWaybill waybill;        /*运单结构体*/
    int w_size=0,                   /*waybill 数组的有效元素数*/
        i=0;                        /*用来记录选择的计算方案在数组的下标值*/
    char again;
    FILE *fp;
    if((fp=fopen("waybill.dat","ab+"))==NULL){
        printf("cannot open file\n");
    }
    do{                             /*实现多订单数据处理*/
        again=' ';
        input(&waybill);            /*运单信息录入*/
```

```
        i=router_select(price,waybill);              /*获取计算方案*/
        calculate_freight(price[i],&waybill);        /*计算运费*/
        output(waybill);
        fwrite(&waybill,sizeof(TWaybill),1,fp);
        /****将输入限制在 Y、y、N、n 四个字母中，用来判断程序继续与否****/
        while(again!='Y'&&again!='y'&&again!='N'&&again!='n'){
            printf("\n 还有其他运单需要处理吗?");
            again=getchar();        /*在此输入一个单字母信息*/
            getchar();              /*吸收上句输入后的回车符*/
        }
        w_size++;
    }while(again=='y'||again=='Y');
    fclose(fp);
    return 0;
}
/********* 函数 summary()用于实现运单数据的汇总合计 *********/
int summary(){
    struct TWaybill waybill;      /*运单结构体*/
    double sum=0;                 /*用于累计运单的总额*/
    int w_size=0;                 /*用于累计运单的份数*/
    FILE *fp;
    if((fp=fopen("waybill.dat","rb+"))==NULL){
        printf("cannot open file\n");
    }
    printf("\n");
    /**从文件中边读取数据边进行汇总合计**/
    while(fread(&waybill,sizeof(TWaybill),1,fp)){
        output(waybill);
        sum=sum+waybill.amount;
        w_size++;
    }
    fclose(fp);
    printf("运单总数为%d,   营业总额为%.1f 元\n\n",w_size,sum);
    return 0;
}
/**根据运单中的目的地选择运费计算方案，函数的返回值为计算方案在数组中的下标值**/
int router_select(struct TPrice *p,              /*指向计算方案的结构类型指针*/
                  struct TWaybill w          /*运单结构体*/
```

```
                        ){
        int i=0;
        while(i<6 && strcmp(p[i].dest,w.dest))
            i++;
        return i;
}
/*定义运费计算函数，其返回值为 0 或者 -1(0 说明计算正确，-1 说明计算有误) */
double calculate_freight(struct TPrice p,           /*计算方案结构体*/
                        struct TWaybill *w          /*指向运单的结构类型指针*/
                        ){
        if(w->weight>0){                             /*检测重量是否大于 0*/
            if(w->weight<=1) w->amount=p.a;
            else if(w->weight<=10) w->amount=p.b * (w->weight-1)+p.a;
            else if(w->weight<=50) w->amount=p.c * w->weight;
            else if(w->weight<=100) w->amount=p.d * w->weight;
            else if(w->weight<=300) w->amount=p.e * w->weight;
            else w->amount=p.f * w->weight;
            return 0;
        }
        else return -1;       /*返回此值时说明重量为负值*/
}
void input(struct TWaybill *w){   /*运单信息输入存根函数*/
        scanf("%s %s %lf",w->sn,w->dest,&w->weight);
        getchar();                          /*将运单信息输入时最后的回车符吸收掉*/
}
void output(struct TWaybill w){   /*运单信息输出存根函数*/
printf("%10s %8s %7.1f %7.1f\n",w.sn,w.dest,w.weight,w.amount);
}
```

*10.7　文件的常见编程错误

任何程序设计语言的文件处理都有不少缺陷，C 语言也不例外。在 C 语言中，文件存取方式有顺序存取和随机存取两种；文件中的存储格式有文本文件和二进制文件两种。C语言在处理文件之前要为之声明一个 FILE*类型的文件指针变量，但是，又不区分访问文本文件与二进制文件的指针，所以很容易对文件指针使用错误的库函数。在编写处理这两类文件的程序时，程序员要为文件指针的指向选择能够反映文件类型的文件名，人为地区分文件类型。通常的做法是对文本文件的文件名选择带有 txt 的标识，或者用 txt 作为文件的扩展名；对二进制文件的文件名选择带有 bin 或 dat 的标识，或者用 bin 或 dat 作为文件的扩展名。

访问文本文件的库函数是 fscanf()、fprintf()、fgetc()、fputc()、fgets()、fputs()，而访问二进制文件的库函数是 fread()、fwrite()。函数 fscanf()、fprintf()、fgetc()将文件指针作为第一个参数，而函数 fputc()、fgets()、fputs()、fread()、fwrite()将文件指针作为最后一个参数。初学者往往对此容易混淆。

在对文件进行操作时，要用到文件名和文件指针两个参量来确认一个文件。文件指针会在一切文件操作的库函数中用到，但是能用到文件名的库函数只有 fopen()，通过 fopen()可建立起文件名与文件指针之间的关系。

fopen()函数的第二个参数规定了文件的打开方式及被操作的文件类型，其基本打开方式为 "r"、"w"、"a"，这是对文本文件按照顺序方式进行只读、只写、文件末尾追加数据的操作方式。如果给这三个字符再附加一个 "b"，就是对二进制文件按照顺序方式进行只读、只写、文件末尾追加数据的操作方式。无论是对二进制文件还是文本文件的打开方式，如果再次附加一个 "+"，就是对文件进行随机读写，此时打破了文件的只读、只写以及给文件末尾追加数据的方式界限，对任何一种带 "+" 方式打开的文件都能实施读、写以及追加操作。初学者往往容易将这些组合方式混淆，因此在编程时应该将表 10-1 放在手边，在使用时参考。

在文件操作时有两个指针容易混淆，一个是文件指针，另一个是文件中的读写位置指针。文件指针是指向文件的，在多个文件同时操作时，它用来区分不同的文件。而文件读写位置指针是指向一个文件内部将要进行读写操作的位置。对按照顺序方式进行操作的文件来说，位置指针几乎不需要程序员对其进行移动操作；而对随机方式进行操作的文件来说，在编程时程序员随时要留意位置指针的指向，并要用明确的指令移动指针。

在对文件进行读操作时，要随时判断读操作是否到达文件末尾，其检查工作用 feof()函数来完成，这也是初学者容易忽略的一点。

习　题　10

1. 什么是文本文件？什么是二进制文件？
2. 什么是文件指针？如何定义这种类型的指针？
3. 什么是文件缓冲区？设置文件缓冲区有什么作用？
4. 对文件的打开与关闭的含义是什么？为什么要打开和关闭文件？
5. 编写程序，从键盘输入一个字符串，把它输出到磁盘文件 f1.dat 中(用字符 "#" 作为输入结束标志)。
6. 编写程序，建立一个 abc 文本文件，向其中写入 "this is a test" 字符串，然后显示该文件的内容。
7. 将 10 个整数写入数据文件 f2.dat 中，再读出 f2.dat 中的数据并求和。
8. 有一个文件 aa.txt 中存放了 20 个由小到大排列的整数，现在从键盘输入一个数，要求把该数插入此文件中，保持文件特性不变。
9. 编写程序，求 1～1000 之间的素数，将所求的素数存入磁盘文件(prime.dat)并显示。

10. 用 scanf()函数从键盘读入 5 个学生数据(包括姓名、学号、三门课程的分数)，然后求出平均分数。用 fprintf()函数输出所有信息到磁盘文件 stud 中，再用 fscanf()函数从 stud 中读入这些数据并在显示屏上显示。

11. 文件 test.dat 中存放了一组整数，分别统计并输出文件中正数、零和负数的个数，将统计结果显示在屏幕上，同时输出到文件 test1.dat 中。

12. 有两个磁盘文件，各自存放已排好序的若干个字符(如 a1. dat 中放"abort"， a2.dat 中放"boy")，要求将两个文件合并，合并后仍保持有序，存放在 a3.dat 文件中。

提示：可先将两个文件中的字符存入一个字符型数组中，而后对数组重新排序，再将该数组写入 a3.dat 文件中。如果不引入一个中间数组进行重新排序，该如何编程？

13. 有 5 个学生，每个学生有 3 门课的成绩，从键盘输入以上数据(包括学生学号、姓名、三门课的成绩)，计算出平均成绩，将原有数据和计算出的平均分数存放在磁盘文件 stu.txt 中。

14. 编写程序，统计一个文本文件中数字、空格、字母出现的次数，并将结果输出，文本文件名由命令行给出。

15. 下面程序的功能是打印出 worker2.rec 中顺序号为奇数的职工记录(即第 1, 3, 5, … 号职工的数据)，将程序补充完整。

```c
#include <stdio.h>
struct worker_type
{   int num;
    char name[10];
    char sex;
    int age;
    int    pay;
} worker[10];
int main()
{   int i;
    FILE *fp;
    if ((fp=fopen(_____)==NULL)
    {   printf("cannot open\n");
        exit(0);
    }
    for (i=0;i<10;_____)
    {   fseek(fp,_____,0);
        fread(_____,_____,1,fp);
        printf("%5d %-10s %-5c %5d %5d\n",worker[i].num, worker[i].name,
                worker[i].sex,worker[i].age,worker[i].pay);
    }
    fclose(fp);
    return 0;
}
```

第 11 章 位 运 算

在计算机中，信息表示的最小单位是位，信息处理的最小单位是字节。数据类型中字符型的数据占用一个字节(即 8 个位)，进行算术运算用的整数类型的数据最少占用两个字节(即 16 位)，计算机对这些类型的数据进行操作时通常将 8 个位或者 16 个位作为一个基本操作单位来看待。到目前为止，我们所遇到的运算中对数据的操作都是在字节的级别上进行的，很难精确到某几个位。但是，在工业控制、参数检验以及数据通信领域，控制信息往往只占一个整数单位的一个或几个二进制位。常常将一个整数类型的数据分成几个位域[1]，每个位域存储一个信息。例如，一个能在平面上移动的机电设备的控制信息存储在如图 11-1 所示的一个无符号整数中，该整数的二进制位模式中，由第 13～15 位组成的位域表示该设备的移动方向，组合值为 000 时表示向上方移动，001 表示向右上方移动，010表示向右移动，011 表示向右下方移动，100 表示向下移动，101 表示向左下方移动，110表示向左移动，111 表示向左上方移动；由第 0～12 位组成的位域中存储的是以当前位置为起点向着设定的方向运动的距离，当距离的值为 0 时表示设备停止。要想精确地存取方向信息或者距离信息，必须采用位级别的运算才能有效地解读各个位域中数据的含义，从而有效地控制设备的运动姿态。C 语言提供了能对整数实施的位运算。参与位运算的数必须是整数类型(包括字符类型)，不能是实数类型。对整数的位运算有两种类型：按位进行逻辑运算以及移位运算。

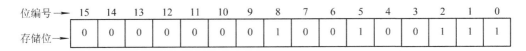

图 11-1　整数存储位图

11.1　按位进行逻辑运算

11.1.1　位逻辑运算的概念

第 4 章讨论过逻辑与、逻辑或、逻辑非运算，并列出了真值表，与此相仿，对于整数中的位也可以做与、或、非等运算。C 语言提供了四种按位进行的逻辑运算，即按位与运算、按位或运算、按位取反运算和按位异或运算。

---

[1] 位域：数据存储的二进制位模式中多个连续的位构成的一个区域。

1. 按位与运算

参与运算的两个操作数按位进行与运算(运算符为"&"),如果两个操作数的对应位均为1,则运算结果为1,否则只要有一个为0,则计算结果为0。例如,295(0x0127)与15(0x000f)进行与运算的过程如下:

$$
\begin{array}{r}
0000000100100111 \\
\&\quad 0000000000001111 \\
\hline
0000000000000111
\end{array}
$$

这个运算结果实际上是 7(0x0007)的二进制表示形式。由运算过程可以看出,在 295 与 15 的二进制表示形式中两个数的对应位均为 1 时结果的对应位为 1,否则结果的对应位为 0。

2. 按位或运算

参与运算的两个操作数按位进行或运算(运算符为"|"),如果两个操作数的对应位均为0,则运算结果为0,否则有一个为1,则计算结果为1。例如,295 与 14(0x000e)进行或运算的过程如下:

$$
\begin{array}{r}
0000000100100111 \\
|\quad 0000000000001110 \\
\hline
0000000100101111
\end{array}
$$

这个运算结果实际上是 303(0x012f)的二进制表示形式。由运算过程可以看出,在 295 与 14 的二进制表示形式中两个数的对应位均为 0 时结果的对应位为 0,否则结果的对应位为 1。

3. 按位取反运算

按位取反运算是一个一元运算(运算符为"～"),它对整数中的二进制位按位取反,即将位中的 0 转换为 1,1 转换为 0。例如,对整数 295(0x0127)进行取反运算的形式如下:

$$
\begin{array}{r}
\sim\quad 0000000100100111 \\
\hline
1111111011011000
\end{array}
$$

这个运算结果实际上是 −296(0xfed8)的二进制补码表示形式。可以看出,在运算时原操作数中是 1 的位在结果中对应位变成了 0,原来为 0 的位在结果中对应位变成了 1。

4. 按位异或运算

参与运算的两个操作数按位进行异或运算(运算符为"^"),如果两个操作数的对应位均为0或者均为1,则运算结果为0,否则有一个为1另一个为0,则计算结果为1。例如,295 与 14 进行异或运算的过程如下:

$$
\begin{array}{r}
0000000100100111 \\
\wedge\quad 0000000000001110 \\
\hline
0000000100101001
\end{array}
$$

这个运算结果实际上是 297(0x0129)的二进制表示形式。由运算过程可以看出,在 295 与 14 的二进制表示形式中两个数的对应位均为 1 或者均为 0 时结果的对应位为 0,否则结果的对应位为 1。

11.1.2 位运算的应用

在四种按位进行的逻辑运算中，与、或、异或运算可以用于修改一个整数存储空间的位模式，将指定的位进行复位、置位或者反转。目标位模式可以通过与另一个称为**掩码**的位模式进行位运算，从而修改位模式。掩码是为了操作一个整数中的某些位时能够正确表示这些位而采用的一种二进制位模式，其目的是屏蔽不需要的二进制位，保留需要的二进制位。比如，0000000000111110 是对一个 16 位整数的 1~5 位进行操作的掩码。掩码的构造方法需根据不同的应用需求而定。

1. 检测指定位是否为 1

与运算的一个应用就是检测位模式中指定位是否为 1。为此，可指定一个与目标位模式同样长度的检测掩码，目标位模式与掩码进行与运算，运算结果与掩码等值，则说明该位就是 1，否则该位是 0。构造掩码的规则是，对目标位模式中需要检测的位，掩码中的对应位置为 1，掩码中其他位全部置为 0。例如，设 a=295，若要检测 a 的第 5 位是否为 1，可将掩码的第 5 位置为 1，其他位置为 0，则其检测掩码 b=32(0x0020，二进制位模式为 0000000000100000)，于是进行位运算

    c=a&b;

如果 c 的值为 32(0x0020，二进制位模式为 0000000000100000)，则说明 a 中的第 5 位就是 1。其运算过程如下：

$$
\begin{array}{r}
0000000100100111 \\
\&\quad 0000000000100000 \\
\hline
0000000000100000
\end{array}
$$

上述构造掩码的方法是按照二进制方式进行的，这种方法十分复杂，下面介绍按照十进制方式构造的方法，在编程时，可以根据这种方法推算出检测掩码的十进制数值。我们知道在二进制系统中每一位的权值都是 2 的位置次方，即第 0 位的权值为 2^0，第 1 位的权值为 2^1，第 2 位的权值为 2^2，…，第 i 位的权值为 2^i 等，因此在构造检测掩码时，需要二进制的那一位，只需要计算出该位的权值，例如检测第 5 位时的掩码为 $2^5 = 32$，检测第 8 位时的掩码为 $2^8 = 256$，如果同时需要检测第 5、8 位，则检测掩码为两位权值之和 288。假设检测 a = 295 的第 5、8 位是否同时为 1，则掩码 b = 288(0x0120)，于是进行位运算

    c=a&b;

如果 c 的值为 288(0x0120)，则说明 a 中的第 5、8 位同时为 1，否则至少有一个位不是 1。其运算过程如下：

$$
\begin{array}{r}
0000000100100111 \\
\&\quad 0000000100100000 \\
\hline
0000000100100000
\end{array}
$$

2. 使指定的位复位

与运算的另一个应用就是把位模式中的指定位复位(置 0)。为此，可指定一个同样长度的复位掩码。

构造掩码的规则是，对目标位模式中需要置 0 的位，掩码中的对应位置为 0，对目标位模式中需要保留的位，掩码中的对应位置为 1。例如，设 a=295，若要将 a 的第 0、8 位复位，其他位保留，则其复位掩码 b=65278(0xfefe，二进制位模式为 1111111011111110)，于是进行置位运算

```
a=a&b;
```

复位的结果使得 a 的值由 295 变为 38(0x0026，二进制位模式为 000000000100110)。其运算过程如下：

$$
\begin{array}{r}
0000000100100111 \\
\&\quad 1111111011111110 \\
\hline
0000000000100110
\end{array}
$$

从上述运算过程来看，由于复位操作所用掩码的对应位是置入 0 的，与检测操作掩码的构造是两个相反的操作，因此在构造复位掩码时可先构造成相应的检测掩码，然后再按位取反计算出相应的复位掩码。例如，在构造对 a=295 的第 0、8 位复位的掩码时，可先假设检测这两位是否同时为 1，则检测掩码 $b=2^8+2^0=257$(二进制位模式为 0000000100000001)，然后再对 b 按位取反即为复位掩码。

3. 使指定的位置位

或运算的主要应用就是把位模式中的指定位置位(置 1)。为此，可指定一个同样长度的置位掩码。

构造掩码的规则是，对目标位模式中需要置 1 的位，掩码中的对应位置为 1，对目标位模式中需要保持不变的位，掩码中的对应位置为 0。例如，设 a = 295，若要将 a 的第 3、4 位置位，其他位保持不变，则其掩码 $b = 2^4 + 2^3 = 24$(二进制位模式为 0000000000011000)，于是进行置位运算

```
a=a|b;
```

置位的结果使得 a 的值由 295 变为 309(二进制位模式为 0000000100111111)。其运算过程如下：

$$
\begin{array}{r}
0000000100100111 \\
|\quad 0000000000011000 \\
\hline
0000000100111111
\end{array}
$$

4. 使指定的位反转

异或运算的主要应用就是把位模式中的指定位进行反转。为此，可指定一个同样长度的反转掩码。

构造掩码的规则是，对目标位模式中需要反转的位，掩码中的对应位置为 1，对目标

位模式中需要保持不变的位,掩码中的对应位置为 0。例如,设 a = 295,若要将 a 的第 1、5 位反转,其他位保持不变,则其掩码 b = $2^5 + 2^1 = 34$(二进制位模式为 0000000000100010),于是进行反转运算

```
a=a^b;
```

反转的结果使得 a 的值由 295 变为 261(0x0105,二进制位模式为 0000000100000101)。其运算过程如下:

$$
\begin{array}{r}
0000000100100111 \\
^\wedge \quad 0000000000100010 \\
\hline
0000000100000101
\end{array}
$$

例 11-1 一自来水厂用 8 台水泵给城市供水,对水泵的控制信息可用 8 位二进制模式来描述。例如 01110010(0x0072),表示 1、4、5、6 号水泵正在泵水,其他水泵处于关闭状态。现在要启动 0 号与 7 号水泵,关闭 1、6 号水泵。数小时后让工作的水泵关闭,原来关闭着的水泵开启。请编程控制水泵的工作。

设计分析:假设用一个 char 型整数变量 a=0x0072 来表示控制水泵状态的二进制位模式,则此题的关键是编写出三种操作的掩码:开启水泵就是置位操作,置位操作的掩码的第 0 位与第 7 位是 1,其他位是 0,即 10000001(0x0081),置位操作掩码与 a 进行或运算,运算结果存入 a 中;关闭水泵就是复位操作,复位掩码的第 1 位与第 6 位为 0,其他位均为 1,即 10111101(0x00bd),复位掩码与 a 进行与运算,运算结果存入 a 中;数小时后原来开着的水泵关闭,原来关闭的水泵开启是反转操作,反转掩码为 11111111(0x00ff),反转掩码与 a 进行异或运算,运算结果存入 a 中。

程序编码:由于本题主要是实现置位、复位、反转三种操作,因此编写程序代码时,水泵工作延时问题可以不考虑,直接实现三种操作即可。

```
#include <stdio.h>
void main()
{
    unsigned short a=0x0072;        /*8 个水泵的初始状态*/
    unsigned short b=0x0081;        /*0、7 水泵开启掩码*/
    unsigned short c=0x00bd;        /*1、6 水泵关闭掩码*/
    unsigned short d=0x00ff;        /*所有水泵状态反转掩码*/
    a=a|b;                          /*0、7 水泵开启操作*/
    printf("a=%x\n",a);
    a=a&c;                          /*1、6 水泵关闭操作*/
    printf("a=%x\n",a);
    a=a^d;                          /*所有水泵状态反转操作*/
    printf("a=%x\n",a);
}
```

说明：对于处理位运算的问题，在思考时一般用二进制较方便，但是书写比较麻烦。由于每个十六进制位对应的二进制位是 4 位，因此二进制与十六进制之间的转换有着天然的优势，在处理这类问题时用十六进制表示是最佳办法。

例 11-2　在例 7-14 中讨论过用二维数组来存储点阵字模，一个 16 点阵字模用了 256 个整数类型的元素，最少消耗了 512 个字节的内存。由于字模中表示点的信息不是 0 就是 1，因此一个点适合用一个位来表示，256 个信息只需要 32 个字节。现在改造例 7-14 中的程序，使得改造后字模中的一个点用一个位来表示。

设计分析：例 7-14 中的字模总共有 16 行，每行 16 个数据，因此每行的数据可以压缩成一个 16 位二进制数，每个二进制数按照位序从高到低的顺序分别存储字模从左到右的数据，总共需要 16 个这样的二进制数。这 16 个数可以采用 unsigned short 类型的数组来存储，数组中每个元素表示字模中的一行信息。

字模信息的十六进制表示如下：

```
0x0000,0x0386,0x0fe6,0x183e,0x300e,0x6006,0x6002,0x6000,
0x6000,0x6002,0x6006,0x3006,0x181c,0x0ff8,0x03c0,0x0000
```

对字模中每个位进行检测前，按照二进制位从高到低的顺序构造每一位的检测掩码，字模中每行有 16 个位，因此，要构造 16 个检测掩码，这 16 个检测掩码按照从高位到低位的排列顺序如下：

```
0x8000,0x4000,0x2000,0x1000, 0x0800,0x0400,0x0200,0x0100,
0x0080,0x0040,0x0020,0x0010, 0x0008,0x0004,0x0002,0x0001
```

在利用字模绘制字形时，从数组中每取出一个元素，对该元素的二进制位从高到低逐个检测，其检测方法是让该数组元素与相应的检测掩码进行与运算。如果运算结果与掩码相等，则说明检测位值为 1，于是在屏幕上输出一个"*"，否则输出空格。每个元素处理完，输出回车换行符。

程序编码：

```c
#include "stdio.h"
void main()
{    /**cbits 数组存储字模信息，mask 数组存储掩码**/
    unsigned short i,j;
    unsigned short cbits[16]={0x0000,0x0386,0x0fe6,0x183e,
                    0x300e,0x6006,0x6002,0x6000,
                    0x6000,0x6002,0x6006,0x3006,
                    0x181c,0x0ff8,0x03c0,0x0000};
    unsigned short mask[16]={0x8000,0x4000,0x2000,0x1000,
                    0x0800,0x0400,0x0200,0x0100,
                    0x0080,0x0040,0x0020,0x0010,
                    0x0008,0x0004,0x0002,0x0001};
```

```
    for(i=0;i<16;i++)
    {
        for(j=0;j<16;j++)
            if((cbits[i] & mask[j]) == mask[j])    printf("*");
            else printf(" ");
            printf("\n");
    }
}
```

11.2 移 位 运 算

11.2.1 移位运算的概念

移位运算是将一个二进制位向左或者向右移动，从而达到修改位模式的目的。

1. 左移运算

左移运算是一个二元运算(运算符为"<<")，表示把运算符左边运算数二进制位模式中所有位向左移动指定的位数。左移时，高位丢失，低位补 0。例如，要把 a=0xfefe 左移 4 位的操作如下：

```
c=a<<4;
```

其运算过程如下：

$$1111111011111110$$
$$<< \qquad\qquad\qquad 4$$
$$1110111111100000$$

在这个操作中可以明显地看出，原来高位的 4 个 1 被移出，而低 4 位用 0 填充。

2. 右移运算

右移运算是一个二元运算(运算符为">>")，表示把运算符左边运算数二进制位模式中所有位向右移动指定的位数。右移时，低位丢失，但是对高位要根据操作数是无符号数还是有符号数区别对待。对无符号数，高位补 0；对有符号数，原来符号位是 0 的补 0，原来符号位是 1 时，究竟补 0 还是补 1，要根据计算机系统的不同而定(有的系统补 0，有的系统补 1)。MS-VC6 以及 Turbo C 等大多数系统采用的是补 1 的策略。例如，要把 a=0xfefe 右移 4 位的操作如下：

```
c=a>>4;
```

其运算过程如下：

$$1111111011111110$$
$$>> \qquad\qquad\qquad 4$$
$$1111111111101111$$

在这个操作中可以明显地看出，原来低位的"1110"被移出，而高 4 位全部用 1 填充。

11.2.2 移位运算的应用

1. 用于乘除运算

移位运算常常用来实现无符号整数的乘除运算。左移 1 位相当于给该数乘以 2，左移 n 位相当于给该数乘以 2^n，但是此种运用只适合左移后高位被丢掉的位中不含 1 的情况。例如：

```
unsigned short a=0x30;        /*0x30 为 48 的十六进制形式*/
a=a<<2;
printf("a=%x\n",a);
```

计算结果为 0xc0，即对应的十进制数为 192，说明 a 的值变为原来的 4 倍。

右移 1 位相当于给该数除以 2，右移 n 位相当于给该数除以 2^n。例如：

```
unsigned short a=0x30;        /*0x30 为 48 的十六进制形式*/
a=a>>2;
printf("a=%x\n",a);
```

计算结果为 0x0c，即对应的十进制数为 12，说明 a 的值被除以 4。

2. 用于循环移位

循环移位分为循环左移与循环右移两种情况。循环左移就是将从高位移出的位补在低位；循环右移就是将从低位移出的位补在高位。汇编语言提供了循环移位指令，C 语言没有提供这样的运算，需要运用按位逻辑运算与移位运算结合才能实现循环移位。例如，无符号整数循环右移 n 位运算的程序如下：

```
unsigned short SHR(unsigned short x,int n)
{
    unsigned short s=0;
    s=x<<(sizeof(unsigned short)*8-n);
    x=x>>n;
    return x|s;
}
```

上述程序中先将 x 的二进制位模式中的低 n 位运用左移运算移到 s 的高 n 位，然后再将 x 向右移动 n 位，结果继续存入 x，最后 x 与 s 进行或运算即可实现循环右移 n 位的运算。

> **思考：** 读者可以仿照上述函数编写循环左移 n 位的运算。

11.3 位运算在加密/解密中的应用

位运算在加密/解密领域应用比较广泛，常常将明文转换成密文，或者将密文转换成明文。下面介绍两种运用位运算进行加密与解密的方法。

有一种加密与解密的方法是将明文或者密文中的每个字节的部分二进制位进行反转，

这种方法非常简单实用，加密与解密的密钥[1]用的是同一个反转掩码，容易操作。

例 11-3 一个明文文件中存有"Mathematics is a beautiful subject."字符串，请将这个字符串进行加密存入密文文件，将密文发送给接收人，接收人收到密文文件后再将其解密转换成明文文件。

设计分析：根据题目要求，加密过程分三步进行：将明文(密文)文件中的字符串读到计算机内存中；将存储在内存中的字符串进行加密(解密)；将密文(明文)字符串存入写入密文(明文)文件中。

文件的读写操作运用第 10 章介绍的文本文件的操作实现。这里假设加密前的明文文件为 a.txt，加密后的密文文件为 b.txt，解密后的明文文件为 c.txt。将从文件中读入的字符串存入一个字符数组 a 中，经过加密/解密转换后的字符串放入字符数组 b 中。

加密可采用对字符串中每个字符部分位进行反转的方法，这里选择对每个字符第 2、4、6 位进行反转操作，其他位保持不变，则反转掩码就是二进制串 01010100(十六进制为 0x54)。解密时运用相同的方法再次将密文字符进行反转，就可将密文转换成明文。(读者也可以选择其他位进行反转操作。)

程序编码：

```
#include <stdio.h>
void encrypt( char *m, char *p);
void read(char *name, char *p);
void write(char *name, char *p);
void main()
{
    char a[60]={0},b[60]={0};
    /***************加密过程************/
    read("a.txt",a);        /*将文件 a.txt 中的明文读入字符数组 a 中*/
    encrypt(a,b);           /*将数组 a 中的明文转换成密文存入数组 b 中*/
    write("b.txt",b);       /*将数组 b 中的密文写入文件 b.txt 中*/
    /***************解密过程************/
    read("b.txt",a);        /*将文件 b.txt 中的密文读入字符数组 a 中*/
    encrypt(a,b);           /*将数组 a 中的密文转换成明文存入数组 b 中*/
    write("c.txt",b);       /*将数组 b 中的明文写入文件 c.txt 中*/
}

/*****函数 encrypt()实现反转加密与解密*********/
void encrypt(char *m, char *p)
{
    char ch=0x54;
    /*对字符串 m 中的字符逐个进行反转运算，结果存入字符串 p 中*/
```

---

[1] 密钥是一种参数，它是在明文转换为密文或将密文转换为明文的算法中输入的数据。

```
        while(*m!='\0')*p++=*(m++)^ch;
        *p='\0';
}
/***********函数 read()读取文件**********/
void read(char *name,char *p)
{
    FILE *fp;
    char ch;
    int i=0;
    if((fp=fopen(name,"r"))!=NULL)
    {
        while((ch=fgetc(fp))!=EOF)
            p[i++]=ch;
        fclose(fp);
    }
}
/**********函数 write()写入文件**********/
void write(char *name,char *p)
{
    FILE *fp;
    int i=0;
    if((fp=fopen(name,"w"))!=NULL)
    {
        while(*p!='\0') fputc(*p++,fp);
        fclose(fp);
    }
}
```

上述加密/解密的方法简单，容易被人破解，下面采用另一方法，将每个字符的二进制位模式中的某两个位域进行位置交换，然后再进行按位取反操作。这种方法简单、实用，加密与解密的密钥也是相同的。

例 11-4　将例 11-3 中的明文采用位域交换再取反的方法进行加密。

设计分析：与例 11-3 一样，完成这个任务也必须分三步进行：从文件中读取信息；加密或者解密；将加密或解密的结果存入文件。这里文件的存取可以借用例 11-3 中的两个函数来完成。加密与解密必须另行编写函数来完成。

对明文或者密文中的每个字符的二进制位模式进行位域交换，然后再进行按位取反。位域交换首先要选取两个不同的位域，这里为了简化问题，选择字符的二进制模式的最高两位与最低两位作为交换的位域。假设字符存储在字符变量 ch 中。首先将 ch 左移 6 位，ch 的最低两位被移到最高两位，结果存入变量 ch1 中；再将 ch 右移 6 位，ch 的最高两位被移到了最低两位，结果存入 ch2 中；用掩码 00111100(0x3c)对 ch 的最高两位与最低两位进行复位，复位的结果存入 ch3 中；对 ch1、ch2、ch3 这三个变量进行或运算，结果存入 ch 中，至此就完成了最高两个位域的交换；最后对 ch 进行按位取反，就完成了一个字符的加密/解密转换工作。

程序编码：这里只给出加密与解密函数 encrypt()的编码，完整的程序可以用 encrypt() 函数的定义部分替换例 11-3 中的 encrypt()函数的定义部分得到。

```
/****函数 encrypt()实现加密与解密****/
void encrypt(char *m, char *p)
{
    unsigned char ch0,ch1,ch2,mask=0x3c;
    while(*m!='\0')
    {
        ch0=*m++;
        ch1=ch0<<6;
        ch2=ch0>>6;
        ch0=ch0&mask;
        *p++=~(ch0|ch1|ch2);
    }
    *p='\0';
}
```

加密/解密属于密码学的范畴，数学以及计算机科学都有对此进行专门研究的分支学科，深入讨论超出了本课程的内容范围，这里引入"加密/解密"目的不是讨论密码学，而是证明位运算在该领域有着广泛的应用。

习 题 11

1. 编写程序，将整型变量 n 中的第 i 位变成和整型变量 m 中的第 i 位一样，而 n 的其他位保持不变。

2. 编写函数，对一个 16 位的短整数 m，计算其二进制表示中 1 的个数，将结果通过函数值返回。

3. 编写函数，对一个 16 位的短整数 a，取 a 从右端开始的 4~7 位，将结果通过函数值返回。

4. 编写程序，从键盘输入一个正整数给 int 变量 num，按二进制位输出该数。

5. 编写程序，实现不用通过设置临时变量，交换两个变量的值（要求：通过位相关运算实现程序）。

6. 编写程序，从键盘输入两个 1 位十进制数 a 和 b，由 a、b 组合生成整数 c（c 用字符类型表示），并显示出来。

生成规则是：a 的低 4 位作为 c 的高 4 位，b 的低 4 位作为 c 的低 4 位。

7. 编写程序，给出一个数的原码，求出该数的补码。

8. 编写函数，实现循环左移移位，函数名为 move_left，调用方法为

   move_left(value,n)

其中：value 为要循环位移的数；n 为位移的位数。

9. 编写程序，用以模拟一个温度测控系统：从键盘输入模拟温度的采样值(0～255)，该采样值与 0.2 相乘，得到实际温度值，根据该温度值，控制温度指示灯的亮与灭(假设：从 0℃开始，温度每增加 10℃，则多点亮一个指示灯)；比较该温度值与设定温度值，当温度低于 10℃和高于 40℃时分别开启升温设备和降温设备，同时报警。反复以上过程，直至输入的测试值为 300 为止。

第 12 章　编写大型程序

本章将介绍开发一个大型软件的方法，以及如何通过抽象的方法降低软件开发与维护的复杂性；讨论怎样通过定义宏来提高程序的可读性和易维护性；介绍变量和函数的存储类别，以及大型程序开发中需要使用的附加存储类别；讨论怎样为特定环境中开发的函数构建可重用的代码库。此外，本章还将介绍一些可对库进行格式化的预处理指令，使得这些库更易于被其他程序使用。

12.1　复杂问题的抽象与分解

之前我们讨论与设计的都是一些相对较短的程序，只能解决单个的、简单的问题。下面将讨论大型程序的设计与维护方法，具体为：如何将一个项目分解为若干程序模块，其中每个模块的编写任务可由不同的程序员承担；如何编写在其他项目中可重用的程序模块。

程序设计的任务是解决客观世界中的问题，而客观世界由许多事物构成，这些事物既可以是有形的物体，也可以是无形的事件。程序设计的任务就是把客观世界中的事物映射为程序代码，对于不同的程序设计方法就有不同的映射方式。抽象就是从被研究对象中舍弃个别的、非本质的、或与研究主旨无关的次要特征，而抽取与研究工作有关的实质性内容加以考察，形成对所研究问题正确的、简明扼要的认识。抽象是科学研究中经常使用的一种方法，是形成概念的必要手段。在计算机软件开发领域，抽象原则的运用非常广泛，概括起来，可分为过程抽象和数据抽象两类。

12.1.1　过程抽象

软件开发者可以把任何一个完成独立功能的操作序列看做是一个单一的实体，尽管它实际上是由一系列更低级的操作完成的，这就是过程抽象。

运用过程抽象，软件开发者可以把一个复杂的功能分解为一些子功能(模块)，如果子功能仍比较复杂，则可以进一步分解。这使得开发者可以在不同的抽象层次上考虑问题，在较高层次上思考时无需关心较低层次的实现细节。面向过程的程序设计采用的就是过程抽象方法。

例如例 10-4 中的主函数就是程序框架，确定了三个步骤，每个步骤对应一个函数。程序主框架如表 12-1 所示，其中的参数列表和函数值的使用可以先不考虑。

表 12-1　程序主框架

初始算法	程序框架
将数据写入磁盘文件	save(…)
从磁盘文件读取数据	load(…)
显示数据	display(…)

在过程抽象的这个示例中，过程抽象的第一层确定的三个函数的实现任务可以指派给开发团队的某个成员去完成。当确定了每个函数的目标和参数列表后，其他开发人员就可以不再考虑该函数的具体实现过程。

例如，例 6-10 给出了一个三层的过程抽象方法。

12.1.2　数据抽象

数据抽象是把系统中需要处理的数据和施加于这些数据之上的操作结合在一起，根据功能、性质、作用等因素抽象成不同的**抽象数据类型**。每个抽象数据类型既包含数据，也包含针对这些数据的授权操作，并限定数据的值只能由这些操作来加工处理。因此，数据抽象是相对于过程抽象更为严格、更为合理的抽象方法。数据抽象强调把数据和操作结合为一个不可分的系统单元，单元的外部只需要知道这个单元能做什么，而不必知道它是如何做的。

数据抽象的一个简单例子就是使用 C 的数据类型 double，此类型是对实数集的抽象。不同的计算机对 double 类型数据所采取的表示方式不一定相同，但是我们一般只是去使用数据类型 double 及其相关的操作符(+、-、*、/、=、==、<、>等)，而不去考虑实现的具体细节。这是 C 语言系统提供的数据抽象方法。

第 9 章中为复数定义的数据类型 TComplex 和相关运算，即关于复数运算的几个函数，也是数据抽象的一个自定义方法。有了这个抽象类型后，在进行有关复数的运算时，只是简单地运用 TComplex 类型及其实现加、减、乘、除等运算的函数，而不去考虑其实现细节。另外，例 7-13 提供了一个关于矩阵的数据抽象方法。

使用过程抽象和数据抽象的好处就是设计者能够以分解的方式去确定实现方法。设计者可以暂不考虑数据的表示以及操作的具体实现。在设计的顶层，设计者可以将精力放在如何使用数据及其操作上；而在设计的底层，设计者去完成实现的细节。以这种方式，设计者可以层次化地将一个大问题进行分解，从而控制和降低整个软件的复杂度。将分解后的问题交给多人去实现，达到并行作业，实现软件的社会化分工生产，提高软件生产率。

12.2　个人函数库的创建

提高软件开发效率的关键之一是编写可重用的代码，即代码可以在不同的应用程序中重用，并且不需要进行修改或编译。在 C 语言中提供了一种重用方式：将数据及其操作封装在一个个人库中，然后使用 #include 预处理命令让其他程序访问这个库。

由于 C 语言允许源代码文件独立编译，然后，在加载和执行前链接在一起，所以可以将个人库编译后的目标文件提供给链接器，而不是同使用个人库的源程序一起编译。本章之前编写的程序进行链接的都是 C 的标准库，下面将介绍创建个人库的方法。

12.2.1 头文件

要创建个人库，首先要编写头文件。头文件包含了编译器在编译使用一个库函数时程序所需的所有信息，以及使用库的用户所需的所有信息。头文件的内容一般包括块注释(总结该库的功能)、#define 指令(命名宏常量)、类型定义、函数声明、块注释(说明每个库函数的功能和格式)。其中函数声明中使用了关键字 extern，表示函数为外部函数，在整个程序的其他地方(可以是其他文件)已经定义，编译时编译器可在其他地方找到其定义。例如，9.2.3 节中的复数数据类型及其操作的头文件 complex.h 如下：

```
/*complex.h
 *抽象数据类型——复数
 *复数类型含有两个成员：double r 实部，double q 虚部
 *操作：
 *    scanfcomplex(TComplex*)              输入一个复数
 *    printcomplex(TComplex)               输出一个复数
 *    complexCmp(TComplex ,TComplex )      比较两个复数
 *    complexplus(TComplex,TComplex)       两个复数相加
 *    complexmult(TComplex,TComplex)       两个复数相乘
 *    conjugate(TComplex)                  求一个复数的共轭复数
 */

typedef struct{        /*复数结构*/
double r;              /*实部*/
double q;              /*虚部*/
} TComplex;

extern void scanfcomplex(TComplex* cpx_1);    /*输入一个复数*/
extern void printcomplex(TComplex cpx_1);     /*输出一个复数*/
extern int complexCmp(TComplex ,TComplex );   /*比较两个复数，相等返回 1，否则返回 0*/
extern TComplex complexplus(TComplex,TComplex);    /*两个复数相加*/
extern TComplex complexmult(TComplex,TComplex);    /*两个复数相乘*/
extern TComplex conjugate(TComplex);               /*求一个复数的共轭复数*/
```

以下是使用该库的源文件的开始部分，complex.h 与其在同一个目录中：

```
#include <stdio.h>
#include "complex.h"
    ⋮
```

之前我们都是使用尖括号"< >"来包含要预处理的头文件，表明该头文件要在系统目录中寻找。如果用引号将头文件名括起来，则表明该头文件是程序员编写的，要在当前目录中寻找。头文件实质上定义了使用该库的程序和该库进行信息传递的方式，通常也称其为接口。

12.2.2　实现文件

头文件描述的是函数的功能，而实现文件则是说明函数怎样实现这些功能。实现文件包含了所有函数的代码和编译这些函数所需的其他信息。实现文件所包含的元素与一般程序的元素一样，与库的头文件的元素有很多相似之处，这些元素包括块注释(说明库的功能)、#include 指令(包含该库头文件及库中函数使用的其他头文件)、函数的定义(包括注释)。

在实现文件中包含其头文件的目的是使库的维护与修改更加方便，如果要修改宏常量和类型定义，只需修改头文件中的相应部分即可。函数的定义就是对头文件中用 extern 声明的外部函数进行具体定义，使编译器在编译时可以找到它们。以下是与头文件 complex.h 关联的实现文件：

```
/*
 *complex.c
 */

#include <stdio.h>
#include "complex.h"

TComplex complexplus(TComplex c1,TComplex c2){      /*两个复数相加运算*/
    TComplex c;
    c.r=c1.r+c2.r;
    c.q=c1.q+c2.q;
    return c;
}

TComplex complexmult(TComplex c1,TComplex c2){      /*两个复数相乘运算*/
    TComplex c;
    c.r=c1.r*c2.r-c1.q*c2.q;
    c.q=c1.r*c2.q+c1.q*c2.r;
    return c;
}

TComplex conjugate(TComplex c){                     /*求一个复数的共轭复数运算*/
    TComplex x;
    x.r=c.r;
    x.q=-c.q;
```

```
        return x;
    }
/*****比较两个复数是否相等，相等则返回 1，否则返回 0 *****/
int complexCmp(TComplex c1,TComplex c2){
    if (c1.r==c2.r&&c1.q==c2.q) return 1;
    else return 0;
}

void scanfcomplex(TComplex* c){              /*键盘输入一个复数*/
    scanf("%lf%lf",&c->r,&c->q);
}

void printcomplex(TComplex c){               /*输出一个复数*/
    if(c.q==0) printf("%.2f",c.r);
    else if(c.q<0)printf("%.2f%.2fi",c.r,c.q);
    else printf("%.2f+%.2fi",c.r,c.q);
}
```

以 Visual C++ 为例，要使用个人库，必须完成以下步骤：

(1) 创建个人库。

① 创建程序使用该库所需接口信息的头文件。

② 创建库函数代码和对用户程序隐藏的其他实现细节的实现文件。

③ 在 Visual C++ 中创建一个 Win32 Static Library 项目，在该项目中加入①、②编写的两个文件。

④ 编译③中创建的项目，生成 lib 静态链接库文件。

(2) 使用个人库。

① 使用 #include 命令将库的头文件包含在用户程序中。

② 使用 #pragma comment(lib,"xxxx.lib")将(1)中④里生成的静态链接库提供给链接器。

③ 编译用户程序，再将用户程序目标文件与(1)中④里生成的目标文件链接成可执行文件。

12.3　变量的存储类别

C 语言中，从作用域(空间)角度看，变量分为局部变量和全局变量两种类别。一个函数或复合语句中定义的变量称为局部变量，其有效范围从定义处开始，到函数或复合语句结束处终止，在函数或复合语句之外不能使用这样的变量。在函数(包括 main()函数)之外定义的变量称为全局变量，其有效范围从定义处开始，到其所在源文件结束处终止。

从变量值存在的时间(生存周期)角度看，变量也可分为静态存储和动态存储两种类别。程序运行期间给变量分配一个固定的存储空间称为静态存储方式，而在程序运行期间根据需要给变量分配的动态存储空间称为动态存储方式。

　　C 语言提供给用户使用的存储空间共分为三个部分：程序区、静态存储区和动态存储区，如图 12-1 所示。

用　户　区

| 程　序　区 |
| 静态存储区 |
| 动态存储区 |

图 12-1　用户存储空间

　　全局变量以及声明为 static 的局部变量存放在静态存储区中。静态存储区中变量的主要特点是值的持久性，程序开始执行时为静态存储区中的变量分配存储空间，程序执行完毕时释放这些空间，整个程序执行过程中它们始终占用着固定的存储单元。静态数据区中的变量会在程序刚开始运行时就完成初始化，也是唯一的一次初始化。在默认情况下，静态存储区中所有的字节值都被 0 填充。

　　动态存储区中存放的数据有：

　　(1) 函数的形式参数：调用函数时分配存储空间，调用结束时释放。

　　(2) 自动变量：在函数或者复合语句中声明为 auto 的局部变量。

　　(3) 函数调用时的相关信息：函数调用时的现场保护和返回地址等信息。

　　在程序执行到定义处时为动态存储类别的变量在动态存储区中分配存储空间，而在作用域结束处释放。也就是说，如果程序执行过程中两次调用同一函数或两次执行同一复合语句，分配给它们的局部变量的存储空间可能是不同的。

　　另外，静态存储区和动态存储区中的变量在未设置初值时的状态也不相同。静态存储区中的数据如果在定义时未设置初值，系统将自动对其进行初始化：数值类型的初值为 0，字符类型的初值为空字符。动态存储区中的数据如果在定义时未设置初值，其值将是一个随机值。

　　在 C 语言中共有四种存储类别：extern、auto、static 和 register。之前我们常见的未加说明的局部变量都默认为 auto 存储类别，即自动变量，其作用域为从声明点开始直到函数或复合语句的末尾。

12.3.1　extern 声明全局变量

　　全局变量是在函数外部定义的变量，其作用域从变量的定义处开始，到本程序结束处终止。在这个作用域内，全局变量可以被程序中的每条语句引用，编译时系统将在静态存储区为全局变量分配存储空间。

　　有时我们希望全局变量的作用域能够扩展到整个文件(定义该全局变量之前)，或者扩展到其他文件中，那么就需要使用 extern 来声明全局变量。

1. 在文件中扩展全局变量作用域

　　如果全局变量不在文件开始处定义，那么在此全局变量定义之前的语句无法引用该全局变量。如果希望在定义之前引用该全局变量，则应在引用之前用 extern 关键字对该全局变量进行向前声明。例如：

```
main()
{
    extern A,B;     /*此处是后定义的全局变量的向前声明*/
    printf("%d",A>B?A:B);
}
int A=-5,B=0;        /*全局变量 A、B 的定义在 main()函数之后*/
```

运行结果如下：

```
0
```

在这个程序中最后一行定义了全局变量 A 和 B，本来 main()函数中的 printf 语句不能引用这两个变量，但是在 main()函数中用 extern 对 A 和 B 进行了全局变量的向前声明，表示 A 和 B 是在其他位置定义的全局变量，就可以在 main()函数中使用这两个全局变量了。

用 extern 声明全局变量时，类型名可以写也可以不写。例如，上例中的"extern A,B;"省略了类型 int。

2. 在多文件中扩展全局变量作用域

如果一个程序由两个源文件组成，在两个文件中都要用到同一个全局变量，那么就不能分别在两个文件中定义同名的全局变量，否则程序链接时会出现"重复定义"错误。正确的方法是：在其中的一个文件中定义该全局变量，而在另一个文件中用 extern 对该全局变量进行声明。在编译和链接时，系统会根据该声明语句知道这个全局变量已在别处定义，并将它的作用域扩展到本文件。例如：

```
fileone.c
int A;   /*定义 A 为静态全局变量*/
main()
{
    …
}


filetwo.c
extern   A;     /*声明 A 为全局变量*/
fun(int a)
{
    …
    A=a*a;
}
```

其中 filetwo.c 开头有"extern A"语句，它声明在本文件中出现的变量 A 是一个已经在其他地方定义过的全局变量。原来 A 的作用域只是 fileone.c，而现在它的作用域扩展到了 filetwo.c 中。

在具体的编译过程中，如果遇到 extern，编译程序先在本文件中找该全局变量的定义，如果找到，就在本文件中扩展其作用域。如果找不到，就在链接时从其他文件中找全局变量的定义。如果找到，就将其作用域扩展至本文件；如果找不到，就按链接错误处理。

12.3.2 auto 变量

函数的形参以及函数和复合语句中的局部变量，只要未声明为 static 存储类别，都是存储在动态存储区中，系统为它们动态分配存储空间。这类变量在调用函数或执行复合语句时分配存储空间，而在函数调用结束或复合语句执行结束时自动释放存储空间，用关键字 auto 作存储类别声明。例如：

```
int fun(int a)          /*形参 a 为自动变量*/
{
    auto int b,c;       /*局部变量 b、c 为自动变量*/
    if(a>0)
    {
        auto int d;         /*符合语句的局部变量 d 为自动变量*/
        …
    }
    …
}
```

函数 fun 的形参 a 以及局部变量 b、c 都是自动变量，调用函数 fun 时为它们分配存储空间，调用结束时自动释放它们占用的存储单元；复合语句的局部变量 d 也是自动变量，当程序执行该复合语句时为其分配存储空间，执行结束时自动释放。

一般情况下，"auto"关键字可以省略，即不加存储类别的局部变量都是 auto 存储类别，也就是之前我们常见的局部变量的定义形式。

12.3.3 static 变量

1. 静态局部变量

有时我们希望函数或复合语句中的局部变量在调用或执行结束后保留原值，即占用的存储空间不释放，在下一次调用或执行时依然保留上一次的数值，这时就应指定该局部变量为"静态局部变量"，静态局部变量用 static 进行声明。例如：

```
int fac(int n){
    static int f=1;         /*声明 f 为静态局部变量*/
    f=f*n;
    return(f);
}
main(){
    int i;
    for(i=1;i<=4;i++){
```

```
        printf("%d!=%d\n",i,fac(i));
    }
}
```

运行结果如下：

```
1!=1
2!=2
3!=6
4!=24
```

这个程序的功能是计算 i!，每次调用 fac(i)时输出变量 f 中的 i!的值，同时在 f 中保留这个数值，以便下次乘以(i+1)计算出(i+1)!。

静态局部变量使用时的注意事项如下：

(1) 静态局部变量的存储空间在图 12-1 所示的"静态存储区"中，在程序运行结束时才释放。

(2) 静态局部变量在程序运行期间只赋一次初值，以后每次调用其所在函数时不再重新赋初值；如果定义静态局部变量时未赋初值，编译时自动为数值类型赋初值 0，为字符变量赋初值空字符。

(3) 静态局部变量除了具有持久性以外还具有隐藏性。虽然它所在函数或复合语句执行结束后，其值仍然存在，但是在其作用域之外是不可见的，因此无法引用这些值，下次调用它们所在函数或者执行所在的复合语句时才能见到。

静态局部变量的使用增加了程序设计的灵活性，但是也存在如下缺点：

(1) 它们会长期占用固定的内存，降低了内存的使用效率。

(2) 当某个静态局部变量使用多次时，很难判断其具体的数值，降低了程序的可读性。

所以，使用静态局部变量时应慎重。

2. 静态全局变量

程序设计中如果希望某些全局变量只限于本文件引用，而其他文件不能引用，可在定义全局变量时加上 static 声明。例如：

```
fileone.c
static int A;   /*定义 A 为静态全局变量*/
main()
{
    …
}


filetwo.c
extern   A;    /*声明 A 为全局变量*/
fun(int a)
{
    …
```

```
        A=a*a;
        …
    }
```

在 fileone.c 中定义了一个全局变量 A，用 static 声明其只能用于本文件，虽然在 filetwo.c 中用 extern 声明 A 为外部变量，但 filetwo.c 无法使用 fileone.c 中的 A。

这种加上 static 的全局变量就称为静态全局变量，只能用于本文件。如果多人合作开发一个较大型的程序，每人可分别完成一个模块，各人可在自己设计的文件中使用相同名称的静态全局变量而互不干涉，这样就大大提高了程序设计的模块化和通用性。如果某个全局变量不想被其他文件引用，就可以将其设置为静态全局变量，以免被其他文件误操作。对于全局变量，无论加不加 static 声明，它们的存储空间都在静态存储区中，即都是静态存储方式。

12.3.4 register 变量

无论是静态变量还是动态变量，都是存储在内存中的。当程序使用某个变量的值时，将会从内存中取出该数值送入 CPU 进行运算；当程序存数时，再把数值从 CPU 取出送入内存。如果有一些变量使用频度很高，则存取变量就需要很长时间。为了提高执行效率，C 语言允许局部变量的值存放在 CPU 的寄存器中，使用时直接从寄存器取数进行运算，运算完毕后再存入寄存器。由于寄存器是位于 CPU 内部的，且存取速度远高于内存存取速度，因此可以提高执行效率。C 语言允许将一些变量定义为 register 存储类别，具有 register 存储类别的变量占用着 CPU 中的寄存器，而不是内存空间。例如：

```
int fac(int n)
{
    register int i,f=1;   /*定义局部变量 i 和 f 为寄存器变量*/
    for(i=1;i<=n;i++)
        f=f*i;
    return(f);
}
main(){
    int i;
for(i=1;i<=5;i++)
    printf("%d!=%d\n",i,fac(i));
}
```

局部变量 i 和 f 是寄存器变量，如果 n 的值比较大，就能节约很多执行时间。

寄存器变量使用时的注意事项如下：

(1) 只有局部自动变量才能作为寄存器变量，全局变量和静态局部变量不能具有 register 存储类别。调用函数或执行复合语句时分配寄存器空间，调用或执行结束后释放寄存器。

(2) 计算机中的寄存器数目是极其有限的，如无迫切需要，应尽量少用寄存器变量。

12.4　条　件　编　译

第 2 章中介绍了 C 语言源程序中的预处理命令，它们的作用是改善程序设计环境和提高编程效率。这些预处理命令不能直接进行编译，而是在编译之前进行预处理。经过预处理，这些预处理命令将会被适当的 C 语句代替，不再包含预处理命令，以便由编译器来进行编译。例如：程序中用 #include 命令包含了文件"stdio.h"，预处理后"#include <stdio.h>"将会被 stdio.h 的实际内容代替。这样做避免了程序员将"stdio.h"的内容在程序中进行输入，提高了编程效率。所以，预处理命令并不是真正的 C 语句，而是一种编程中代替 C 语句的标记，这些标记必须在编译前进行预处理，将其转换为 C 语句才可形成能够编译的 C 程序。

预处理命令主要有宏的定义、文件包含和条件编译三种。

宏的定义和文件包含在第 2 章中已经介绍过，下面将对条件编译进行介绍，并且介绍带参数的宏。

一般情况下，编译器会对源程序中所有行进行编译。如果有一部分程序行我们希望在满足一定条件时才进行编译，就可以使用"条件编译"。

条件编译命令主要有以下两种形式。

(1) 第一种形式：

#if defined　标识符　A

　　　程序段 1

#else

　　　程序段 2

#endif

其作用为：在预处理时，如果"标识符 A"在此之前已用 #define 命令定义，该部分程序将由程序段 1 代替；否则，该部分程序将由程序段 2 代替。其中，#else 部分可以没有，即

#if defined　标识符　A

　　　程序段

#endif

也可以使用#elif 指令对其进行扩充，实现条件编译嵌套，即

#if defined　标识符　A

　　　程序段 1

#elif defined　标识符　B

　　　程序段 2

#endif

其作用为：在预处理时，如果"标识符 A"在此之前已用#define 命令定义，该部分程序将由程序段 1 代替；否则，如果"标识符 B"在此之前已用#define 命令定义，该部分程序将由程序段 2 代替；如果"标识符 A"和"标识符 B"都未用#define 命令定义，则该部分程

序为空。同样，其中#elif 部分可以没有。

这里需要注意的是，程序段中还可以包含其他的预处理命令。也就是说，条件编译中可以包含条件编译、宏等其他的预处理命令。

(2) 第二种形式：

```
#if !defined  标识符  A
      程序段 1
#else
      程序段 2
#endif
```

其作用为：在预处理时，如果"标识符 A"未用#define 命令定义，该部分程序将由程序段1 代替；否则，该部分程序将由程序段 2 代替。同样，其中#else 部分可以没有，也可以用#elif 实现条件编译嵌套。

条件编译的主要作用之一就是避免头文件中的内容重复编译，而不用考虑头文件是否被多个文件包含。每个头文件都有防止内容重复编译的构造，其主要内容都在#if 和#endif 之间。#if 的作用就是检查该头文件的编译标识符是否已被定义。如果没有定义，则把这个头文件的内容加入到源程序中，如果已经定义，则表示该头文件已经在之前的预处理中加入到了源程序中，为了避免重复编译，该头文件的内容将不会再次加入源程序。例如，Turbo C 2.0 中的 stdio.h 头文件：

```
/*       stdio.h

         Definitions for stream input/output.

         Copyright (c) Borland International 1987,1988
         All Rights Reserved.
*/
#if __STDC__
#define _Cdecl
#else
#define _Cdecl   cdecl
#endif

#if  !defined(__STDIO_DEF_)
#define __STDIO_DEF_
#endif   /* __STDIO_DEF_ */
```

其中就设置了头文件定义标志"__STDIO_DEF_"。当某个程序由多个文件组成，而多个文件都可能使用了"#include <stdio.h>"包含 stdio.h 头文件，在预处理时，第一次遇见"#include <stdio.h>"语句时将会定义"__STDIO_DEF_"，并把头文件的内容加入到源程序中。之后再遇见"#include <stdio.h>"语句时，由于"__STDIO_DEF_"已经定义，头文件的内容将不会加入到源程序中，避免重复编译。

第 2 章中介绍了宏常量的定义，其作用是在预处理时，宏常量将会被定义时的字符串代替。例如：如果程序中有宏常量定义语句"#define PI 3.14159"，预处理时，只要遇见字符串"PI"，就会用字符串"3.14159"代替它。在 C 语言中还有一种宏，不仅进行简单的字符串替换，还进行参数替换，被称为带参数的宏。其定义的一般形式如下：

#define 宏名(参数列表) 字符串

字符串中包含圆括号中指定的参数。例如：

#define RectPerimeter(a,b) 2*(a+b)

定义矩形周长宏 RectPerimeter，a 和 b 是两个边长，当程序中出现：

Perimeter=RectPerimeter(3,4);

在预处理时，将会用字符串"3"代替参数 a，用字符串"4"代替参数 b，即用字符串"2*(3+4)"代替字符串"RectPerimeter(3,4)"。

带参数的宏与函数不同，它只是在预处理时用字符串替换参数的位置，而不是程序执行时参数的值传递。此外，定义带参数的宏时，宏名和圆括号之间不能有空格，否则就变成了宏常量的定义。例如：

#define RectPerimeter␣(a,b) 2*(a+b)

在预处理时，遇见字符串"RectPerimeter"将会用字符串"(a,b) 2*(a+b)"代替。

习　题　12

1．选择题：

(1) 以下叙述中正确的是(　　)。

　　A．预处理命令行必须位于源文件的开头

　　B．在源文件的一行上可以有多条预处理命令

　　C．宏名必须用大写字母表示

　　D．宏替换不占用程序的运行时间

(2) 在一个 C 源程序文件中，若要定义一个只允许本源文件中所有函数使用的全局变量，则该变量需要使用的存储类别是(　　)。

　　A．extern　　　　　　B．register　　　　　　C．auto　　　　　　D．static

(3) 下面不是 C 语言所提供的预处理功能的是(　　)。

　　A．宏定义　　B．文件包含　　　C．条件编译　　　D．字符预处理

(4) 执行下面的程序后，a 的值是(　　)。

```
#include <stdio.h>
#define    SQR(X)    X*X
main()
{
    int a=10,k=2,m=1;
```

```
        a/=SQR(k+m)/SQR(k+m);
        printf("%d\n",a);
    }
```

    A．10   B．1   C．9   D．0

(5) 若有以下宏定义：

```
#define    N    2
#define    Y(n)    ((N+1)*n)
```

则执行语句"Z=2*(N+Y(5));"后的结果是(　　)。

    A．语句有误   B．Z=34   C．Z=70   D．Z无定值

2．填空题：

(1) 以下程序运行后的输出结果是_____。

```
#include<stdio.h>
#define    S(a)    4*a*a+2
void main()
{
    int    i=6,j=8;
    printf("%d\n",S(i+j));
}
```

(2) 以下程序运行后的输出结果是_____。

```
#include<stdio.h>
#define    MCRA(m)    2*m
#define    MCRB(n,m)    2*MCRA(n)+m
void main()
{
    int    i=2,j=3;
    printf("%d\n",MCRB(j,MCRA(i)));
}
```

(3) 以下程序运行后的输出结果是_____。

```
#include<stdio.h>
#define    N    10
#define    s(a)    a*a
#define    f(a)    (a*a)
void main()
{
    int i1,i2;
    i1=1000/s(N); i2=1000/f(N);
    printf("%d    %d\n",i1,i2);
}
```

(4) 以下程序运行后的输出结果是_____。

```
#include    <stdio.h>
#define    ADD(x)    3.54+x
#define    PR(x)    printf("%d", (int)(x))
#define    PR1(x)    PR(x);   putchar ('\n')
main( )
{
    int   i=4;
    PR1(ADD(5)*i);
}
```

(5) 以下程序中，主函数调用了 LineMax()函数，实现在 N 行 M 列的二维数组中找出每一行上的最大值。请补充程序。

```
#define N    3
#include <stdio.h>
#define M    4
void LineMax(int x[N][M])
{
    nt i,j,p;
    for(i=0; i<N;i++)
    {
        p=0;
        for(j=1; j<M;j++)
        if(x[i][p]<x[i][j]) _____;
        printf("The max value in line %d is %d\n", i, _____);
    }
}
void main()
{
    int   x[N][M]={1,5,7,4,2,6,4,3,8,2,3,1};
    _____
}
```

3．编程题：

(1) 定义一个将大写字母变为小写字母的宏。

(2) 编写一个宏定义 MYALPHA(c)，用以判定 c 是否是字母字符，若是得 1，否则得 0。

(3) 定义一个带参数的宏，使两个参数的值互换，编写程序，输入两个数作为使用宏时的实参，输出已交换后的两个值。

(4) 分别用函数和带参数的宏，从 3 个数中找出最大数。

(5) 编写一个宏定义 LEAPYEAR(y)，用以判定年份 y 是否是闰年。判定标准是：若 y 是 4 的倍数且不是 100 的倍数或者 y 是 400 的倍数，则 y 是闰年。

附录 A ASCII 字符表

ASCII 字符表见附表 A-1 和附表 A-2。

附表 A-1 ASCII 控制字符

十进制	十六进制	缩写	名称/意义	十进制	十六进制	缩写	名称/意义
0	00	NUL	空字符（Null）	17	11	DC1	设备控制一
1	01	SOH	标题开始	18	12	DC2	设备控制二
2	02	STX	本文开始	19	13	DC3	设备控制三
3	03	ETX	本文结束	20	14	DC4	设备控制四
4	04	EOT	传输结束	21	15	NAK	确认失败回应
5	05	ENQ	请求	22	16	SYN	同步用暂停
6	06	ACK	确认响应	23	17	ETB	区块传输结束
7	07	BEL	响铃	24	18	CAN	取消
8	08	BS	退格	25	19	EM	连接介质中断
9	09	HT	水平定位符号	26	1A	SUB	替换
10	0A	LF	换行键	27	1B	ESC	跳出
11	0B	VT	垂直定位符号	28	1C	FS	文件分隔符
12	0C	FF	换页键	29	1D	GS	组群分隔符
13	0D	CR	归位键	30	1E	RS	记录分隔符
14	0E	SO	取消变换（Shift out）	31	1F	US	单元分隔符
15	0F	SI	启用变换（Shift in）	127	7F	DEL	删除
16	10	DLE	跳出数据通信				

附表 A-2 ASCII 可显示字符

十进制	十六进制	图形	十进制	十六进制	图形	十进制	十六进制	图形	十进制	十六进制	图形
32	20	(空格)	56	38	8	80	50	P	104	68	h
33	21	!	57	39	9	81	51	Q	105	69	i
34	22	"	58	3A	:	82	52	R	106	6A	j
35	23	#	59	3B	;	83	53	S	107	6B	k
36	24	$	60	3C	<	84	54	T	108	6C	l
37	25	%	61	3D	=	85	55	U	109	6D	m
38	26	&	62	3E	>	86	56	V	110	6E	n
39	27	'	63	3F	?	87	57	W	111	6F	o
40	28	(	64	40	@	88	58	X	112	70	p
41	29	)	65	41	A	89	59	Y	113	71	q
42	2A	*	66	42	B	90	5A	Z	114	72	r
43	2B	+	67	43	C	91	5B	[	115	73	s
44	2C	,	68	44	D	92	5C	\	116	74	t
45	2D	-	69	45	E	93	5D	]	117	75	u
46	2E	.	70	46	F	94	5E	^	118	76	v
47	2F	/	71	47	G	95	5F	_	119	77	w
48	30	0	72	48	H	96	60	`	120	78	x
49	31	1	73	49	I	97	61	a	121	79	y
50	32	2	74	4A	J	98	62	b	122	7A	z
51	33	3	75	4B	K	99	63	c	123	7B	{
52	34	4	76	4C	L	100	64	d	124	7C		
53	35	5	77	4D	M	101	65	e	125	7D	}
54	36	6	78	4E	N	102	66	f	126	7E	~
55	37	7	79	4F	O	103	67	g			

附录 B　C 语言库函数

　　库函数并不是 C 语言的一部分，它是由人们根据需要编制并提供用户使用的。每一种 C 编译系统都提供了一批库函数，不同的编译系统所提供的库函数的数目和函数名以及函数功能是不完全相同的。ANSI C 标准建议提供的标准库函数，它包括了目前多数 C 编译系统所提供的库函数，但也有一些是某些 C 编译系统未曾实现的。考虑到通用性，本书列出 ANSI C 标准建议提供的、常用的部分库函数。对多数 C 编译系统，可以使用这些函数的绝大部分。由于 C 语言库函数的种类和数目很多(例如，还有屏幕和图形函数、时间日期函数、与系统有关的函数等，每一类函数又包括各种功能的函数)，限于篇幅，本附录不能全部介绍，只从教学需要的角度列出最基本的。读者在编制 C 程序时可能要用到更多的函数，请查阅所用系统的手册。

1. 数学函数

　　数学函数见附表 B-1。使用数学函数时，应该在该源文件中使用#include<math.h>或#include "math.h"命令。

附表 B-1　数 学 函 数

函数原型	功　能	返回值	说　明
int abs (int x);	求整数 x 的绝对值	整数	—
double acos (double x);	计算 arccos(x)的值	双精度实数	x 应在 −1～1 内
double asin (double x);	计算 arcsin(x)的值	双精度实数	x 应在 −1～1 内
double atan (double x);	计算 arctan(x)的值	双精度实数	—
double atan2(double x, double y);	计算 y/x 的反正切	双精度实数	—
double cos (double x);	计算 cos(x)的值	双精度实数	x 的单位为弧度
double cosh(double x);	计算 x 的双曲余弦函数 cosh(x)的值	双精度实数	—
double exp(double x);	求 e^x 的值	双精度实数	—
double fabs(double x);	求 x 的绝对值	双精度实数	—
double floor(double x);	求出不大于 x 的最大整数	双精度实数	—
double fmod(double x, double y);	求整数 x/y 的余数	余数的双精度	—
double frexp (double val ,int *eptr);	把双精度数 val 分解为数字部分(尾数)x 和以 2 为底的指数 n，即 val=x*2^n，n 存放在 eptr 指向的变量中	返回数字部分 x，$0.5{\leqslant}x<1$	—

续表

函数原型	功　　能	返回值	说　明
double log(double x);	求 $\log_e x$，即 $\ln x$	双精度实数	—
double log10(double x)	求 $\log_{10} x$	双精度实数	—
double modf(double val ,double *iptr);	把双精度 val 分解为整数部分和小数部分，把整数部分存放到 iptr 指向的单元中	val 的小数部分	—
double pow (double x, double y);	计算 x^y 的值	双精度实数	—
int rand (void);	产生 –90～32 767 间的随机整数	随机整数	—
double sin (double x);	计算 $\sin(x)$ 的值	双精度实数	x 的单位为弧度
double sinh (double x);	计算 x 的双曲正弦函数 $\sinh(x)$ 的值	双精度实数	—
double sqrt(double x);	计算 $\sqrt{x}$	双精度实数	x 应大于等于 0
double tan(double x);	计算 $\tan(x)$ 的值	双精度实数	x 的单位为弧度
double tanh(double x);	计算 x 的双曲正切函数 $\tanh(x)$ 的值	双精度实数	—

2. 字符函数和字符串函数

字符函数和字符串函数见附表 B-2。ANSI C 标准要求在使用字符串函数时要包含头文件 string.h，在使用字符函数时要包含头文件 ctype.h。有的 C 编译不遵循 ANSI C 标准的规定，而用其他名称的头文件，使用时可查阅有关手册。

附表 B-2　字符函数和字符串函数

函数原型	功　　能	返　回　值	头文件
int isalnum(int ch);	检查 ch 是否是字母(alpha)或数字(numeric)	是，返回 1；不是，返回 0	ctype.h
int isalpha(int ch);	检查 ch 是否是字母	是，返回 1；不是，返回 0	ctype.h
int iscntrl(int ch);	检查 ch 是否是控制字符	是，返回 1；不是，返回 0	ctype.h
int isdigit(int ch);	检查 ch 是否是数字(0～9)	是，返回 1；不是，返回 0	ctype.h
int isgraph(int ch);	检查 ch 是否是可打印字符(不包括空格)，其 ASCII 码在 0x21 到 0x7E 之间	是，返回 1；不是，返回 0	ctype.h
int islower(int ch);	检查 ch 是否是小写字母(a～z)	是，返回 1；不是，返回 0	ctype.h
int isprint(int ch);	检查 ch 是否是可打印字符(包括空格)，其 ASCII 码在 0x20 到 0x7E 之间	是，返回 1；不是，返回 0	ctype.h

续表

函数原型	功　　能	返回值	头文件
int ispunct(int ch);	检查 ch 是否是标点字符(不包括空格)，即除字母、数字和空格以外的所有可打印字符	是，返回 1；不是，返回 0	ctype.h
int isspace(int ch);	检查 ch 是否是空格、跳格符(制表符)或换行符	是，返回 1；不是，返回 0	ctype.h
int isupper(int ch);	检查 ch 是否是大写字母(A~Z)	是，返回 1；不是，返回 0	ctype.h
int isxdigit(int ch);	检查 ch 是否是一个十六数字字符(即 0~9，或 A 到 F，或 a~f)	是，返回 1；不是，返回 0	ctype.h
char *strcat(char *str1, char * str2);	把字符串 str2 接到字符串 str1 的后面	字符串 str1	string.h
int strcmp(char * str1，char * str2);	比较两个字符串 str1、str2	str1<str2，返回负数；str1=str2，返回 0；str1>str2，返回正数	string.h
char * strchr(char * str, int ch);	找出 str 指向的字符串中第一次出现的字符 ch 的位置	返回指向该位置的指针，如找不到，则返回空指针	string.h
char * strcpy(char * str1, char * str2);	把 str2 指向字符串复制到 str1 中去	返回 str1	string.h
unsigned int strlen(char * str)	统计字符串 str 中字符的个数(不包括 '\0')	返回字符个数	string.h
char * strstr(char * str1, char * str2);	找出 str2 字符串在 str1 字符串中第一次出现的位置(不包括 str2 的串结束符)	返回指向该位置的指针，如找不到，则返回空指针	string.h
int tolower(int ch)	将 ch 字符转换为小写字母	与 ch 值对应的小写字母	ctype.h
int tpupper(int ch)	将 ch 字符转换为大写字母	与 ch 值相应的大写字母	ctype.h

3. 输入/输出函数

输入/输出函数见附表 B-3，应使用 #include<stdio.h>把 stdio.h 头文件包含到源程序文件中。

附表 B-3 输入/输出函数

函数原型	功能	返回值	说明
void clearerr (FILE*fp);	使 fp 所指文件的错误标志和文件结束标志置0	无	—
int close(int fp);	关闭文件	关闭成功返回0；不成功返回-1	非ANSI
int creat (char *filename ,int mode);	以 mode 所指定的方式建立文件	成功则返回正数；否则返回-1	非ANSI
int eof (int fd);	检查文件是否结束	文件结束，返回1；否则返回0	非ANSI
int fclose (FILE * fp);	关闭 fp 所指定的文件，释放文件缓冲区	有错则返回非0；否则返回0	ANSI
int feof (FILE * fp);	检查文件是否结束	遇文件结束符返回非0；否则返回0	—
int fgetc (FILE * fp);	从 fp 所指定的文件中取得下一个字符	返回所得到的字符；若读入出错，则返回EOF	—
char * fgets (char * buf, int n, FILE * fp);	从 fp 所指定的文件中读取一个长度为(n-1)的字符串，存入起始地址为 buf 的空间	返回地址buf；若遇文件结束或出错，则返回NULL	—
FILE * fopen (char * filename, char * mode);	以 mode 指定的方式打开名为 filename 的文件	成功，返回一个文件指针（文件信息区的起始地址）；否则返回0	ANSI
int fprintf (FILE * fp, char * format, args, …);	把 args 的值以 format 指定的格式输出到 fp 所指定的文件中	实际输出的字符数	—
int fputc (char ch, FILE * fp);	将字符 ch 输出到 fp 指定的文件中	成功，则返回该字符；否则返回非0	—
int fputs (char * str, FILE * fp);	将 str 指向的字符串输出到 fp 所指定的文件中	成功，则返回0；否则返回非0	—
int fread (char * pt, unsigned size, unsigned n, FILE * fp);	从 fp 所指定的文件中读取长度为 size 的 n 个数据项，存到 pt 所指向的内存区	返回所读的数据项个数；如遇文件结束或出错，则返回0	—

续表一

函数原型	功　能	返回值	说　明
int fscanf (FILE * fp,　char format, args,　…);	从 fp 所指定的文件中按 format 给定的格式将输入数据送到 args 所指向的内存单元(args 指针)中	已输入的数据个数	—
int fseek(FILE*fp,long offset,　int base);	将 fp 所指向的文件的位置指针移到以 base 所给定的位置为基准,以 offset 为位移量的位置	返回当前位置;否则返回 −1	—
long ftell(FILE*fp);	返回 fp 所指向的文件中的读写位置	返回 fp 所指向的文件中的读写位置	—
int fwrite(char * ptr, unsigned size, unsigned n,　FILE * fp);	把 ptr 所指向的 n * size 个字节输出到 fp 所指向的文件中	写到 fp 文件中的数据项的个数	—
int getc(FILE * fp);	从 fp 所指向的文件中读入一个字符	返回所读的字符;若文件结束或出错,则返回 EOF	—
int getchar(void);	从标准输入设备读下一个字符	返回所读字符;若文件结束或出错,则返回 −1	—
int getw(FILE * fp)	从 fp 所指向的文件中读取下一个字(整数)	返回输入的整数;若文件结束或出错,则返回 −1	非 ANSI 标准函数
int open (char * filename,int mode);	以 mode 指定的方式打开已存在的名为 filename 的文件	返回文件号(正数);如打开失败,则返回 −1	非 ANSI 标准函数
int printf(char * format,　args,　…);	按 format 指向的格式字符串所规定的格式,将输出表列 args 的值输出到标准输出设备中	返回输出字符的个数;若输出错,则返回负数	format 可以是一个字符串,或字符数组的起始地址
int　putc (int ch,　FILE * fp);	把一个字符 ch 输出到 fp 所指向的文件中	返回输出的字符 ch;若输出错,则返回 EOF	—
int putchar(char ch);	把字符 ch 输出到标准输出设备	返回输出的字符 ch;若输出错,则返回 EOF	—

函数原型	功　能	返回值	说　明
int puts (char * str);	把 str 指向的字符串输出到标准输出设备,将 '\0' 转换为回车换行	返回换行符;若失败,则返回 EOF	标准函数
int putw (int w, FILE *fp);	将一个整数 w(即一个字)写到 fp 所指向的文件中	返回输出的整数;若失败,则返回 EOF	非 ANSI 标准函数
int read (int fd, char * buf, unsigned count);	从文件号 fd 所指定的文件中读 count 个字节到由 buf 指定的缓冲区中	返回真正读入的字节数;如遇文件结束返回 0,出错则返回 -1	非 ANSI 标准函数
int rename(char *oldname,char *newname);	把由 oldname 所指向的文件名改为由 newname 所指向的文件名	成功,返回 0;出错,返回 -1	—
void rewind (FILE * fp);	将 fp 所指定的文件中的位置指针置于文件开头位置,并清除文件结束标志和错误标志	无	—
int scanf (char * format, args, …);	从标准输入设备按 format 指定的格式式字符串中所规定的格式,输入数据给 args 所指向的单元	读入并赋给 args 的数据个数;如遇文件结束则返回 EOF,出错则返回 0	args 为指针
int write (int fd, char * buf, unsigned count);	从 buf 所指定的缓冲区中输出 count 个字符到 fd 所指定的文件中	返回实际输出的字节数;如出错,则返回 -1	非 ANSI 标准函数

4. 动态存储分配函数

ANSI 标准建议设 4 个有关的动态存储分配函数,即 calloc()、malloc()、free()、realloc(),如附表 B-4 所示。实际上,许多 C 编译系统实现时,往往增加了一些其他函数。ANSI 标准建议在"stdlib.h"头文件中包含有关的信息,但许多 C 编译系统要求用"malloc.h"而不是"stdlib.h",读者在使用时应查阅有关手册。

ANSI 标准要求动态分配系统返回 void 指针。void 指针具有一般性,它们可以指向任何类型的数据。但有的 C 编译系统所提供的这类函数返回 char 指针。无论以上两种情况的哪一种,都需要用强制类型转换的方法把 void 或 char 指针转换成所需的类型。

附表 B-4 动态存储分配函数

函数原型	功　能	返回值
void * calloc (unsigned n, unsign size);	分配 n 个数据项的内存连续空间，每个数据项的大小为 size	返回分配内存单元的起始地址；如不成功，则返回 0
void free (void * p);	释放 p 所指的内存区	无
void * malloc (unsigned size);	分配 size 字节的存储区	返回所分配的内存区起始地址；如内存不够，则返回 0
void * realloc (void * p, unsigned size) ;	将 p 指出的已分配内存区的大小改为 size，size 可以比原来分配的空间大或小	返回指向该内存区的指针

参 考 文 献

[1] 谭浩强. C 程序设计[M]. 3 版. 北京: 清华大学出版社, 2006.

[2] 吴文虎, 徐明星. 程序设计基础[M]. 3 版. 北京: 清华大学出版社, 2010.

[3] 王红梅. 算法设计与分析[M]. 北京: 清华大学出版社, 2006.

[4] 教育部高等学校计算机科学与技术教学指导委员会. 高等学校计算机科学与技术专业核心课程教学实施方案[M]. 北京: 高等教育出版社, 2009.

[5] Hanly J R, Koffman E B. 问题求解与程序设计 C 语言版[M]. 4 版. 朱剑平, 译. 北京: 清华大学出版社, 2007.

[6] 谭征, 王志敏. 程序设计方法与优化[M]. 西安: 西安交通大学出版社, 2004.

[7] 何钦铭, 颜晖. C 语言程序设计[M]. 北京: 高等教育出版社, 2008.

[8] Behrouz A. Forrouzan. 计算机科学导论[M]. 刘艺, 段理, 钟维亚, 译. 北京: 机械工业出版社, 2004.

[9] 徐翠霞. 计算方法引论[M]. 北京: 高等教育出版社, 1985.